ÖSTERREICHISCHE AKADEMIE D[...]

PHILOSOPHISCH-HISTORIS[...]

SITZUNGSBERICHTE, 4[...]

VERÖFFENTLICHUNGEN DER KOMMISS[...]
MATHEMATIK, NATURWISSENSCHAFTEN UND MEDIZIN

BAND 46

Der Weg der Naturwissenschaft von Johannes von Gmunden zu Johannes Kepler

Herausgegeben

von

GÜNTHER HAMANN und HELMUTH GRÖSSING

VERLAG
DER ÖSTERREICHISCHEN AKADEMIE DER WISSENSCHAFTEN
WIEN 1988

Vorgelegt von w. M. GÜNTHER HAMANN in der Sitzung am 11. Oktober 1985

Gedruckt mit Unterstützung durch die Oberösterreichische Landesregierung

ISBN 3 7001 1380 3
Copyright © 1988 by
Österreichische Akademie der Wissenschaften
Wien
Fotosatz und Druck: F. Seitenberg Ges. m. b. H., 1050 Wien

INHALTSVERZEICHNIS

VORWORT

Der Historiker leistet eine Arbeit, deren Nutzen nicht unmittelbar einsichtig ist. Er beschäftigt sich mit Ereignissen der Vergangenheit — Ereignisse, die vom Menschen herrühren und die ihrerseits über den Menschen erzählen. Die Aufgabe des Historikers besteht darin, diese Ereignisse, die Zeugnisse menschlicher Vernunft — mitunter auch der Unvernunft — sind, wahrheitsgetreu wiederzugeben, das heißt nachzuerzählen *so wie es wirklich gewesen ist* — um mit Leopold von Ranke zu sprechen.

Die Aussage Rankes, die im Geiste des Historismus des 19. Jahrhunderts getan wurde, ist richtig, aber unvollständig. Sie wurde nämlich nur für einen Teil der Arbeit des Historikers getan. Der andere und bei weitem genau so wichtige Teil ist es, uns Menschen zu jeder Zeit bewußt zu machen, daß wir uns besser verstehen, wenn wir wissen, wie es dazu gekommen ist. Insofern ist oder soll der Historiker stets ein Analytiker des Kollektivbewußtseins der Menschheit sein, und darin besteht auch die Nützlichkeit seiner Arbeit.

Besitzt nicht gerade der Historiker der Wissenschaften und im besonderen der Naturwissenschaften von seinem Fach her die Befähigung, der modernen Gesellschaft einen Weg aufzuzeigen, jene Kluft von geisteswissenschaftlichen und naturwissenschaftlich-technischen Gegenstandsbereichen zu überbrücken? Jener Beziehungslosigkeit, mit der sich heute Natur- und Geisteswissenschaftler gegenüberstehen, einen Pfad aus der Sackgasse zu weisen?

Der Engländer CHARLES PERCY SNOW hatte sich 1959 zum Sprachrohr dieser schwelenden gesellschaftlichen Problematik gemacht, die er mit dem Begriff *Zwei-Kulturen-Problem* umschrieb. Dabei spricht SNOW von diesen beiden Kulturen nicht nur im intellektuellen Sinn, sondern auch in einem anthropologischen: Hier stehen sich zwei Menschengruppen gegenüber, die bestenfalls zu knappen, höflichen Verbeugungen voreinander, aber zu keiner geistigen Kommunikation fähig sind.

Eine Universitätsreform, die aus vier Fakultäten acht macht, dekretiert im Grunde eines Status quo dieser Art, der fast irreversibel scheint. Ist die Akademie der Wissenschaften nicht noch einer der wenigen Orte der Begegnung der beiden „Kulturen"? Und ist die alte

philosophische Fakultät, wie sie bis vor wenigen Jahren noch bestanden hatte, im Sinne der idealen Bildungs- und Wissenschaftsauffassung
des Renaissance-Humanismus nicht ursprünglich vom Grundgedanken
der gemeinsamen Wurzel von Natur- und Geisteswissenschaft geprägt
gewesen? Und welchen Beitrag leistet die Naturwissenschaftsgeschich-
te zur Überbrückung dieser geistig-seelischen Beziehungslosigkeit der
beiden Kulturbereiche? Altmeister GEORGE SARTON spricht es kraft-
voll-pathetisch aus:

*... wir, die Historiker der Naturwissenschaften, sind im Begriffe, eine an-
dere, noch wesentlichere und stärkere Brücke zu errichten, um mit ihr eine
Kluft überspannen zu helfen, welche sich in unserer Kultur besonders breit-
macht und sie zu zerstören droht. Das Wesen der Naturwissenschaften wird
durch eine Beimischung historischer Betrachtungen ebenso vervollkommnet
und geläutert, wie die humanistische Bildung ihrerseits durch die Anwendung naturwissenschaftlicher Methoden.*

Der Naturwissenschaftshistoriker wird hier als der Brückenbauer,
der eigentliche Ponti-fex vorgestellt; sicherlich, ein Idealbild, das
etwas übertrieben sein mag, aber welche idealistische Vorstellung, be-
ginnend bei Platons Idealismus, ist dies schließlich nicht?

Auch das von der Österreichischen Akademie der Wissenschaften
und der Österreichischen Gesellschaft für Geschichte der Naturwissenschaften abgehaltene Johannes-von-Gmunden-Symposion, das aus Anlaß des 600. Geburtstages des großen Oberösterreichers im Herbst 1984
veranstaltet wurde, war von dem Bemühen geprägt, für jene historisch
markante Übergangszeit des 15. und 16. Jahrhunderts ein Panoptikum
der gesamten Naturwissenschaft widerzuspiegeln; darüber hinaus aber
auch — zumindest ansatzweise — Wissenschaftsgeschichte, Kulturgeschichte, Bildungsgeschichte, Medizingeschichte jenes Zeitraumes
darzustellen, zur Diskussion zu stellen, und nunmehr als Buch vorzustellen.

Der Gmundener ist ohne Zweifel einer der großen Astronomen und
Lehrer der ersten Hälfte des 15. Jahrhunderts, einer Zeit also, in der
eine allgemeine Entwicklung der Naturwissenschaft einsetzte, die zur
humanistischen Naturwissenschaft des 16. Jahrhunderts führt und in
weiterer Folge zur Keplerschen Astronomie und Scientia Nova.

Die Zeit um 1400, die ALPHONS LHOTSKY im politischen wie
kunsthistorischen Bereich als eine Zeitenwende erkannt hat, erweist
sich wohl auch im Wissenschaftsgeschichtlichen als eine Epoche des
Neubeginns, der zugleich (wie sich später herausstellte) ein Anfang
war.

Die hier abgedruckten Texte sind zum Großteil der Niederschlag der Vorträge des Johannes-von-Gmunden-Symposions 1984. Seit längerer Zeit schon bestand der Plan, die im Jahre 1943 in den Sitzungsberichten der Österreichischen Akademie der Wissenschaften erschienene Studie von RUDOLF KLUG (*Johannes von Gmunden, der Begründer der Himmelskunde auf deutschem Boden.* Sitzungsberichte der Österreichischen Akademie der Wissenschaften, phil.-hist. Kl. Bd. 222) durch eine verbesserte Neuauflage herauszubringen. Die Artikel von PAUL UIBLEIN, MARIA G. FIRNEIS und HANS KAISER, die zum Teil auch als Referate auf dem Symposion dargeboten wurden, sind auf dieses Ziel hin konzipiert und ausgearbeitet worden und entsprechen auch umfangmäßig weitgehend der Arbeit KLUGS. Die Herausgeber haben sich daher entschlossen, diese drei Texte im Gesamtrahmen des Symposionsberichtes als eigenes Heft abzudrucken und damit dem Wunsch nach einer korrigierten und verbesserten Neuauflage des Buches von RUDOLF KLUG in gewisser Hinsicht nachzukommen.

Schließlich sei Herrn Univ.-Prof. DR. GÜNTHER HAMANN der Dank für die Vorlage dieses Manuskripts in der Gesamtsitzung der Österreichischen Akademie der Wissenschaften am 10. Oktober 1985 ausgesprochen, und es sei auch allen jenen gedankt, die zum Gelingen des Symposions sowie zum Erscheinen dieses Buches mit Geduld und Optimismus beigetragen haben.

HELMUTH GRÖSSING

JOHANNES VON GMUNDEN
um 1384–1442

Von

Paul Uiblein, Maria G. Firneis, Hans Kaiser

JOHANNES VON GMUNDEN

SEINE TÄTIGKEIT AN DER WIENER UNIVERSITÄT*

Von Paul Uiblein

Seine frühe Jugend ist in Dunkel gehüllt. Vermutlich hat Johannes von Gmunden, bevor er nach Wien kam, in der Lateinschule seiner Heimatstadt, eventuell in einem Kloster seiner Umgebung, Latein gelernt[1].

---

* Für die geplante Neuauflage von Rudolf Klugs Akademieabhandlung über Johannes von Gmunden (siehe das Vorwort von Helmuth Grössing) hatte ich 1982 die Bearbeitung des biographischen Teiles übernommen und Klugs Darstellung 1983 durch möglichst vollständige Einbeziehung aller biographischen Quellen erweitert. Dieser ursprüngliche Plan, der später wieder aufgegeben wurde, erklärt die teilweise enge Anlehnung an den Text Klugs.

[1] Für das 14. Jahrhundert ist eine lateinische Schule in Gmunden bezeugt, da in einer Urkunde vom 6. November 1371 ein Schulmeister ohne Namen erwähnt wird, vgl. *Urkundenbuch des Landes ob der Enns* VIII (1883) 552. Schulgebäude war das Haus Kirchenplatz 1 (1448). Vgl. Ferdinand Krackowizer, *Geschichte der Stadt Gmunden* 2 (1899) 1 f.

Abkürzungen

AFA I = Acta Facultatis artium universitatis Vindobonensis 1385–1416. Nach der Originalhandschrift hg. von Paul Uiblein. *Publikationen des Inst. f. österr. Geschichtsforschung*, VI. Reihe, 2. Abt. (Graz-Wien-Köln 1968).

AFA II = Acta facultatis artium (1416–1447) im Universitätsarchiv.

AFTh I und II = Die Akten der Theologischen Fakultät der Universität Wien (1396–1508). Hg. von Paul Uiblein. Band I und II (Wien 1978).

AU II = Acta Universitatis II (1401–1422) im Universitätsarchiv.

Aschbach = Joseph Aschbach, *Geschichte der Wiener Universität im ersten Jahrhunderte ihres Bestehens* (Wien 1865).

CVP = Codex Vindobonensis Palatinus, Handschrift der Österr. Nationalbibliothek.

Denis Michael, *Codices manuscripti theologici bibliothecae Palatinae Vindobonensis Latini aliarumque occidentis linguarum*. Vol. I/1.2., II/1–3 (Vindobonae 1793–1802).

Göhler Hermann, *Das Wiener Kollegiat-, nachmals Domkapitel zum Hl. Stephan in seiner persönlichen Zusammensetzung in den ersten zwei Jahrhunderten seines Bestandes 1365–1554* (ungedr. Dissertation, Wien 1932).

Kink Rudolf, *Geschichte der kaiserlichen Universität zu Wien*. Band I/1.2., II (Wien 1854).

Klug Rudolf, Johannes von Gmunden, der Begründer der Himmelskunde auf deutschem Boden. *Akad. d. Wissenschaften in Wien, phil.-hist. Klasse, Sitzungsberichte* 222/4 (1943).

Die erste Nachricht, die wir von Johannes von Gmunden besitzen, dürfte die Immatrikulation an der Wiener Universität im Wintersemester 1400/1401 sein. In diesem Semester ist unter den Studenten der österreichischen Nation ein *Iohannes Sartoris de Gmundin* mit der damals üblichen Taxe von 2 böhm. Groschen eingetragen; J. v. G. wäre dann wohl der Sohn oder Nachfahre eines Schneiders gewesen. Freilich ist die Identität dieses Iohannes Sartoris mit dem späteren Magister J. v. G. nicht voll gesichert, da jeder diesbezügliche Vermerk fehlt und wir sonst keine Nachricht besitzen, wonach J. v. G. den Beinamen Sartoris geführt habe. Auch wäre es möglich, daß ein *Molendinatoris de Gmunden,* also der Sohn oder Nachfahre eines Müllers, der unmittelbar vor *Iohannes Sartoris de Gmundin* ohne Vornamen, aber mit der glei-

---

LHOTSKY, Artistenfakultät = LHOTSKY ALPHONS, Die Wiener Artistenfakultät 1365–1497. *Österr. Akad. d. Wissenschaften, phil.-hist. Klasse, Sitzungsberichte* 247, 2. Abh. (1965).

MUW = Die Matrikel der Universität Wien. I. Band: 1377–1450. *Publikationen des Inst. f. österr. Geschichtsforschung,* VI. Reihe, 1. Abt. (1956). Bearbeiter des Textteils war ARTUR GOLDMANN, doch steht sein Name nicht auf dem Titelblatt, das Register stammt von mehreren Bearbeitern, die Einleitung von FRANZ GALL. Über die Zitierweise vgl. die Vorbemerkung auf S. 284; danach gibt die römische Zahl nach der Jahreszahl das Semester (I = Sommersemester, II = Wintersemester), die Siglen die Universitätsnation (A = Australes, R = Renenses, H = Hungari, S = Saxones), die folgende Zahl die Zählung innerhalb dieser Nation an.

Literatur zu Johannes von Gmunden: KLUG ... (Abkürzungsverzeichnis); LHOTSKY, Artistenfakultät 153–159; KURT VOGEL, in *Dictionary of Scientific Biography* VII (1973) 77–122; DERS., in *Neue deutsche Biographie* 10 (1974) 552 f.; KONRADIN FERRARI D'OCCHIEPPO und PAUL UIBLEIN, Der „Tractatus Cylindri" des Johannes von Gmunden, in: *Beiträge zur Kopernikusforschung.* Katalog des Oberösterr. Landesmuseums Nr. 86 (Linz 1973) 25 ff., darin 29–38: Zur Biographie des Johannes von Gmunden; weiters der Beitrag von HEIDELINDE JUNG, Johannes von Gmunden – Georg von Peuerbach. Ihre geistigen Auswirkungen auf Oberösterreich, im besonderen auf die Klöster St. Florian, Kremsmünster und Wilhering, ebd. 7–22 mit Literaturverzeichnis S. 23 f.; PAUL UIBLEIN, Johannes von Gmunden, der Begründer der Wiener Mathematikerschule, Kanonikus von St. Stephan in Wien und Pfarrer von Laa a. d. Thaya († 1442). *Beiträge zur Wiener Diözesangeschichte* 15 (1974) 17–19; HELMUTH GRÖSSING, Humanistische Naturwissenschaft. *Saecula spiritalia* 8 (1983) 341 (Reg.); DERS., Johannes von Gmunden. *Archiv der Geschichte der Naturwissenschaften* 7 (1983) 363–365 (Lit.).

chen Gebühr in die Matrikel eingetragen ist, den gleichen, damals
besonders häufigen Vornamen Johannes geführt haben und somit mit
dem späteren Magister J. v. G. identisch sein könnte[2]. Aber auch die
Unterlassung der Eintragung in die Matrikel, wie dies bei anderen
Magistern sicher nachgewiesen werden kann, wäre für J. v. G. nicht
ganz auszuschließen[3], wenn auch die Immatrikulation im Wintersemester 1400/1401 dem weiteren Studiengang unseres Magisters zeitlich
gut entsprechen würde.

Nicht ganz zwei Jahre nach seiner (vermutlichen) Immatrikulation
präsentierte sich J. v. G. zusammen mit sieben anderen Scholaren am
24. September 1402 zum Examen für das artistische Baccalariat, worauf vier Examinatoren, je einer für jede akademische Nation, gewählt
wurden, wobei sich allerdings die ungarische Nation durch einen rheinischen Magister (Ulrich Vorster von St. Gallen) vertreten lassen mußte;
die österreichische Nation wurde durch Magister Hermann Wielin
(auch Wele) von Waldsee, Kanoniker von Ardagger, die rheinische
durch Magister Johann von Wetter, die sächsische durch Magister Christian Vrowin von Soest repräsentiert[4]. Nach erfolgreicher Prüfung wurden am 13. Oktober 1402 fünf Scholaren der Fakultät präsentiert und als
Baccalare in folgender Reihung zugelassen: Johannes Meis von Zürich,
Johannes von Gmunden, Georg von Dinsteten, (Johannes Erlech von)
Offenburg und ein nicht näher bekannter *Grecus*[5].

Am 2. Januar 1406 baten neun Baccalare die Fakultät um Zulas-
sung zur Prüfung für das Licentiat *(Tentamen)*, worauf die vier ältesten
Magistri regentes zusammen mit dem Dekan Peter Czech von Pulkau zu
Präsentatoren dieser Baccalare an den Universitätskanzler Propst
Anton von Stuben von St. Stephan[5a] in Wien gewählt wurden, die Prä-
sentation sollte am 3. Januar stattfinden. Darauf bestellte der Vize-
kanzler der Universität, Magister Peter Deckinger, vier Magister:
Johann von Thann, Ulrich Straßwalcher von Passau, Christian von
Königgrätz und Wenzel Hart von Wien zu Examinatoren für das Licen-

---

[2] Die Matrikel der Universität Wien I (1956) 57: 1400 II A 21 bzw. 20.
[3] So fehlen in der Universitätsmatrikel z. B. so bekannte Gelehrte wie
Heinrich Heinbuche von Langenstein, Leonhard Huntpüchler von Brixental
(Magister 1426/27) oder Johann Schlitpacher von Weilheim (Magister 1429).
[4] AFA I 211.
[5] AFA I 212. Neben J. v. G. erlangte von ihnen nur Joh. v. Offenburg das
Magisterium.
[5a] Vgl. NIKOLAUS GRASS, *Der Wiener Dom, die Herrschaft zu Österreich und
das Land Tirol* (Innsbruck 1968) 56—58; AFA I 498 f. (Reg.).

tiat, die am 7. bzw. 9. Januar den vorgeschriebenen Eid leisteten[6]. Alle neun Baccalare haben das Examen bestanden. Am 21. März 1406 wurden sie schon als Licentiaten zur *Inceptio* und zum Empfang der Insignien eines Magister artium zugelassen, und zwar in folgender Reihung: 1. Johann Schubinger von Rapperswil, 2. Johann Has von Bremgarten, 3. Heinrich Reicher von Hall im Inntal, 4. Heinrich Bovel von Haslach, 5. Dietrich Karin von Preußen (Danzig), 6. Ulrich Grünwalder von (Kor-)Neuburg, 7. Johann von Gmunden, 8. Stephan Kern vom Inntal, 9. Petrus Hausen von München. Auffallend ist, daß jene Licentiaten, die schon am längsten in Wien weilten und auch das artistische Baccalariat vier bis fünf Jahre vorher erworben hatten, auf die letzten Plätze verwiesen wurden (Petrus Hausen von München, Stephan Kern vom Inntal), während Johann Schubinger und Johann Has, die erst 1403 immatrikuliert worden waren und 1404 den Baccalarsgrad erlangt hatten, die beiden ersten Plätze einnehmen. Schlecht ist auch die Reihung Johanns von Gmunden (drittletzter Platz). Es ist daher nicht zu verwundern, wenn berichtet wird, daß einige Licentiaten, insbesondere die beiden letztgereihten, über ihre Reihung entrüstet waren; man beschloß daher, daß sie der Dekan vor der Fakultät hart anfahren und ihnen ihre Eide in Erinnerung rufen solle[7]. Da zur Erlangung des artistischen Licentiats die Vollendung des 21. Lebensjahres vorgeschrieben war[8], muß J. v. G. spätestens zu Jahresbeginn 1385 geboren sein. Da aber eine so frühe Promotion, wie sie etwa für Regiomontan bezeugt ist, eher selten gewesen sein dürfte, ist es wahrscheinlicher, daß J. v. G. einige Jahre früher, etwa in der Zeit von 1381 bis 1383, geboren wurde[9].

Die *Inceptio* als Magister wird in den Akten der Artistenfakultät nicht vermerkt, hat aber wohl bald nach der Verleihung der *Licentia in artibus* stattgefunden[10], doch tritt uns J. v. G. erst am 18. November 1406 als Magister entgegen, als ihm bewilligt wurde, über die Planeten-

---

[6] AFA I 259 f.

[7] AFA I 261. Zum Eid der Licentiaten vgl. Kink II, 192 f. (tit. X); Lhotsky, Wiener Artistenfakultät 47.

[8] Kink II 202 (tit. XVII).

[9] So wurde etwa der sechs Jahre später — 1412 — zum Magister promovierte Thomas Ebendorfer 1388 geboren.

[10] So werden die Kollegen Johannes' von Gmunden Dietrich Karin und Stefan Kern schon am 6. Juni 1406, Johann Has und Heinrich Bovel am 3. Juli 1406 als Magister bezeichnet, vgl. AFA I 263; vermutlich wird auch Johannes von Gmunden um diese Zeit schon Magister gewesen sein.

lehre des Gerhard von Sabbioneta zu lesen, welche Vorlesung er auch später noch mehrmals (1420, 1422, 1423) übernommen hat[11].

Am 1. September jeden Jahres wurde den Magistern, welche die Regenz in der Fakultät anstrebten, ein Buch zur Vorlesung für das neue Studienjahr (nach 13. Oktober) zugewiesen, wobei nunmehr, seit etwa 1400, die Verlosung keine Rolle mehr spielte, sondern jedem Magister die Wahl der Vorlesung freistand; es mußte nur darauf Bedacht genommen werden, daß über alle jene Bücher, die von den Studenten zur Erlangung der akademischen Grade gehört werden mußten, Vorlesungen gehalten wurden. Da die Magister die Vorlesungen nach dem Promotionsalter wählen konnten, bestand für die jüngeren unter ihnen, besonders als die Zahl der lesenden Magister noch nicht viel über zwanzig betrug, die Notwendigkeit, eine der noch nicht von anderen Magistern übernommenen Vorlesungen zu übernehmen, sodaß ihre Wahlmöglichkeit gegenüber den älteren Magistern stärker eingeengt war[12]. Im allge-

---

[11] AFA I 268. Somit handelte schon Johannes' von Gmunden erste Vorlesung über Astronomie, während LHOTSKY, Artistenfakultät 154, aufgrund der Angaben Großmanns meinte, Johannes von Gmunden habe erst in den späteren Jahren über Astronomie gelesen. – Nur drei von Johannes von Gmunden Examenskollegen blieben nach ihrer Promotion noch einige Jahre in Wien: Dietrich Karin von Danzig las bis 1410 an der Artistenfakultät und repräsentierte oftmals die sächsische Nation, gleichzeitig studierte er hier Medizin (Lic. med. 1411), ging dann aber nach Krakau, vgl. AFA I 564 (Reg.). Ulrich Grünwalder las an der Artistenfakultät bis 1408 und wandte sich gleichfalls dem Medizinstudium zu, das er aber in Padua absolvierte (Dr. med. 1411), wurde aber noch im gleichen Jahr 1411 von der Wiener medizinischen Fakultät rezipiert, die er mehrere Jahre als Dekan leitete, fast drei Monate (WS. 1418/19) war er auch Rektor. In seinem Testament († Oktober 1419?) stiftete er die Rosenburse, vgl. AFA I 566 (Reg.). Heinrich Bovel von Haslach schlug dagegen zunächst den gleichen Berufsweg wie Johannes von Gmunden ein, wurde Mitglied und Prior des Collegium ducale, las bis 1413 an der Artistenfakultät, deren Dekan er schon im Sommersemester 1411 war, las 1414 und 1415–1416 als Cursor und Sententiar an der theologischen Fakultät (Baccal. theol.), legte aber 1417 im Augustinerchorherrenstift St. Dorothea in Wien die Profeß ab, er schenkte damals der Artistenfakultät mehrere Bücher – ähnlich wie 18 Jahre später Johannes von Gmunden –, die der Fakultätsbibliothekar Thomas Ebendorfer am 14. April 1418 für die Fakultät übernahm (AFA II f. 23ᵛ); 1421 wurde Bovel auch zum Propst von St. Dorothea gewählt, welches Stift er in enger Verbundenheit mit der Universität bis zu seinem Tod am 5. Dezember 1428 geleitet hat; vgl. AFA I 517 (Reg.); AFTh II 648 (Reg.); THEODOR GOTTLIEB, *Mittelalterliche Bibliothekskataloge Österreichs* I: *Niederösterreich* (1915) 464.

[12] In den Jahren, als Johannes von Gmunden an der Artistenfakultät Vorlesungen hielt (1406–1434), lag die Zahl der Magister, die Anfang September

meinen spiegelt sich die Reihung der Magister nach der Anciennität auch in den Vorlesungsverzeichnissen, doch wird diese gelegentlich auch nicht eingehalten, wie am 1. September 1406 — Johannes von Gmunden erscheint aber wohl wegen Abwesenheit nicht in diesem Verzeichnis, sondern bat erst einige Wochen später, am 18. November[13], mit zwei anderen Magistern um die Zuweisung einer Vorlesung —, oder nur ungenau eingehalten, wie 1409 und 1413[14]. Doch ermöglicht die Reihenfolge der Magister im Vorlesungsverzeichnis es öfter sogar festzustellen, wann sie den Magistergrad erlangten, ja auch Identifizierungen von Personen werden so ermöglicht.

Am 16. Dezember 1407 wurde Johannes von Gmunden zum Examinator für das Baccalariat, und zwar als Vertreter der sächsischen Nation, gewählt[15]. Nun erscheint aber im Verzeichnis der Vorlesungen vom 1. September 1407, in welchem die Magister genau in der Reihenfolge der Erlangung des Licentiats und Magisteriums angeführt sind, ein sonst in den Fakultätsakten nie mehr genannter Magister Johannes Krafft, der die Vorlesung über die Elementa Euklids übernahm; er steht in der Liste genau zwischen den im Jahre 1406 und 1407 zu Magistern Promovierten[16]. Da ein Johann Krafft unter den Licentiaten des Jahres 1407 nicht möglich ist, weil alle jene Licentiaten dieses Jahrgangs, die den Vornamen Johannes führen, neben Johann Krafft im gleichen Vorlesungsverzeichnis genannt sind, kann er nur unter den Licentiaten von 1406 gesucht werden; hier kommt aber nur J. v. G. für eine mögliche Identifizierung mit Johann Krafft in Frage, und sogar die Vorlesung, die Johann Krafft 1407 übernahm, Euklids Elementa, stimmt mit den wissenschaftlichen Interessen des später so berühmten Mathematikers und Astronomen überein — dieser hat dieselbe Vorlesung auch in den Jahren 1410 und 1421 übernommen. Im Vorlesungsverzeichnis des folgenden Jahres 1408 steht übrigens an der gleichen Stelle, wo im Jahr 1407 Johann Krafft eingetragen ist, nämlich zwischen Ulrich Grünwalder und Zacharias Ridler, *Iohannes de Gmündia,* der diesmal die

---

Vorlesungen übernahmen, mit Ausnahme von 1406, als sie nur 17 betrug, zunächst etwa bei 30 bis 40, in den späteren Jahren (seit 1417) meist bei 45 bis gegen 60 (1424), 1431 waren es sogar 69 Magister, die ein Buch zur Vorlesung übernahmen. Vgl. das Verzeichnis der lesenden Magister bei Aschbach, 355 Anm. 1.

[13] Siehe oben S. 14 f.
[14] AFA I 325, 401.
[15] AFA I 284.
[16] AFA I 281.

aristotelische Physik übernommen hatte[17]. Da es nur einen Magister Johannes aus Gmunden gab, war es eben nicht nötig, den Familien- oder Zunamen beizugeben, so wie auch manche andere Magister in den Akten fast regelmäßig ohne Zunamen erscheinen[18], auch war der Name Kraft wegen seiner Häufigkeit zur Unterscheidung gar nicht so gut geeignet und übrigens auch als Vorname (Krafto) gebräuchlich[19]. Daß sich der damalige Fakultätsdekan Johann von Thann (Elsaß) im Namen geirrt haben sollte, ist kaum anzunehmen, da er den Magister J. v. G. gut gekannt haben dürfte, um so mehr, als er im Jahre 1406 als einer der Examinatoren beim Licentiatsexamen J.s v. G. mitgewirkt hat[20].

---

[17] AFA I 292.

[18] Z. B. Nikolaus Prunczlein von Dinkelsbühl, Petrus Czech von Pulkau, Nikolaus Rockinger von Göttlesbrunn, Peter Reicher von Pirawarth, Thomas Ebendorfer von Haselbach, Ulrich Straßwalcher von Passau usw.

[19] Erwähnt sei noch, daß Johannes von Gmunden in seinem Dekanat im WS. 1413/14 zum 22. Dezember 1413 einen Magister Kraft erwähnt (AFA I 409), den er zum 7. März 1414 Krafto de Swarczach nennt (AFA I 417); über diesen Magister Crafto von Nürnberg oder Schwarzach siehe AFA I 507 (Reg.).

[20] AFA I 259 f. und oben S. 13. Dafür, daß Johann Krafft etwa ein Magister einer anderen Universität sein könnte, der in Wien 1406/07 rezipiert worden wäre, bieten die Fakultätsakten keinen Anhaltspunkt. — Falls Krafft tatsächlich der Familienname Johannes' von Gmunden war, wäre noch zu erwägen, ob es sich um den Namen der Familie des Vaters oder jenen der Mutter des Magisters handelt, denn gelegentlich wurde auch von Söhnen der Familienname der Mutter geführt; so wurde der etwas jüngere Magister Jodok Weiler von Heilbronn 1414 mit dem Namen seiner Mutter (Kaufmann/Mercatoris) immatrikuliert, während der Familienname des Vaters (Weiler) erst seit etwa 1435 in den Fakultätsakten aufscheint; meist fehlt allerdings auch bei ihm der Familienname ganz; vgl. GÖHLER, 285 ff. nr. 170. Ein anderes Beispiel wäre Johannes Hinderbach, Sohn des Johann Scheib und der Innrael Hinderbach, der aufgrund des Ansehens — seine Mutter war Großnichte Heinrichs von Langenstein — den mütterlichen Namen wählte; vgl. ALFRED A. STRNAD in Verfasserlexikon² 4 (1983) 41. Ob eine Verwandtschaft Johannes' von Gmunden, falls er wirklich mit Johann Krafft identisch ist, mit der Familie des Passauer Bürgermeisters usw. Friedrich Kraft, der allerdings erst seit 1395 in Gmunden als oberster Amtmann und Pfleger im Ischlland bezeugt ist, angenommen werden kann, ist sehr zweifelhaft. Diesem Friedrich Kraft († 1403/05) folgte in diesem Amt sein Sohn Stephan Kraft (bis 1412). Ein anderer Sohn war Johannes Crafft, wohl MUW I 29: 1389 I A 16, der wahrscheinlich 1391 Kanonikus von St. Stephan in Wien und 1395 Kapitelkustos wurde und vermutlich 1415 gestorben ist. GÖHLER, S. 165 ff. nr. 65, hat zwar die Nachricht über Magister Johannes Krafft von 1407 in seinen Artikel über den Kanoniker Johann Kraft aufgenommen, doch kann dieser Magister mit dem Kanoniker nicht identisch sein, da über dessen Promotion oder Rezeption nichts berichtet wird; vgl. über ihn FRANZ STUBENVOLL, Hanns

Wohl bald nach seiner Magisterpromotion (1406) dürfte J. v. G. auf eine vakante Stelle der 12 Kollegiaturen des Collegium ducale gewählt worden sein, womit die Verpflichtung verbunden war, als besoldeter Magister *(magister stipendiatus)* an der Artistenfakultät zu lehren und an der theologischen Fakultät zu studieren. Für den Zeitpunkt der Aufnahme in das Herzogskolleg fehlen uns die Quellen, doch muß J. v. G. spätestens im Sommersemester 1413, wahrscheinlich im Studienjahr 1411/1412, auch Prior des Herzogskollegs und also schon einige Jahre Mitglied desselben gewesen sein[21].

Nicht in Zusammenhang mit der Aufnahme J.s v. G. in das Herzogskolleg steht die Verleihung der Regenz am 25. August 1409[22] — damals war er wohl schon Kollegiat —, wird doch in den Fakultätsakten noch öfter von Regenzverleihungen an J. v. G. berichtet, so zum 8. Februar 1416, 7. November 1421, 24. Juni 1422, zum 2. Januar 1423

---

der Kraft. *Ostbairische Grenzmarken* 25 (1983) 171—176. Über die Familie Kraft vgl. Hans Hülber, Friedrich Kraft, Richter und Mautner zu Linz. *Historisches Jahrbuch der Stadt Linz* 1975 (1976) 35 ff. Ein Sohn des Friedrich Kraft und Bruder des Kapitelkustos Johann Kraft war auch Friedrich Kraft, *Doctor decretorum* und im Sommersemester 1418 als Domherr von Passau und Pfarrer von Falkenstein (GB. Poysdorf, Niederösterreich), Dekan der Wiener juridischen Fakultät; vgl. AFA I 511 (Reg.).

[21] Am 20. Mai 1414 beschloß nämlich die Universität, daß die Prioren des Herzogskollegs die in ihrer Rechnung vor den Superintendenten schuldigen Beträge von zusammen etwa 100 Pfund Wiener Pfennigen binnen einem Monat zu bezahlen hätten; die Forderungen einiger Prioren, u. a. auch Johanns von Gmunden, der 2 Pfund für seine *camera* ausgegeben hatte, wurden nicht anerkannt (AFA I 422 f.; AU II f. 59ᵛ). Am 15. Juni 1414 bezahlten die ehemaligen Prioren des Herzogskollegs Dietrich von Hammelburg (dieser ist als Prior des Herzogskollegs schon am 13. April 1409 bezeugt, vgl. Archiv d. Stadt Wien, Testamentbuch III f. 277ᵛ–278ᵛ), Christian von Königgrätz, Nikolaus Rockinger von Göttlesbrunn, Johannes von Gmunden und Heinrich Bovel von Haslach der Universität aus ihrer Amtsführung schuldige Beträge von zusammen 66 Pfund, 6 sol., 20 den., der Anteil von Johannes von Gmunden betrug 16 Pfund, 49 Pfennige (AU II f. 60ᵛ). Magister Johann Fluck, der der Universität 26 Pfund, 75 Pfennige schuldete, gab damals der Fakultät als Pfand zwei *vasa vini* vor dem öffentlichen Notar Magister Johannes von Gmunden in Anwesenheit des Magisters Lambert (Sluter) von Geldern, des Rektors (Peter Deckinger) und der Zeugen *secundum formam et modum ut in prothocollo eiusdem notarii* (also Johanns von Gmunden) *continetur* (AU II f. 60ᵛ). Vgl. auch das Verzeichnis von zehn Mitgliedern des Herzogskollegs, nämlich zwei Theologen und acht Artisten, unter diesen an 6. Stelle Johannes von Gmunden (von nach 1410) in CVP 1493, gedruckt bei Denis II/1, 177 f. nr. 117.

[22] AFA I 324. Dagegen möchte Klug 18 f. diesen Vermerk so deuten.

für *practica in astronomia, quam facturus esset in loco sibi apto,* und zum
29. November 1423, als ihm bewilligt wurde *aliqua per eum collecta et
nondum completa, que successive complere proponit . . . interim pronunc-
ciari* sowie die *declaracio eorundem (scil. collectorum) in camera sua,* was
ihm als Regenz gerechnet wurde[23].

Bei den langwierigen Beratungen in der Universität über die Sendung eines Rotulus an die Kurie nach der Wahl Papst Johannes'
XXIII., worüber in den Fakultätsakten seit 9. August 1410 berichtet
wird, erklärte sich die artistische Fakultät in der Universitätsversammlung am 19. Oktober 1410 bereit, durch den Rektor (Hermann Lelle von
Treysa) zusammen mit einigen Assessoren, den Juristen Kaspar Maiselstein und Johann Sindram, prüfen und entscheiden zu lassen, ob die
Artistenfakultät auf Grund eines *arbitramentum* Bischof Bertholds v.
Freising vom 13. Januar 1390 das Recht habe, den Rotulusgesandten zu
wählen; die anderen Fakultäten wünschten aber nicht den Rektor als
Richter, sondern wollten die Sache weiter überlegen. Da die Artistenfakultät fürchtete, die Ablehnung erfolge zur Verzögerung des Rotulus,
protestierte sie, daß sie den anderen Fakultäten *iusticiam* angeboten
habe, diese aber nicht angenommen worden sei, und bat Mag. Johannes
von Gmunden als öffentlichen Notar, über diese Protestation ein oder
mehrere Instrumente auszustellen[24].

Am 6. Dezember 1411 wurde J. v. G. von der Fakultät wieder zum
Examinator für das Baccalariat, und zwar diesmal für die ungarische
Nation, gewählt[25]. Später wurde J. v. G. noch mehrmals (24. September

---

[23] AFA I 468; AFA II f. 45ʳ, 53ʳ, 56ʳ, 64ᵛ. Über den Begriff der Regenz vgl.
tit. XXII der Statuten der Artistenfakultät (KINK II 210 f.). Es wäre allerdings
möglich, daß Johannes von Gmunden erst 1409 in das Collegium ducale aufgenommen wurde, da für die von ihm 1415 übernommene Cursus-Vorlesung 6jähri-
ges Theologiestudium vorausgesetzt war, er also spätestens 1409 mit diesem
Studium begonnen haben muß, s. unten S. 26.

[24] AFA I 345. Über diese bisher unbekannte Funktion Johannes' von
Gmunden als öffentlicher Notar vgl. auch die Notiz oben S. 18, Anm. 21 zu 1414.
Über die dann doch zustandegekommene Rotulusgesandtschaft vgl. ASCHBACH
250 f. (ungenau); AFA I 348 ff.; doch reisten die Gesandten erst nach 3. Januar
1411 ab, auch war der Rotulus-Nuntius Johann Berwart nicht Theologieprofessor (so Aschbach), sondern nur Baccal. formatus theol.

[25] AFA I 370. Diese Tatsache wie auch die oben erwähnte Bestellung im
Jahr 1407 zum Examinator für die sächsische Nation zeigt deutlich, daß aus der
Wahl zum Examinator oder Consiliar (Coadjutor) des Dekans für die ungarische
oder sächsische Nation nicht ohne weiteres auf die Heimat des betreffenden
Magisters geschlossen werden kann. Denn da diese beiden Nationen gelegent-

1413, 8. Dezember 1419, 6. Dezember 1420, 30. November 1424) als Vertreter der österreichischen Nation zum Examinator für das Baccalariat gewählt[26], was beweist, daß er jedenfalls nicht, wie früher öfter angenommen wurde, aus Schwäbisch Gmünd stammen kann, das zum Gebiet der rheinischen Nation gehörte[27]. Consiliar für die österreichische Nation war J. v. G. im Sommersemester 1416[28]. Zum Examinator für das Licentiat — für diese vom Kanzler oder Vizekanzler der Universität bestellten Examinatoren oder Temptatoren ist in den Fakultätsstatuten bezüglich ihrer Herkunft nichts bestimmt — wurde J. v. G. im Januar 1413 und am 10. Januar 1421 bestellt[29]. Präsentator für das Tentamen wurde J. v. G. am 4. Januar 1423[30]. Am 7. Januar 1430 deputierte ihn die Artistenfakultät an den Universitätskanzler Propst Wilhelm Turs, um die Verzögerung des Tentamens zu beheben[31].

J. v. G. scheint ein strenger Prüfer gewesen zu sein. So erlangten von 24 Scholaren, die sich am 24. September 1413 zum Examen für das Baccalariat meldeten, nur 12 am 13. Oktober 1413 die Zulassung zur Determination[32]; die Reprobierten schrieben offenbar die Schuld an ihrem Scheitern vor allem J. v. G. zu, der als Examinator die österrei-

---

lich über keinen Magister verfügten oder ihre wenigen Magister nicht ständig mit den Aufgaben eines Examinators oder Consiliars belastet werden wollten, mußten sich beide Nationen gelegentlich schon in den 1390er Jahren von Magistern der österreichischen oder rheinischen Nation vertreten lassen, was allerdings für die Folgezeit erst durch einen Fakultätsbeschluß vom 2. Januar 1401, der am 29. Mai 1401 auch die Zustimmung der Universität fand, legalisiert wurde (AFA I 188 und 195). Für diese Vertretung wurden von den beiden großen Nationen meist ihre jungen Magister herangezogen, die älteren Magister der österreichischen und rheinischen Nation haben dann nur ihre eigene Nation repräsentiert.

[26] AFA I 402; AFA II f. 34^r, 39^v, 69^v.

[27] Denn die österreichische und rheinische Nation bestellten zu Examinatoren und Consiliarii nur Magister ihrer eigenen Nation. Unzutreffend ist aber die Angabe von KLUG 14, daß für j e d e Nation nur ein Angehöriger derselben gewählt wurde. Die ungarische und besonders die sächsische Nation waren infolge der geringen Zahl ihrer Magister, wie erwähnt, oft gezwungen, sich bei den Examinatoren und Consiliarii durch Magister der österreichischen oder rheinischen Nation vertreten zu lassen; auch Johannes von Gmunden wirkte 1407 als Examinator für die sächsische Nation, 1411 für die ungarische Nation.

[28] AFA I 472.

[29] AFA I 391; AFA II f. 40^r.

[30] AFA II f. 56^r.

[31] AFA II f. 99^v; s. auch unten S. 47.

[32] Ihre Namen in AFA I 402, 405.

chische Nation in der Prüfungskommission vertreten hatte, weshalb
ihm — schon als Dekan im folgenden Wintersemester — einer dieser
Scholaren einen Drohbrief übersandte, den der Gelehrte zum
19. November 1413 im vollen Wortlaut in die Fakultätsakten aufnahm[33];
die berichteten Nachforschungen nach dem Urheber blieben wohl ohne
Erfolg. Vielleicht war aber 1413 bloß die große Zahl von 24 Kandidaten
— die größte, welche die Fakultätsakten bis dahin für ein Quartal mel-
den, erst seit 1415 stieg die Zahl noch höher an — Grund strengeren Vor-
gehens oder Ursache des Versagens, da bei den folgenden Baccalars-
examina, an denen J. v. G. mitwirkte, alle Kandidaten die Prüfung
bestanden[34].

Aus diesen frühen Jahren der Tätigkeit J.s v. G. an der Artistenfakultät scheint sich nur seine *Positio* zur *Disputatio de quolibet*, die wohl
Ende 1411 unter der Leitung des Magisters Georg Wetzel von Horb abgehalten wurde, erhalten zu haben. Sie lautete: *Utrum possibile sit unum
contrarium per alterum confortari. Quod non. Unum contrarium corrumpit
reliquum, igitur nullomodo confortat ipsum* . . . J. v. G. bezieht sich darin
mehrfach auf die Meteorologie des Aristoteles, über die er im Wintersemester 1411/1412 wie auch schon im Wintersemester 1409/1410 an der
Fakultät gelesen hat[34a].

Am 13. Oktober 1413 wurde J. v. G. zum ersten Mal, für das Wintersemester 1413/1414, zum Dekan der Artistenfakultät gewählt. Da die
meisten Magister und Studenten *(Supposita)* dieser Fakultät angehörten, war das Amt des Dekans dieser Fakultät das nach dem Rektor
wichtigste Amt in der Universität. Die eigenhändigen Aufzeichnungen,
die J. v. G. über sein Dekanat gemacht hat, sind die ausführlichsten des
ganzen ersten Bandes der artistischen Fakultätsakten und beweisen
seine Genauigkeit auch in administrativen Dingen, wie sie bei seiner
Stellung als öffentlicher Notar allerdings vorausgesetzt werden kann.
Auch zeichnen sie sich durch die schönen, ebenmäßigen Schriftzüge
aus. Die Akten vermitteln ein anschauliches Bild vom Leben an der
Hochschule[35].

---

[33] AFA I 407 f.

[34] So 1419/20 alle 10, 1420 alle 7, 1424/25 wurde von 21 nur einer nicht
zugelassen (AFA II f. 34[rv], 39[v], 69[v], 70[r]).

[34a] CVP 5247 (Univ. 370) enthält f. 48[r]—79[v] und 126[r]—135[v] die *Positiones*
mehrerer genannter und ungenannter Magister zur Quodlibetdisputation von
1411, vielleicht auch zu anderen Jahren, darunter auf f. 58[v]—60[r] jene des Johannes von Gmunden.

[35] AFA I 404—421.

Von seinem Amtsvorgänger Ulrich Straßwalcher von Passau übernahm der neue Dekan am 5. November 1413 46 Goldgulden, 10 sol. den.
und 3 obuli. Am 11. November 1413 beschloß die Fakultät, am Fest der
hl. Katharina, der Patronin der Artistenfakultät (25. November), an
alle Magister, auch solche anderer Universitäten, an alle bedeutenden
Adeligen, alle Domherren und andere bedeutende Personen nach Ermessen des Dekans böhm. Groschen zu verteilen[36].

Unter anderem wurde in diesem Semester (11. und 19. November
1413) beraten, wie die Scholaren zum Besuch der Disputationen gezwungen werden könnten, ein entsprechender Fakultätsbeschluß wurde
am 22. Dezember 1413 von der Universität approbiert.

Der Pedell der Fakultät wurde zwar am 5. November 1413 wegen
seiner Exzesse gegen die Magister und seiner Nachlässigkeit gemaß-
regelt, erhielt aber dann am 19. November ein allerdings kleineres als
das sonst übliche Geschenk, nämlich nur 60 Pfennige. Es wurde ihm
auferlegt, sich mit einem diskreten Famulus zu versehen, andernfalls
wollte ihm die Fakultät einen solchen zuordnen.

Bei der Visitation der Bursen fanden der Dekan und seine Consiliarii im Zimmer eines Scholaren einen Krug *(cantrum)*, von dem der
Nachbar auf Grund bestimmter Merkmale beweisen konnte, daß er ihm
gehöre und daß er seinem Famulus in der Nacht genommen worden sei,
worauf der Beschuldigte zum Rektor gerufen und als Kleriker dem
Passauer Offizial (Andreas von Pottenstein, Pfarrer von Grillenberg)
zur Bestrafung übergeben wurde; der Rektor wollte ihn dann öffentlich
unter Angabe des Grundes von der Universität *in terrorem aliorum* aus-
schließen (22. Dezember 1413). Der Beschuldigte wurde aber vom Offizial ohne Strafe entlassen, daher überließ die Fakultät die Form seines
Ausschlusses dem Rektor und Deputierten (5. Februar 1414). Dagegen
wurden mehrere Scholaren, die vom Rektor von der Universität ausgeschlossen worden waren, weil sie nachts bewaffnet ausgegangen
waren, auf ihre Bitte wieder aufgenommen.

Dem Magister Peter Deckinger wurden zwei Magister zugewiesen,
die ihm bei der Verteidigung des Konservatorenprivilegs der Universität am Hofe des Herzogs etc. beistehen sollten (22. Dezember 1413)[37].

---

[36] Vgl. auch ARTUR GOLDMANN in *Geschichte d. Stadt Wien* VI (1918) 194
Anm. 7. Noch am 11. November 1425 wurde dieser Beschluß zur Grundlage für
die Austeilung von Groschen am Katharinenfest genommen (AFA II f. 75ʳ).

[37] Vgl. das Privileg Johannes' XXIII. vom 17. August 1411, mit dem die
Bischöfe von Regensburg und von Olmütz und der Wiener Schottenabt zu

Auf Bitte des Rektors erklärte die Universität, daß das Statut über den Ausschluß von Angehörigen der Universität, die nachts nach der Bierglocke mit Waffen und Musikinstrumenten ausgehen, weiter beobachtet werden solle (22. Dezember 1413). Auch verlangte damals die Fakultät die hohen Sitze der Doktoren für die *actus publici* in St. Stephan niedriger zu machen, da die Scholaren durch sie behindert würden, diese Sitze sollten den niedrigeren Sitzen für die Magister der Artistenfakultät angeglichen werden, da die bestehende Anordnung der Artistenfakultät zum Präjudiz gereiche.

Am 2. Januar 1414 wurde den 13 Baccalaren, die zum Tentamen präsentiert werden wollten, Dispens für jene Bücher gewährt, die sie nicht in einer Vorlesung oder Übung gehört hatten, doch sollten sie, falls sie keine Entschuldigung hatten, der Fakultät die volle Gebühr (Honorar) bezahlen[38].

Am 14. Januar 1414 wurde in der Fakultät das Raumproblem angeschnitten: Es sollte von der Universität verlangt werden, für die Fakultät und auch für die Universität einen großen, auch für die großen *actus* der Fakultät und Universität geeigneten Hörsaal zu beschaffen.

Als ein Scholar von einigen Bürgern und den Dienern des Stadtrichters (Wolfgang Purkhartzperger, 1411—1414) sowie des Bürger- und Münzmeisters (Rudolf Angerfelder, 1411—1419) gefangengenommen wurde (26. Januar 1414), kam es zu einem großen Kampf in der Stadt, weil die Studenten die *captivantes* mit Schwertern, Steinen und anderen Waffen angriffen und in ein Haus trieben, dann aber vom Dekan zurückgejagt wurden, und auch der Bürgermeister samt vielen mit Lanzen, Schwertern und gespannten Bogen *(ballistas)* Bewaffneten und dem Stadtbanner zu diesem Haus kam und den Gefangenen in sein Haus brachte. Die Universität ersuchte den Bürgermeister und die Bürger, gemäß den Universitätsprivilegien den Gefangenen, der Kleriker sei, dem zuständigen Richter, also dem Passauer Offizial, zu präsentieren und wollte den Frieden zwischen Studenten und Bürgern wieder herstellen, doch wollten die Bürger den Gefangenen selbst richten, worauf die Universität beim Herzog um Erhaltung ihrer Privilegien, andernfalls aber um gnädige Erlaubnis zum Abzug ersuchen wollte (29. Januar 1414). Da der Herzog und seine Räte die Universitätsprivilegien sehen

---

Konservatoren der Wiener Universität bestellt wurden (KINK II 238—242), sowie das Universitätsstatut vom 12. Januar 1412 über die Handhabung dieses Privilegs (KINK II 243—246).

[38] *pastus* bedeutet hier nicht Mahlzeit, wie KLUG 19 angibt.

wollten, wollte man bloß Kopien in Latein und Deutsch vorlegen, die
Originale sollten nur ein oder zwei herzogliche Räte an einem sicheren
Ort einsehen (1. Februar). Der Herzog und sein Rat verlangten von der
Universität Statuten und Verordnungen für ein besseres *Regimen* der
Scholaren, um Ausschreitungen und Angriffe gegen Bürger und andere
zu verhindern, aber auch die Universität wünschte an die Bürger ähnliche Anordnungen ergehen zu lassen (5. Februar). Da einige Bürger
wegen des festgehaltenen und von ihnen peinlich verhörten *(questiona-
tus)* Studenten, der übrigens bald danach verstorben war, von der
Universität für exkommuniziert angesehen wurden, lehnte es die Universität ab, in St. Stephan ihre Stationsgottesdienste zu halten, da
diese dort auch von exkommunizierten Bürgern besucht werden konnten, und verlegte sie daher (zum Teil) in die Dominikanerkirche (1. und
25. Februar) Der Herzog ließ dann Bürger und Universität zum Frieden
auffordern; die Bürger schlugen Verbot der Kämpfe *(treugas)* bis
Pfingsten (27. Mai) vor, inzwischen solle der Herzog die Schuldigen
bestrafen.

Am 10. Februar überbrachte der Notar des Herzogs eine *cedula,*
wonach Angehörige der Universität zur Zeit der *treuge* nach der Bierglocke einen Schuster *(sutor)* geschlagen und schwer verwundet hätten.
Der Herzog warnte die Universität vor der ihr bei weiteren ähnlichen
Vorkommnissen drohenden Gefahr. Am 7. März wurden der Dompropst
von Speyer Heinrich von Helmstatt und der Domherr von Eichstätt
Heinrich von Reichenau dieser Tat bezichtigt, doch beteuerten beide
ihre Unschuld.

Am 23. März 1414 sandte der Bürgermeister zum Rektor zwei Bürger, die ihm mitteilten, daß in der vergangenen Nacht einige Studenten
unmittelbar vor der Bierglocke mit Musikinstrumenten und brennenden
Fackeln über den Fleischmarkt bei St. Laurenz gezogen seien und
danach sofort in einem Stall ein Feuer ausgebrochen sei, dessen die
Studenten verdächtigt werden; es sollte der Rektor daher genau nach-
forschen, die Schuldigen strafen, die Universität und auch die Unschul-
digen aber beim Herzog und bei den Bürgern entschuldigen.

Schließlich ließ der Herzog der Universität am 2. April 1414 sagen,
daß er den Bürgern Frieden mit der Universität und Beobachtung der
Universitätsprivilegien befohlen habe, was der Bürgermeister angenommen habe; daher solle auch der Rektor allen *Supposita* den Frieden mit
den Bürgern und anderen in der Stadt und Ablassen von Ausschreitungen befehlen. Darauf berief der Rektor Johann Fluck für 3. April eine
Generalkongregation aller *Supposita* der Universität ein, in der er den

Frieden befehlen und den Willen des Herzogs verkünden wollte. Auch sollten die Studenten, die nachts mit blanken, jedoch geschwärzten Schwertern, um Scheiden vorzutäuschen, auf den Straßen einhergingen, ausgeforscht und zusammen mit jenen, die eines Brandes verdächtigt wurden, bestraft werden.

Noch am 25. März 1414 wurden die (neuen) Statuten für die Bursen dahin geprüft, ob Änderungen und Ergänzungen vorgenommen werden sollten, doch konnten diese Arbeiten in diesem Semester nicht mehr zu Ende geführt werden; es wurde daher am 14. April 1414 dem neuen Dekan Konrad Ülin von Rottenburg die Vollendung dieser Arbeit übertragen und Magister J. v. G. in die betreffende Fakultätskommission berufen. Diese Statuten wurden am 1. Juli 1414 von der Fakultätsmehrheit angenommen, am 31. Juli auch von der Universität approbiert und am 3. August 1414 publiziert[39].

Im folgenden Sommersemester war J. v. G. als ehemaliger Dekan Rezeptor oder Thesaurar der Fakultät. Bei der Abrechnung über das Wintersemester 1413/1414 übergaben die alten Amtleute, also auch J. v. G. als ehemaliger Dekan, 11 fl., die in die Fakultätskasse gelegt wurden[40].

Am 26. November 1415 übersandte die Universität mit Zustimmung Herzog Albrechts V. durch Magister Matthias Martini von Waldsee ihrem Gesandten in Konstanz Magister Peter von Pulkau 49 fl. ung. und Dukaten und 1 fl. rh., von denen 44 ⅓ fl. von Mag. Georg Wetzel von Horb, die restlichen 5 fl. von Magister Johannes von Gmunden aus den Remanenzgeldern des Herzogskollegs bezahlt wurden[41]. Vermutlich war also J. v. G. wieder Prior des Herzogskollegs gewesen.

In den Jahren 1415—1419 übernahm Johannes von Gmunden an der Artistenfakultät anscheinend nur zwei kleine Algorismusvorlesungen, weil er sich nunmehr vor allem seinen Vorlesungen an der theologischen Fakultät widmen mußte. Über diese liegen in den sehr dürftigen Acta facultatis theologiae nur wenige Bemerkungen vor. Der Dekan der theologischen Fakultät Berthold Puchhauser von Regensburg OESA vermerkte zum 30. August 1415 die Zulassung der beiden Magister J. v. G. *(Iohannes de Gmundia)* und Peter Reicher von Pirawarth zum *cursus biblicus*, und zwar wurde J. v. G. die Vorlesung über das Buch Exodus, Peter von Pirawarth das Matthäus-Evangelium zugewie-

---

[39] Vgl. KINK II 256—266; AFA I 425 f., 428.
[40] AFA I 422 zum 3. Mai 1414.
[41] AU II f. 74[r].

sen, worauf beide dem Universitätskanzler Propst Wilhelm Turs
präsentiert wurden; beide wählten sich Peter Cech von Pulkau zum
Magister, mit dessen Rat sie ihre akademischen *actus* zu beginnen hatten[42]. Da man erst nach sechsjährigem Theologiestudium zum *Cursus
biblicus,* nach achtjährigem Studium zur Sentenzenlesung zugelassen
wurde[43], muß J. v. G. wohl (spätestens) 1409 damit begonnen haben. Am
16. Oktober 1415 begann er mit der Exodus-Vorlesung, er zahlte der
Fakultät die übliche Gebühr von 1 fl.[44]. Von dieser Vorlesung hat sich
nur die Einleitung *(Principium)* im Codex 4508 der Nationalbibliothek,
fol. 73^r–91^r, erhalten[45]. Der Text ist von einem Schreiber geschrieben,
von der Hand J.s v. G. stammen nur einige Notizen und Einfügungen
sowie der Text auf f. 85^r bis 86^r, erste vier Zeilen. Nicht vermerkt ist die
Zuweisung des zweiten Buches des *cursus biblicus,* aus dem Neuen
Testament, die wohl noch in der ersten Hälfte des Jahres 1416 erfolgt
sein muß. Es war dies die Vorlesung über den Jakobusbrief, von der sich
im genannten Codex 4508 sowohl das *Principium* (f. 92^r–94^v) als auch
der Kommentar (f. 95^r–140^v) erhalten hat[46]. Während das *Principium*
ganz von einer Schreiberhand eingetragen wurde, sind Teile des Kom-
mentars (f. 104^v–109^r, 117^v–118^r Mitte, 123^v–126^r, 128^r letztes Drittel,
eine Randnotiz von fünf Zeilen auf f. 137^v unten sowie f. 138^r, also fast
ein Viertel des Textes) eigenhändig von J. v. G. geschrieben. Da J. v. G.
am 1. September 1416 an der Artistenfakultät die Vorlesung über *Algo-*

---

[42] Vgl. AFTh I 96. KLUG 20 gibt an, Johannes von Gmunden sei nach
Erlangung des Baccalaureats zur Abhaltung des *cursus biblicus* zugelassen worden, doch wurde eben erst durch die Zulassung zur Cursus-Vorlesung der Grad
eines *baccalarius theologiae* erworben. Zu den einschlägigen Bestimmungen in
den theologischen Fakultätsstatuten vgl. KINK II 104 f. Auffällig ist die Wahl
Peters von Pulkau zum Magister der beiden Cursoren, da sich Peter von Pulkau
seit November 1414 in Konstanz befand und erst im Mai 1418 nach Wien zurück-
kehrte.

[43] KINK II 115.

[44] AFTh I 97.

[45] Vgl. die Beschreibung bei DENIS II/1, 1402, doch anonym. Die Zuweisung dieses Textes an Johannes von Gmunden erfolgte zuerst durch UIBLEIN,
in: *Beiträge zur Wiener Diözesangeschichte* 15 (1974) 17 und 19 Anm. 5.; FRIDERI-
CUS STEGMÜLLER, *Repertorium biblicum medii aevi* III (1951) nr. 4492, war keine
Überlieferung bekannt.

[46] DENIS l. c. 1402 f., anonym. Die Zuweisung dieses Textes an Johannes
von Gmunden zuerst durch UIBLEIN, in: *Beiträge zur Wiener Diözesangeschichte*
15 (1974) 17 f. und 19 Anm. 6; STEGMÜLLER, Repertorium biblicum, war diese
Vorlesung unbekannt.

rismus de integris übernommen hat, mit der er nach dem 13. Oktober (1416) beginnen mußte[47], wird er wohl die Vorlesung über den Jakobusbrief spätestens Anfang Oktober 1416 beendet haben. Da für die Algorismusvorlesung nur sieben Lektionen festgesetzt waren[48], konnte J. v. G. auch diese Vorlesung schon Anfang November beendet haben, so daß er nach seiner um den 11. November 1416 erfolgten Zulassung zur Vorlesung über das dogmatische Lehrbuch der Sentenzen des Petrus Lombardus († 1160)[49], das im Mittelalter und noch lange danach an den theologischen Fakultäten vorgeschrieben war, alsbald mit dieser Vorlesung beginnen konnte. Im allgemeinen konnte diese Vorlesung in zwei Jahren absolviert werden, von J. v. G. wissen wir aber, daß er sicher noch im Herbst 1418, wahrscheinlich aber auch noch 1420/1421 mit dieser Vorlesung befaßt war[50], was vielleicht dadurch erklärt werden kann, daß in diesen Jahren von Erkrankungen des Vortragenden berichtet wird. Von dieser Vorlesung haben sich die Quaestionen zum II. Buch, dist. 1–43, der Sentenzen im Codex 4422 der Nationalbibliothek, der wohl zum größten Teil von Johannes von Gmunden geschrieben ist und den er später der Artistenfakultät legiert hat, erhalten[51]. Dieses Werk

---

[47] AFA II f. 3ʳ. Vgl. KINK II 211 (Stat. fac. art. tit. 23); LHOTSKY, Artistenfakultät 52.

[48] Vgl. KINK I/2, 111 Nr. XXVIII; ASCHBACH 352.

[49] AFTh I 98 f. unter Dekan Franz von Retz OP.

[50] Johannes von Gmunden wird nämlich sowohl von Heinrich Rotstock von Köln OP., der nicht vor September 1418 mit der Sentenzenlesung begonnen haben dürfte und wohl bis 1420 darüber gelesen hat (und zwar für das 3. Buch), als auch von Thomas Ebendorfer, der am 9. Januar 1420 mit der Sentenzenlesung begann (AFTh I 100) als Konkurrent bezeichnet. Vgl. FRIDERICUS STEGMÜLLER, *Repertorium commentariorum in Sententias Petri Lombardi* I (1947) 449 nr. 1022; 416 f. nr. 903; ISNARD WILHELM FRANK, Hausstudium und Universitätsstudium der Wiener Dominikaner bis 1500. *AÖG* 127 (1968) 201 f. Ebendorfer nennt Johannes von Gmunden im 2. Buch (1. Hälfte 1420) CVP 4393 f. 1ʳ, 9ʳ, und im 4. Buch (wohl Ende 1420–März/April 1421) CVP 4369 f. 196ʳ, 201ᵛ, 202ᵛ, während er nach Beendigung des 1. Buches (2. Hälfte 1421) in den abschließenden Versen rückblickend alle seine Konkurrenten Johannes von Gmunden, Johann Hymel, Heinrich Rotstock und Georg Apfentaler nennt (CVP 4369 f. 196ʳ). Vgl. auch AFTh II 471 Anm. 628.

[51] Dieser Cod. 4422 (früher Univ. 442) trägt auf f. Iʳ den Legatvermerk Johannes' von Gmunden. Die Datierung mit Hilfe des Wasserzeichens (Briquet nr. 3980) ergibt die Zeit um 1416; 1416/17 und wohl noch länger hat aber Johannes von Gmunden über die Sentenzen gelesen, so daß diese Quaestionen sicher diesem zuzuweisen sind. Obwohl STEGMÜLLER, *Repert. comment. in Sententias* nr. 452 den Legatvermerk Johannes' von Gmunden († 1442) in diesem Codex

ist zwar noch nicht genau untersucht, beruht aber nach dem Urteil von Schönleben auf dem Sentenzenkommentar des Johannes Duns Scotus[51a]. Mit dieser Vorlesung erlangte J. v. G. nach dem dritten Principium den Titel eines *Baccalarius formatus theologiae.*

Im Sommer (26. Juli) 1417 erteilte die theologische Fakultät unter dem Dekan Johann Fluk J. v. G. auf seine Bitte weitere Dispens vom Empfang der *ordines* bis auf Weihnachten 1417, er wird daher wahrscheinlich zu diesem Zeitpunkt die höheren Weihen erlangt haben[51b]. Eine Predigt über die Auferstehung des Herrn (Thema *Gloria Domini apparuit in nube,* Exod. 16, 10), die J. v. G. wohl zu Ostern 1418 in der Universitätsaula gehalten hat, klingt in den Wunsch nach Wiederherstellung der kirchlichen Einheit auf dem Konstanzer Konzil durch Wahl eines allgemein anerkannten Papstes aus, dürfte also um die Jahreswende 1417/1418 abgefaßt sein[52].

---

anführt, hält er doch die anonym überlieferten Quaestionen für das Werk Johann Harrers von Heilbronn, der aber erst ab 1451 über die Sentenzen gelesen hat. Folglich ist der Codex identisch mit den im Testament Gmundens genannten *questiones secundi sentenciarum: X den.* Die Quaestionen stehen auf f. 1[r]– 139[v], 145[r]–158[v]. Danach folgen auf f. 159[r]–187[r] *Dubitaciones* zum 2. Sentenzenbuch.

    [51a] Vgl. Joannes Ludovicus Schönleben, *Orbis universi votorum pro definitione piae et verae sententiae de immaculata conceptione deiparae.* Liber IV: *Sexagena doctorum Viennensium* (Clagenfurt 1659) p. 35: *Joannes de Gmunden. Reliquit ... etiam commentarios in M. Sententiarum, qui fere ad verbum ex Scoto desumpti sunt ... unde merito in numerum venit Assertorum Immaculatae Conceptionis, neque locum afferre opus est cum de Scoti doctrina nullus ambigat;* danach Aschbach 463.

    [51b] AFTh I 99.

    [52] CVP 4218 f. 219[r]–225[r] mit der Überschrift: *Sequitur sermo de resurreccione Domini per Mag. Johannem de Gmunden in aula universitatis pronuncciatus circa a. D. 1418 in hunc modum.* Nach dem Thema folgt die Anrede *Reverendi patres, magistri ac domini precolendi.* Incipit: *De sacratissima domini nostri Jesu Christi resurreccionis solempnitate, que tocius incarnacionis dominice finis est et consumacio.* Explicit: *ut ipsa sit unita Christoque domino sponso suo per caritatem copulata nosque cum ea videre valeamus eundem dominum nostrum Jesum Christum in eterna gloria et perpetua beatitudine, quod ipse nobis concedat, qui sine fine vivit et regnat. Amen.*

    Dieser Codex enthält auch Universitätspredigten mehrerer anderer Wiener Magister. Der Text einer kürzeren Osterpredigt *(In die resurrectionis ... sermo)* Johanns von Gmunden über das Thema *Resurrexit die tercia* (1. Cor. 15) steht in Stiftsbibliothek Klosterneuburg, Cod. 877 f. 271[v]–274[r], die Anrede lautet hier nur *Karissimi,* das Incipit ist fast gleichlautend wie in CVP 4218 *(Sacratissima domini nostri Jesu Christi resurreccionis festivitas, quam hodie*

Sonst wird J. v. G. nur noch einmal in den theologischen Fakultätsakten erwähnt: Einer der Achter (Oktonare) bei St. Stephan namens Simon hatte gepredigt, der hl. Paulus habe nicht gesündigt, als er die Kirche Christi verfolgt hatte, worauf die Fakultät gemäß einem vorgeschriebenen Text den Widerruf verlangte, den der Oktonar am 24. Dezember 1420 öffentlich auf dem Ambo in Anwesenheit von J. v. G., der wohl zu überwachen hatte, ob die von der Fakultät gewünschte Form eingehalten wurde[53], leistete.

Da Johannes von Gmunden weder das Licentiat noch das Doktorat in Theologie anstrebte und erlangte, verblieb er als Magister in der Artistenfakultät, an deren Beratungen er auch während der Zeit seiner theologischen Vorlesungen teilgenommen hat. KLUG nimmt auf Grund einer Notiz in den Akten vom 8. Februar 1416 an, daß J. v. G. damals zusammen mit anderen jungen Magistern für eine Lockerung der strengen Vorschriften über die Vorlesungsstoffe an der Artistenfakultät eingetreten sei und es erreicht habe, daß von nun an auch andere als die vorgeschriebenen Gegenstände den Lehrern wie den Schülern angerechnet worden seien. Abgesehen davon, daß J. v. G. im Jahre 1416, nachdem er schon einige Jahre vorher auch das Dekanat versehen hatte, nach damaligen Verhältnissen nicht mehr zu den jungen Magistern der Fakultät gerechnet werden konnte, hat die angeführte Notiz eine ganz andere Bedeutung: es baten damals bloß acht Magister, unter ihnen J. v. G., daß ihnen (sowie ihren Hörern) ihre inzwischen übernommenen und teilweise abgehaltenen Vorlesungen (nur zwei der acht Magister hatten schon bei der Zuteilung der Vorlesungen am 1. September 1415 Bücher zur Vorlesung übernommen, aber wahrscheinlich nicht zur festgesetzten Frist die Vorlesung begonnen) als Regenz angerechnet würden, was allen acht Magistern bewilligt wurde[54]. Vom Vorlesungsstoff ist gar keine Rede, und dieser war auch nicht der Grund für

---

sollempnizat ecclesia, tocius incarnacionis dominice finis est et consumacio . . .); Schluß: *Qui 3ᵃ die hoc est hodie a mortuis gloriosus resurrexit in secula seculorum benedictus. Amen. Explicit sermo magistri Iohannis Gmunden.* Auch einige andere kleinere Partien, besonders am Anfang der Predigt, sind mit dem Text in CVP 4218 gleichlautend. In dieser Predigt wird (f. 271ᵛ) auf einen *sermo in die ascensionis* verwiesen, der also vielleicht auch von Johannes von Gmunden gehalten wurde.

[53] Eintragung des Dekans Dietrich von Hammelburg in AFTh I 39—41. KLUG 21 sagt irrig, Johannes von Gmunden sei bei Simons Widerruf auf der Kanzel gestanden.

[54] Vgl. KLUG 20; die Stelle ist jetzt gedruckt, AFA I 468.

ihre Bitten, es wird sich vielmehr durchaus nur um die an der Fakultät üblichen Vorlesungen gehandelt haben[55].

Am 22. April 1417 bat J. v. G. für einen Magister artium, der auch Doktor einer anderen Fakultät war, den er aber nicht nennen wollte, um Dispens für die Vollendung der wenigen *actus,* die ihm noch an der Artistenfakultät auferlegt waren, was von der Fakultät gebilligt wurde[56].

Als der Fakultätsbibliothekar Magister Jakob Berwart von Villingen in seine Heimat *(ad partes suas)* reiste, wurde am 4. Juli 1417 zu seinem Nachfolger J. v. G. gewählt[57], der aber wegen Erkrankung das Bibliothekarsamt schon nach drei Monaten zurücklegen mußte, das

---

[55] Die ansprechend klingende Annahme Klugs wurde auch von LHOTSKY, Artistenfakultät 168, und KARL GROSSMANN, Die Begründung der modernen Himmelskunde durch die Wiener Mathematikerschule des 15. Jahrhunderts *Jb. d. Vereins f. Geschichte d. Stadt Wien* 21/22 (1965/66) 198, ungeprüft übernommen. Doch waren von den an dieser Stelle genannten acht Magistern fünf, darunter Johannes von Gmunden in den Jahren 1404—1408 promoviert worden, zählten damit zum ersten, dem älteren Drittel der damals etwa 40 lesenden Magister, nur drei gehörten den Promotionsjahrgängen 1414 und 1415, also den jungen Magistern an. Mit Ausnahme von Johannes von Gmunden las aber keiner von ihnen in den folgenden Jahren über nicht in den Fakultätsstatuten genannte Bücher, nur Thomas von Zákany übernahm 1425 das selten gelesene Werk *De planctu naturae* des Alanus ab Insulis zur Vorlesung (AFA II f. 73ᵛ), das schon 1414 Urban von Melk an Festtagen lesen durfte (AFA I 436); gemäß den Statuten von 1389 durften neben den namentlich genannten Büchern auch *libri equivalentes* als Vorlesungsstoff verwendet werden (KINK II 189, art. VII; LHOTSKY, Artistenfakultät 236).

[56] AFA II f. 7ʳ.

[57] *Item fuit ad partem in facultate unus articulus motus ad eligendum unum librarium facultatis propter recessum prioris ... et fuit electus mag. Johannes Gmunden, qui etiam assumpsit more solito* (AFA II f. 11ʳ). KLUG 19 bemerkt, daß dieser Beisatz in dem sonst recht trockenen Protokoll Johannes von Gmunden hinreichend kennzeichne und möchte annehmen, daß Johannes von Gmunden sich wegen seines liebenswürdigen und entgegenkommenden Wesens großer Beliebtheit erfreute. Diese günstige Beurteilung mag zwar zutreffen, doch bedeutet *assumpsit more solito* hier wohl nichts anderes, als daß Johannes von Gmunden bei Antritt des Bibliothekarsamtes den üblichen Eid geleistet hat. So heißt es z. B. bei der Wahl der Offiziale der Fakultät, darunter auch des Bibliothekars, am 13. Oktober 1418: *qui omnes in facultate iuraverunt secundum morem hactenus observatum* (AFA II f. 27ʳ). Ähnlich schreibt der Dekan Peter Reicher von Pirawarth z. B. zum 19. Juli 1417 bezüglich einer Doktorpromotion in St. Stephan: *ergo de mane nostra facultas venit ad festum suum more solito.* Daß sich damals sonst niemand für das Amt des Bibliothekars gefunden hätte, wie Klug meint, geht aus dem Wortlaut der Fakultätsakten nicht hervor.

am 13. Oktober 1417 dem inzwischen zurückgekehrten Jakob Berwart neuerlich übertragen wurde[58].

Am 1. September 1417 übernahm Johannes von Gmunden die Vorlesung über *Algorismus de minuciis*. Am gleichen Tag beschloß die Artistenfakultät in einem Streit zwischen dem Dekan der juridischen Fakultät Konrad Rauching, Lic. decr., und Mag. Paul (Päuerl) von Wien — der Dekan hatte Mag. Paul von Wien am 14. Juni 1417 aus den *scole* entlassen *(licenciavit)* und die artistische Fakultät hatte wegen dieser Schmach am 17. Juni 1417 Deputierte, u. a. auch J. v. G., für diese Angelegenheit eingesetzt[59] — denselben durch die beiden Fakultäten oder durch die Juridische Fakultät für den juridischen Dekan und durch die Artistenfakultät für Mag. Paul von Wien bereinigen zu lassen, wozu die Artistenfakultät den Dekan und drei Magister, darunter J. v. G., nominierte[60]. Wegen seiner Erkrankung im Oktober 1417[61] wird J. v. G. vermutlich die Vorlesung über den Algorismus damals nicht gehalten haben.

Aus einem Brief des Konzilsgesandten der Universität Peter von Pulkau an die Wiener Universität vom 29. Oktober 1417 aus Konstanz ersehen wir, daß der Gesandte den Magistern Nikolaus (Rockinger) von Göttlesbrunn und J. v. G. wegen seines Geldbedarfes geschrieben hatte[62]. Die beiden Magister bezahlten als Beauftragte *(commissarii)* Peters von Pulkau dem Gläubiger Baron Leotold von Kranichberg 31 fl., wofür ihm die Universität einen notariellen Schuldschein ausstellen ließ[63].

Da wegen seiner Erkrankung J. v. G. sein Stipendium im Herzogskolleg vom Hubmeister Berthold von Mangen eingezogen worden war, beauftragte die Universität auf die Bitte des Magisters am 31. Mai 1418 den Rektor und die Dekane der vier Fakultäten bei Herzog Albrecht die

---

[58] AFA II f. 11ʳ, 15ʳ.
[59] AFA II f. 10ʳ. Zu Konrad Rauching von Freiburg vgl. AFA I 504 (Reg.), zu Paul Päuerl ebd. 555 (Reg.); AFTh II 690 (Reg.).
[60] AFA II f. 13ᵛ.
[61] AFA II f. 15ʳ.
[62] Vgl. FRIEDRICH FIRNHABER, Petrus de Pulka, Abgesandter der Wiener Universität am Concilium zu Constanz. *Archiv f. Kunde österr. Geschichtsquellen* 15 (1855) 59; Verbesserungen bei DIETER GIRGENSOHN, Peter von Pulkau und die Wiedereinführung des Laienkelches. *Veröffentlichungen des Max-Planck-Instituts f. Geschichte* 12 (1964) 185.
[63] AFA II f. 19ʳ; AU II f. 88ᵛ; GIRGENSOHN 59, 203.

Aufhebung dieser *arrestatio* zu erwirken. Über die vermutlich günstige Entscheidung des Landesfürsten wird in den Akten nicht berichtet[64].

Immer mehr wandte sich J. v. G. nun der Astronomie zu. Schon seit 1414 hatte er an der Artistenfakultät nur mehr mathematische, physikalische und astronomische Themen behandelt, sodaß damit der allmähliche Übergang zur ersten Fachprofessur der Mathematik in Wien angebahnt war. Doch handelte es sich bei J. v. G. um eine durch seine eigenen wissenschaftlichen Neigungen bedingte freiwillige Spezialisierung seiner Lehrtätigkeit, es war dies noch keine feste Institution[64a].

In diese Zeit fällt wohl auch die Bearbeitung der astronomischen Tafeln *(quedam tabule in astronomia),* die 1419 so weit gediehen war, daß J. v. G. bei der Fakultät um die *licentia pronunciandi* ansuchen konnte, d. h. die Genehmigung zur Veröffentlichung dieses Werkes. Manche Baccalare hatten es sich zum Beruf gemacht, Handschriften anzufertigen, ihnen mußte man das Werk diktieren. Die Fakultät entschied am 5. Juni 1419, daß J. v. G. diese Ermächtigung erhalte, um seinerzeit leichter und bequemer seine Tafeln erklären zu können; es sollte sie ein Magister diktieren, er selbst sie aber danach erklären und die Fehler verbessern[65].

Am 1. September 1419 übernahm Johannes von Gmunden die Vorlesung über den *Algorismus de integris.* Am gleichen Tag bat ein ungenannter Magister, bei dem es sich aber kaum um jemanden anderen als J. v. G. handeln kann, um die Erlaubnis, in seiner Wohnung mit Regenz *(in commodo suo salva regencia) tabulas astronomie* erklären zu dürfen, was die Fakultät wegen des ihr daraus erwachsenden Nutzens gewährte[66]. Am 1. September 1422 wurde dies J. v. G. neuerdings bewilligt für die *tabulas in astronomia, quarum et voluit esse autor et obtulit eas facultati*[67]. Eine ähnliche Erlaubnis erhielt er am 29. November 1423 für *aliqua per eum collecta et nondum completa, que successive complere proponit,* auch

---

[64] AFA II f. 24^r. Die Angabe von KLUG 20, die Fakultät habe die Aufhebung dieser harten Verfügung erreicht, dürfte zwar zutreffen, ist aber nicht direkt belegt.

[64 a] MORITZ CANTOR, *Vorlesungen über Geschichte d. Mathematik* 2 (1900) 176, danach KLUG 21. Vgl. KONRADIN FERRARI D'OCCHIEPPO in *Beiträge zur Kopernikusforschung* (Linz 1973) 26 f.

[65] AFA II f. 30^v; KLUG 21.

[66] AFA II f. 32^v.

[67] AFA II f. 55^r.

hier sollte er den diktierten Text *in camera sua* erklären, was ihm als Regenz gerechnet wurde[68].

Am 14. Januar 1420 wurde J. v. G. von der Universität zusammen mit Mag. Nikolaus von Temesvar zur Nachlaßabhandlung eines ohne Testament verstorbenen Universitätsangehörigen deputiert[69]. Am 1. September des folgenden Jahres wurde J. v. G. neben der Vorlesung über Euklids *Elementa* die Leitung der *Disputatio de quolibet,* die einmal jährlich von der Artistenfakultät abgehalten wurde, übertragen; auf seine Bitte wurde J. v. G. am 7. November 1421 bewilligt, die statutenmäßig um den 25. November (Katharina) angesetzte Disputation später, doch längstens bis zum 8. Januar *(ad crastinum sancti Valentini)* 1422 abzuhalten[70].

Schon lange waren die Raumprobleme der Universität, insbesondere der Artistenfakultät, infolge des starken Anwachsens der Zahl der Studenten und lesenden Magister immer dringlicher geworden, auch im ersten Dekanat J.s v. G. war davon die Rede (s. oben zum 14. Januar 1414). Die Universität hatte schließlich im September 1417 zwei Brandstätten angekauft[71]. Am 22. Dezember 1421 teilte der Superintendent Dr. Johann Aygel der Universität mit, der Hubmeister habe für den Bau die Steine der nach der Vertreibung der Juden zerstörten Synagoge an-

---

[68] AFA II f. 64ᵛ. — Erwähnt sei, daß Andreas, Chorherr von St. Mang bei Regensburg, in seiner sogenannten Chronica Hussitarum eine Prophezeiung eines Pariser Doktors über eine Sintflut im September 1422 überliefert, die mit astrologischen Konstellationen begründet wird. Es werden auch die Namen der Universitätsmagister von Montpellier, Wien, Erfurt, Heidelberg, Prag, Köln usw. angeführt, die ihre Übereinstimmung mit dieser Voraussage erklärt haben sollen, doch dürften die Namen der Magister auf freier Erfindung beruhen, wenn man auch bezüglich des Wiener Vertreters *(Mag. Iohannes de Wienna)* annehmen könnte, daß der Autor von Johannes von Gmunden als Astronom gehört haben mochte. Es ist daher auch zweifelhaft, ob dieses Gutachten (sogenannter Toledobrief), wie angegeben wird, an Papst Martin V., König Sigismund, Pfalzgraf Ludwig und die deutschen Reichsstädte übersandt wurde. Vgl. Andreas von Regensburg, Sämtliche Werke, hrsg. von GEORG LEIDINGER, *Quellen u. Erörterungen zur bayer. u. deutschen Geschichte,* N. F. 1 (München 1903) 385 f.; HERMANN GRAUERT, Meister Johannes von Toledo. *Sitzungsberichte d. bayer. Akad. d. Wiss., philos.-philol.-hist. Cl.,* Jg. 1901 (1902) 111 ff., hier 287—296.

[69] AU II f. 104ʳ.

[70] AFA II f. 43ᵛ, 45ʳ. Zur *Disputatio de quolibet* vgl. GEORG KAUFMANN, *Die Geschichte der deutschen Universitäten* 2 (1896) 381 ff.; ASCHBACH I 83—85. Leider scheinen von dieser Disputation Aufzeichnungen zu fehlen.

[71] Vgl. RICHARD MÜLLER, in *Geschichte der Stadt Wien* II/1 (1900) 186; KARL SCHRAUF, ebd. II/2 (1905) 986; IGNAZ SCHWARZ, ebd. V (1914) 26.

geboten, wenn die Universität den Transport auf eigene Kosten übernehme. Diese willigte ein und wollte sich zur Beschaffung der Fuhrwer-
ker an den Hubschreiber Oswald Oberndorffer oder den städtischen
Kämmerer wenden *(Et ecce mirum: Synagoga veteris legis in scolam vir-
tutum nove legis mirabiliter transmutatur)*, auch bestellte die Universität
Deputierte aus allen Fakultäten für den Bau, darunter von der artistischen Fakultät den Dekan sowie die Magister Nikolaus Rockinger von
Göttlesbrunn und J. v. G.[72]. Am 9. Februar 1422 kaufte die Universität
noch ein weiteres, den genannten Brandstätten benachbartes Haus für
den Neubau zwischen Herzogskolleg, Dominikanerkloster, Wollzeile
und Bäckerstraße dazu[73].

In der Folgezeit wurde Johannes von Gmunden (am 24. Juni 1422)
mit mehreren anderen Magistern der Fakultät mit der Prüfung der Frage der mit artistischen Stipendien in Theologie lesenden Magister und
der Einleitung entsprechender Verhandlungen mit dem Hubmeister
bzw. Herzog Albrecht beauftragt[74], und am 8. April 1423 wurde er auch
Mitglied einer Fakultätskommission zur Festlegung der Prozessionsordnung der Universität[75]. Mit all diesen „Problemen" hatte sich
J. v. G. im folgenden Semester als Dekan der Artistenfakultät eingehend zu beschäftigen.

Am 14. April 1423 wurde J. v. G. als *baccalarius formatus in theologia* zum zweiten Mal zum Dekan der Artistenfakultät gewählt, einer seiner vier Consiliarii war Thomas Ebendorfer (für die ungarische Nation),
Thesaurar war Johann Himel. Auch über sein zweites Dekanat hat Johannes von Gmunden sehr ausführliche Akten in das zweite Dekanats-
buch eingetragen[76].

Zunächst war der alte Zwist wegen zweier Magister des Herzogskollegs, Christian von Königgrätz und Peter Reicher von Pirawarth, die
im Juni 1422 zu Doktoren der Theologie promoviert worden waren, aber

---

[72] AFA II f. 46ᵛ.

[73] Schrauf a. O. 986. Vgl. auch Richard Perger, Universitätsgebäude
und Bursen vor 1623. In: *Das alte Universitätsviertel in Wien, 1385–1985
(Schriftenreihe des Universitätsarchivs 2, 1985)* 86 f. sowie 238 f.

[74] AFA II f. 53ʳ; vgl. auch ebd. f. 55ʳ zum 13. September 1422, f. 55ᵛ zum
30. Dezember 1422.

[75] AFA II f. 58ʳ. Erwähnt sei, daß es Johannes von Gmunden am 1. September 1422 zusammen mit zwei anderen Magistern gelang, den Dr. med.
Johann Aygel zur Übernahme der *Disputatio de quolibet* für das Jahr 1422 zu
bewegen (AFA II f. 54ᵛ).

[76] AFA II f. 58ᵛ–63ᵛ. Eine Abbildung von f. 58ᵛ bei Klug Taf. I zwischen
S. 22/23.

weiterhin ihr für Artisten bestimmtes Stipendium beziehen wollten, wogegen der frühere Dekan (Thomas Ebendorfer) namens der Artistenfakultät Einspruch erhoben hatte, sodaß diese Stipendien durch den Superintendenten der Universität und den Prior des Herzogskollegs eingezogen worden waren, beizulegen. Man wollte vor allem verhindern, daß die beiden Doktoren diese Angelegenheit vor den Herzog oder andere Personen außerhalb der Universität brächten und selbst untersuchen, ob den Doktoren der Theologie das für Artisten bestimmte Stipendium gebühre. Das Eingreifen des Herzogs konnte aber doch nicht verhindert werden, Herzog Albrecht V. übertrug vielmehr dem Abt von Melk Nikolaus (von Matzen), seinem Kanzler Andreas Plank von Gars, dem Theologieprofessor Nikolaus von Dinkelsbühl und dem Juristen Kaspar Maiselstein die Vermittlung. Daher schlossen die theologische und artistische Fakultät ein Übereinkommen über die Theologen im Herzogskolleg, das am 6. August 1423 von Herzog Albrecht bis auf Widerruf bestätigt wurde und den beiden genannten Theologen ihr Stipendium bis auf weiteres beließ[77].

Man verhandelte auch über die Sendung eines Nuntius zum Generalkonzil, das vom Papst nach Pavia einberufen worden war, und es wurden auch diesbezügliche Fragen erörtert. Bezüglich der Verleihung der Benefizien — ob weiterhin der wechselnde Turnus zwischen Papst und Kollatoren eingehalten werden oder sie bei den Ordinarien oder aber beim Papst bleiben solle — wollte man die Universitätsgesandten nur allgemein anweisen, das für die Universität nützlich scheinende zu vertreten, wenn andere Universitäten diesbezüglich etwas unternähmen. Auch sollte den Doktoren und Magistern ein Rotulus angeboten werden, wenn auch die anderen Fakultäten dies wünschten. Ferner wollte man den Gesandten der Pariser Universität schreiben, damit sie den Gesandten der Wiener Universität beistehen. Die Briefe und Man-

---

[77] Christian von Königgrätz wurde schon 1424, Peter Reicher von Pirawarth erst 1427 Kanoniker von St. Stephan, womit sie wohl aus dem Herzogskolleg auszuscheiden hatten, doch war auch letzterer schon 1425 Kaplan des Allerheiligenaltares bei St. Stephan, also Bezieher einer einträglichen Pfründe, vgl. Göhler, Wiener Kollegiatkapitel 35 f. nr. 134, S. 245 f. nr. 141. Vgl. auch AFA II zu 24. April, 9. Mai, 17. Juni 1423. Das Übereinkommen ist gedruckt bei Kink II 271—274 sowie verbessert in AFTh 52—54. — Auf diese Auseinandersetzung ist es wohl zurückzuführen, daß man am 1. September 1423 ex certis causis davon absah, nicht wie üblich den älteren Magister (von 1408) Peter von Pirawarth, Dr. theol., zum Quodlibetar zu wählen, sondern dazu der jüngere Johann Angrär von Mühldorf (Magister von 1409) bestimmt wurde.

date für die Gesandten sollte Magister Peter von Pulkau entwerfen. Wegen der Meinungsverschiedenheiten unter den Fakultäten faßte die Universität aber keinen Beschluß[78].

Mehrmals wurde auch die schon früher behandelte Ordnung der Universitätsmitglieder bei Prozessionen erörtert; Johannes von Gmunden gehörte schon einige Zeit einer entsprechenden Kommission an. Es lagen drei Vorschläge vor:

1. nur Träger von Biretten, also Doktoren und Magister, nach ihrer Ordnung, ohne Beimischung von Personen ohne Birette zuzulassen.

2. zuerst gehen alle mit Habit und Birett nach Gewohnheit ihrer Fakultät, danach die Adeligen, dann jene mit Birett und ohne Habit usw.

3. der Vorschlag der Deputierten der genannten Kommission: nur *illustres* und Prälaten sollen den Doktoren beigeordnet werden, andere Adelige, die nicht *illustres* und Prälaten sind, sollen nicht mit den Birettträgern gehen, sondern unmittelbar nach ihnen entsprechend ihren Verdiensten und Würden gereiht werden. Bezüglich der Licentiaten wollte man sich gemäß dem *arbitramentum* des Herzogs verhalten[78a]. Die Deputierten sollten mit den anderen Fakultäten eine dauernde Prozessions- und Stationsordnung der Universität vereinbaren (2. Mai 1423). Eine solche wurde am 31. Mai 1423 vorgelegt: alle Träger von Biretten gehen zusammen nach der Ordnung ihrer Fakultäten, danach folgen die Licentiaten; nach dem Rektor gehen miteinander die *illustres* und Prälaten, von denen damals nur zwei gezählt wurden, nämlich Graf (Ulrich) von Ortenburg und ein Abt von Ungarn, die anderen Adeligen, Domherren usw. sollten nach den Licentiaten gehen. Die Magister sollen alle Birett und Habit oder andere ehrbare Kleidung tragen. Falls sich dieser für das bevorstehende Fronleichnamsfest (3. Juni) ausgearbeitete Modus bewähren sollte, sollte er bestehen bleiben[79].

---

[78] Doch war der Wiener Magister und Dr. iur. can. von Padua Jodok Gossolt aus Günzburg Gesandter des Erzbischofs von Salzburg bei diesem Konzil; vgl. über ihn AFA I 524 (Reg.); WALTER BRANDMÜLLER, *Das Konzil von Pavia-Siena 1423–1424* (Vorreformationsgeschichtliche Forschungen 16) I (1968) 18, 208, 227–229.

[78a] Herzog Albrecht V. hatte in seinem *arbitramentum* bestimmt, daß die Licentiaten der drei oberen Fakultäten nicht vor einem Doktor, sondern entsprechend ihrem Alter und ihrer Würde mit ihren Mitstudenten, so wie vor Erlangung des Licentiats, gereiht werden sollten (AU II f. 80ᵛ–81ʳ zum 28. Mai 1417).

[79] Noch am 12. Mai 1426 bezog man sich für die Prozessionsordnung zu Fronleichnam auf die Bestimmungen im Dekanat Johannes' von Gmunden, vgl. AFA II f. 79ᵛ.

Am 29. Mai 1423 bat ein Prager Magister um Zulassung zur *Responsio*, doch wurden der Dekan und seine Berater beauftragt nachzuforschen, ob der Magister nicht Anhänger der Hussiten noch Teilnehmer an jenem Verbrechen war, das die Prager Collegiaten begingen, als sie einen Doktor der Theologie zwangen, die Irrtümer des Hus und seiner Anhänger zu predigen. Nach Anhörung des Berichtes wurde dieser Artikel am 6. Juni 1423 suspendiert. Am 3. Juli 1423 beschloß die Universität, jeden Sonntag eine *statio universitatis* für den Frieden und die Ruhe der Kirche solange abzuhalten, als die hussitische Sekte und die Verteidigung oder *invasio* der Christen zur Ausrottung dieser Sekte andauere[80].

Da die *Supposita* der Universität von den Bürgern vieler Exzesse bei Nacht und auch bei Tag beschuldigt wurden, beschloß die artistische Fakultät und die Universität am 26. Juni 1423 das neue Statut über die *noctivagi* zu praktizieren und eine Abschrift desselben dem (Stadt-)Richter und den Bürgern zu geben, damit sie dementsprechend vorgehen könnten[81]. Der Richter sollte Angehörigen der Universität, die tagsüber in feindlicher Absicht Waffen tragen, diese Waffen wegnehmen lassen, die Supposita aber nicht gefangennehmen oder verletzen, sondern dem Rektor übergeben, der sie nach der Schwere ihrer Exzesse gemäß den Statuten strafen sollte.

Am meisten war der Dekan in diesem Semester jedoch mit den Bauangelegenheiten, insbesondere dem Neubau eines Hauses für die Universität, beschäftigt.

Die Artistenfakultät wollte schon seit langer Zeit (1412) ihre anstehenden dringenden Raumprobleme einer Lösung zuführen, indem sie die neben der Aula im ersten Stockwerk des Herzogskollegs gelegenen beiden Hörsäle für Theologen und für Artisten, die ursprünglich einen einzigen Saal gebildet hatten, der aber durch eine hölzerne Zwischenwand in zwei Räume geteilt worden war, durch Entfernung der Holzwand wieder zu einem großen Saal zu vereinigen wünschte, doch

---

[80] König Sigismund hatte für 24. Juni 1423 den Beginn eines Feldzuges gegen Böhmen angesetzt, an dem auch Herzog Albrecht V. teilnehmen sollte. Zwar unternahm der König dann nichts, doch brach Herzog Albrecht mit seinem Heer von Eggenburg nach Mähren auf, war aber am 4. August 1423 schon wieder in Wien; vgl. Ferdinand Stöller, Österreich im Kriege gegen die Hussiten (1420—1436). *Jahrbuch f. Landeskunde von Niederösterreich* N. F. 22 (1929) 23.

[81] Vgl. die entsprechenden Bestimmungen in den Disziplinarstatuten vom 31. Juli 1414 bei Kink II 259 f.

widerstrebten die Theologen aus verschiedenen Gründen[82]. Nunmehr, nach elf Jahren, wurde der alte Plan wieder aufgegriffen, worauf der De-kan Johannes von Gmunden am 4. Juni 1423 wegen des Baus *(structura)* im *lectorium ordinariarum disputacionum,* und zwar wegen *depositio* der alten Wand *(paries)* und *transpositio gradus* zur Erweiterung des genannten Lectoriums, zur theologischen Fakultät gerufen und befragt wurde, auf wessen Verfügung dies geschehe. Der Dekan erbat sich Frist für die Antwort, was verweigert wurde; vielmehr wurde ihm befoh-len, bei Strafe des Ausschlusses aus der theologischen Fakultät binnen 15 Tagen Wand, Stiege und Tor wieder in den früheren Zustand zu versetzen; der Doktor und Mag. Johann Fluck drohte dem Dekan sogar mit der Publikation seines Ausschlusses am Universitätstor *(in valvis).* Die artistische Fakultät, welcher der Dekan am 6. Juni 1423 über den Vorfall berichtete, erklärte, daß der Dekan alles nach dem Willen der Fakultät und nicht zum Präjudiz der theologischen Fakultät getan habe, und befahl dem Dekan, ohne Zustimmung der Artistenfakultät nichts zu ändern; auch bestellte sie fünf Magister, welche die theologische Fakul-tät bitten sollten, nicht gegen Dekan J. v. G. vorzugehen; ansonst solle dieser appellieren und die Theologen vor den Rektor zitieren, die arti-stische Fakultät werde ihm beistehen.

Am 15. Juni 1423 teilte Johannes von Gmunden seine vor dem öffentlichen Notar gemachte Appellation an die Universität mit; da die medizinische Fakultät nicht vertreten war, die artistische und theologi-sche Fakultät aber selbst Parteien waren, repräsentierte die juridische Fakultät die Universität; sie entschied, daß der Rektor Recht sprechen und vor der Entscheidung die Verhängung der angedrohten Strafen – bei sonstiger Verhängung von Strafen durch die Universität – verhin-dern solle.

Auch dieser Umbau hätte den Raumbedarf der Universität und ins-besondere der Artistenfakultät nicht in genügendem Ausmaß befriedigt, weshalb die Universität schon 1417 zwei Brandstätten, 1422 ein Haus *(des alten Chremser)* und 1423 ein weiteres halbes Haus *(des Neuer)* erwarb[83]. Nunmehr (30. Juni 1423) berief Herzog Albrecht V. Magister Nikolaus Seiringer von Matzen, Abt von Melk, Nikolaus von Dinkels-bühl und Kaspar Maiselstein, *Ordinarius juris,* erklärte ihnen, daß ihm

---

[82] Vgl. AFA I 375, 377 ff.; SCHRAUF, *Studien zur Geschichte der Wiener Universität im Mittelalter* (1904) 4; DERS., in: *Geschichte der Stadt Wien* II/2, 984.
[83] Vgl. SCHRAUF, *Studien* 4 f.; DERS., in: *Geschichte der Stadt Wien* II/2, 986; PERGER (wie Anm. 73) sowie oben S. 33.

die vielen Zwistigkeiten in der Universität sehr mißfielen, und beauftragte sie, zusammen mit seinem Kanzler Andreas (Plank) von Gars in der Universität den Frieden wieder herzustellen. Darauf kamen der Abt von Melk und Nikolaus von Dinkelsbühl zum Dekan J. v. G. und schlugen ihm zusammen mit anderen herbeigerufenen Magistern der Artistenfakultät vor, die Fakultät solle sich der für die Universität gekauften Grundstücke *(aree)* annehmen und sie zum Nutzen der Universität und Fakultät verbauen; sie würden mit der Universität verhandeln, damit diese die Grundstücke sowie auch Geld zur Hilfe für den Bau der Artistenfakultät gebe. Die Fakultät beauftragte den Rektor Narcissus Herz, den Dekan J. v. G. und Nikolaus Rockinger von Göttlesbrunn, das Geld der Fakultät zu zählen, die genannten sollten aber schwören, diese Summe künftig niemandem zu verraten.

In der Universitätsversammlung vom 3. Juli 1423 wählten alle Fakultäten Deputierte für den vom Herzog angeregten Universitätsbau[84].

Am 11. Juli 1423 bevollmächtigte die Artistenfakultät Nikolaus Rockinger von Göttlesbrunn und Thomas Ebendorfer für den Bau der *lectoria* und der *domus facultatis* auf den genannten Grundstücken und zum Empfang des Geldes der Universität und Fakultät, das sie für den Bau ausgeben sollten. Die drei Magister, welche das Geld gezählt hatten, wurden vom Eid entbunden und durften im geheimen Ebendorfer die Geldsumme mitteilen, der darauf den gleichen Eid leistete, den die anderen drei vorher geschworen hatten. Infolge dieser Vorsichtsmaßnahme sind wir heute über die Baukosten nicht informiert.

Zunächst herrschte über die von der Artistenfakultät für den Bau gemachten Vorschläge keine Einhelligkeit zwischen den Fakultäten, am 27. Juli 1423 beschlossen aber Nikolaus von Dinkelsbühl als Vertreter der Deputierten des Herzogs und die Deputierten der Universität *in aula magna* des Herzogskollegs alles von der Universität gekaufte Baumaterial (Steine, Zement, Kalk, Holz usw.) der Artistenfakultät als Besitz zu übergeben. Ferner sollte die Universität der Fakultät 160 Pfund Wiener Pfennige alter Münze zahlen.

---

[84] Es deputierten die Artistenfakultät Johannes von Gmunden, Nikolaus Rockinger und Johann Himel, die medizinische Fakultät den Dekan Christian von Soest, die juridische Fakultät den *Ordinarius* Kaspar Maiselstein, die theologische Fakultät Peter von Pulkau, Dietrich von Hammelburg und Christian von Königgrätz. Über den Neubau der Universität vgl. auch Lhotsky, Artistenfakultät 158 f.

Weiters wurde vereinbart, daß die eine Hälfte der Grundfläche
von der Universität der Artistenfakultät abgetreten werde, während
sich die Universität auf die zweite Hälfte das volle Eigentumsrecht vor-
behielt, die auf ihr errichteten Bauten aber den Fakultäten für ihren
Gebrauch zur Verfügung stellte[84a]. Für der Artistenfakultät übergebe-
nen Grund *(area)*, Geld und Baumaterial muß die Fakultät die Hörsäle
(lectoria) plangemäß mit Mauer, Fußboden und Ziegeldach auf eigene
Kosten unverweilt vollenden, und zwar sollen unten drei *lectoria* errichtet werden, die der theologischen, kanonistischen und medizinischen
Fakultät für die *actus* ihrer Graduierten dienen sollten, werden sie aber
nicht gebraucht, sollten sie der Artistenfakultät für *actus* zur Verfügung
stehen. Darüber sollte ein großes *Lectorium* errichtet werden für die
actus der Universität, wie Generalkongregationen der *Supposita,* sowie
für feierliche *actus* der drei oberen Fakultäten, welche Personen aller
Fakultäten zu besuchen pflegen, wie *aulae, conventus, vesperiae, licen-
ciae* und feierliche *determinaciones doctorales,* die in den Spezialschulen
dieser Fakultäten nicht würdig genug *(decenter)* abgehalten werden können; ansonst sollte aber dieser Hörsaal ausschließlich der Artistenfakultät dienen. Auch wurden Bestimmungen über die Einrichtung dieser Hörsäle getroffen[85]. Am gleichen Tag gab die Universität der Artistenfakultät 17½ tal. den. und 43 fl. Gold.

Am 3. August 1423 approbierten artistische Fakultät und Universität den Vertrag, konzipierten den Vertragstext[86] und beschlossen die
Besiegelung. Die ganze Summe, welche der Artistenfakultät bezahlt
werden sollte, betrug 80 tal. Bargeld. Die Artistenfakultät beschloß am
19. September das Geld für den Bau und die Arbeiten weiterhin der
Fakultätskasse durch die genannten geschworenen Magister: Rektor
Narcissus Herz, Dekan Johannes von Gmunden, Nikolaus Rockinger
und Thomas Ebendorfer, entnehmen zu lassen.

Am 30. September 1423 wurde die Ausführung des Vertrages zwischen Universität und Artistenfakultät beschlossen und die entsprechenden besiegelten Urkunden zwischen Universität und Fakultät aus-

[84a] Schrauf, *Studien* 5.
[85] Vgl. den Text des Vertrages bei Kink I/2, 53 f. nr. XX. Diese Einteilung
des Neubaues war schon grundsätzlich in gleicher Weise von der Universität am
3. Februar 1422 beschlossen worden; damals war aber auch noch eine Bibliothek vorgesehen, die durch Schranken *(cancelli)* oder Mauern in vier Teile für die
einzelnen Fakultäten abgeteilt werden sollte (AFA II f. 48ᵛ; Schrauf, *Studien* 7
mit Anm. 1). Dies wurde im neuen Vertrag nicht mehr erwähnt.
[86] Kink I/2, 55.

getauscht und in der Universitäts- bzw. Fakultätskasse *(archa)* hinter-
legt[87]. Die theologische Fakultät verlangte, daß der Beschluß der Deputierten des Herzogs über Verbleiben von *gradus* und Wand zwischen
dem Hörsaal der Theologen und dem *lectorium ordinariarum disputacionum* der Artisten (im Herzogskolleg), der nach Vollendung der neuen
Hörsäle *(scolae)* durchgeführt werden solle, in die *acta* der Universität
eingetragen werde. Da über diesen Beschluß Zweifel herrschte, beschlossen Fakultät und Universität, daß der Rektor die *cedula,* auf welcher der Beschluß geschrieben sei, von den Deputierten verlange und
daraus den Beschluß in die Universitätsakten eintrage.

Am Ende des Semesters (13. Oktober 1423) wurde der bisherige
Dekan Johannes von Gmunden zum Rezeptor für das folgende Wintersemester 1423/1424 gewählt[88]. Als dann die beiden Magister, denen die
Aufsicht über den Universitätsbau von der Fakultät übertragen war,
Nikolaus Rockinger und Thomas Ebendorfer, um die Entlassung aus
diesem Amt ersuchten, wurde dies nur Ebendorfer, der für das Wintersemester 1423/1424 zum Rektor gewählt worden war, für die Zeit seines
Rektorates gewährt; er sollte inzwischen in der Bauaufsicht von J. v. G.
vertreten werden[89].

In diesem Semester bewilligte die Artistenfakultät am 29. November 1423 J. v. G. *aliqua per eum collecta et nondum completa, que successive
complere proponit … ut possint interim successive pronunciari et quod
declaracio eorundem in camera sua* (also im Herzogskolleg) *sibi pro regencia computetur*[90]. Es wird sich vermutlich um astronomische Schriften
gehandelt haben.

---

[87] Die beiden Urkunden vom 30. September 1423 befinden sich im Universitätsarchiv (Urk. B 87 und B 88). Vgl. Schrauf in *Geschichte d. Stadt Wien* II/
2, 988 mit Anm. 1.

[88] AFA II f. 63ᵛ. − Klug 23 gibt an, daß in den letzten Monaten (wohl des
Sommersemesters 1423) Johannes von Gmunden anstelle des Rektors (Narziß
Herz), der an den Hof reisen mußte, auch dessen Geschäfte zu führen hatte. Es
gibt aber für diese wohl irrige Angabe keine Belege, eine Reise des Rektors wird
nirgends erwähnt. − Klug 24 wollte in den neu auftauchenden Vorlesungen in
dem von Johannes von Gmunden zum 1. September 1423 eingetragenen Vorlesungsverzeichnis für das WS. 1423/24 (nämlich *Summa de arte dictandi, Poetria
nova Ganfredi* und *Florista)* erste Anzeichen humanistischen Geistes erkennen;
doch dürfen diese (Galfried v. Vinesauf und insbesondere das Lehrgedicht *Flores
grammatice* oder *Florista* des Ludolf de Luco aus Hildesheim) keinesfalls als
humanistisch gewertet werden.

[89] AFA II f. 64ʳ zum 11. November 1423.

[90] AFA II f. 64ᵛ; vgl. schon oben S. 19.

Als die Universität (31. Januar 1424) über die Möglichkeit beriet, Insulte der Universitätsangehörigen zu verhindern und sie für ihre Exzesse gemäß Verlangen und Wunsch des Herzogs zu strafen und deshalb einen Bericht der Deputierten über das *Regimen* über die außerhalb der Bursen wohnenden Universitätsangehörigen anhörte, wurde eine bevollmächtigte Kommission eingesetzt, welcher neben dem Dekan vier weitere Magister der Artistenfakultät, darunter J. v. G., angehörten[91].

Am 12. Mai 1424 erörterte die Fakultät die Erwerbung eines größeren Grundstückes *(de area ampliori)* für den Bau der Fakultätsbibliothek. Man beauftragte den Dekan Nikolaus Rockinger sowie die Magister J. v. G. und Thomas Ebendorfer zu Verhandlungen mit den Doktoren der anderen Fakultäten, um ein entsprechendes Grundstück der Universität für diesen Zweck zu erlangen. Bei Geneigtheit sollte in der Universitätsversammlung ein entsprechender Antrag gestellt, bei Ablehnung aber von einer solchen Bitte abgesehen werden[92]. Doch kam der Bau damals wieder nicht zustande.

Nach dem Tod des Theologieprofessors Peter Czech von Pulkau († 23. April 1425) wurde Johannes von Gmunden schon am 30. April als Kanonikus von St. Stephan in Wien installiert[93]. Er schied daher aus dem Herzogskolleg aus und war nicht mehr verpflichtet, an der Artistenfakultät Vorlesungen zu halten. Trotzdem hat er seine Tätigkeit für die Fakultät nicht ganz aufgegeben. Schon am 6. Mai 1425 wählte ihn die Fakultät zusammen mit Magister Jodok Weiler von Heilbronn zum Superintendenten für den (unmittelbar vor der Vollendung stehenden) Bau der Universität und Fakultät[94] — dieser Neubau *(nova structura)* wurde nach seiner Fertigstellung durch die Artistenfakultät am 12. Juli 1425 der Universität übergeben, die nun für seine Erhaltung zu sorgen hatte[95] — am 28. August wurde er außerdem in die schon im Winterse-

---

[91] AFA II f. 65^r.
[92] AFA II f. 66^r.
[93] Vgl. GÖHLER, *Wiener Kollegiatkapitel* 237 f. nr. 136.
[94] AFA II f. 72^r.
[95] AFA II f. 73^r; SCHRAUF, in: *Geschichte der Stadt Wien* II/2, 989 f. Johannes von Gmunden hat also nicht schon in seinem Dekanat das Haus der Universität übergeben können, wie KLUG 23 annahm. — Damals wurden auch die drei unteren Hörsäle den Fakultäten entsprechend ihrer Wahl zugewiesen: die theologische Fakultät erhielt den vorderen Hörsaal gegenüber der Dominikanerkirche, die Juristen erhielten den mittleren, die Mediziner den rückwärtigen Hörsaal. Der obere große Hörsaal wurde Universitäts-Aula

mester 1424/1425 bestellte Kommission für die Disziplin der Universitätsangehörigen entsandt — damals herrschte gerade *aliquantulum pestilencia* — und dieser ausdrücklich auch die Überprüfung der Codrien aufgetragen[96], und noch am 1. September 1425 übernahm er, wie schon im Jahre zuvor, als Senior der Fakultät die Vorlesung über den Traktat *Sphaera materialis* des Johannes von Sacrobosco, mit welcher er also gegen Ende Oktober beginnen mußte[97].

Als Kanoniker von St. Stephan versah Johannes von Gmunden bald das wichtige Amt des Vizekanzlers der Wiener Universität. Das Licentiat, die Voraussetzung zur Erlangung des Magister- und Doktorgrades in allen vier Fakultäten, wurde vom Kanzler der Universität erteilt. Als Kanzler der Wiener Universität wurde von Papst Urban V. im Jahre 1365 der Propst des Kollegiatkapitels von Allerheiligen bzw. St. Stephan in Wien bestimmt, dies wurde 1384 von Papst Urban VI. bestätigt und währte bis zum Jahre 1873, als das Universitätskanzleramt des Dompropstes auf die (katholische) theologische Fakultät beschränkt wurde. Da der Propst die akademischen Akte nicht selbst vorzunehmen pflegte, bestellte er ein graduiertes Mitglied seines Kapitels zum Vizekanzler, das im Namen des Kanzlers die Promotionen vorzunehmen hatte. Öfters kam es zwischen der theologischen Fakultät und dem Kanzler zu Differenzen wegen der Person des Vizekanzlers, da die theologische Fakultät die Ansicht vertrat, ein Graduierter einer niederen Fakultät könne nicht das Licentiat der obersten Fakultät, also der theologischen Fakultät, erteilen[98], was auch auf J. v. G. zutrifft, da derselbe zwar Baccalar, niemals aber Licentiat oder Doktor der Theologie war, weshalb er zeitlebens Mitglied der artistischen Fakultät blieb. Da noch 1423 der Jurist Peter Deckinger als Vizekanzler bezeugt ist, der am 16. August 1424 in Rom verstarb[99] und Johannes von Gmunden erst am 30. April 1425 als Kanoniker installiert wurde, die artistischen Licentiatsprüfungen und -verleihungen aber immer im Januar und den darauffolgenden Monaten erfolgten, kann J. v. G. wohl erst im Januar

---

genannt. Die „Neue Schule" verschwand mit den großen Neubauten der Universität ab 1623 vollständig; vgl. Perger (wie Anm. 73) 87 sowie bes. Friedmund Hueber, Zur Entwicklung der Baugestalt des alten Universitätsviertels in Wien. In: *Das alte Universitätsviertel in Wien* (wie Anm. 73) 111 ff.

[96] AFA II f. 73ᵛ.

[97] AFA II f. 73ᵛ. Klug 24 kannte nur eine Vorlesung (von 1434), die Johannes von Gmunden als Domherr gehalten habe.

[98] Vgl. Aschbach, *Geschichte der Wiener Universität* 277 und 309.

[99] AFA I 556; FRA II/80, 35—37.

1426, dem Termin für das Tentamen dieses Jahres, zum Vizekanzler bestellt worden sein oder doch damals dieses Amt erstmals ausgeübt haben. Von diesem Termin ist uns auch eine Ansprache, die er anläßlich der Licentiatsverleihungen an 18 Kandidaten (Baccalare) am 5. März 1426 in der Stephanskirche in Wien in Anwesenheit des Bischofs von Freising Nicodemus de la Scala, des Universitätskanzlers Propst Wilhelm Turs, des Rektors Peter Reicher von Pirawarth, des Passauer Dompropstes Wenzel Thiem, des Passauer Domdekans Heinrich Fleckel, des Passauer Domherrn Graf Ulrich von Ortenburg – letztere drei residierten neben weiteren Passauer Domherren wegen des Passauer Bistumsstreites, in dem sie sich Herzog Albrecht V., der dem von Papst Martin V. providierten Bischof Leonhard von Layming die Anerkennung verweigerte, angeschlossen hatten, in Wien – und vieler Doktoren und Magister aller Fakultäten gehalten hat, überliefert[100].

In seiner Ansprache an die Licentianden über das Thema *Hauserunt aquam* (2. Reg. 23, 16) handelt Johannes von Gmunden zunächst über die Bedeutung des Wassers in der Hl. Schrift. Er vergleicht die vier Paradiesesströme mit den vier Fakultäten: Physon = theologische Fakultät, Geon (jetzt Nil) = kanonistische Fakultät, Tigris = medizinische Fakultät, Euphrat = artistische Fakultät, besonders dieser sei fruchtbar an Edelsteinen und anderen Gütern. Die Artistenfakultät vergleicht er weiter mit dem Brunnen, den Abraham in Beerseba gegraben habe (Gen. 21 und 26) und erklärt den Namen aus dem hebräischen: *puteus 7 aquarum (scil. artium liberalium)* bzw. *puteus sacietatis et habundancie,* da darin außer an den freien Künsten auch Überfluß an anderen Wässern der Philosophie, nämlich Physik, Metaphysik und Ethik,

---

[100] CVP 4508, f. 68ʳ–72ᵛ. Vgl. DENIS, *Codices manuscripti theologici* II/1, 1401 f. nr. DCXXII. Die Namen der wohl nach ihrem Prüfungserfolg gereihten Licentiaten lauten: 1. Leonhard Huntpüchler, vgl. ISNARD W. FRANK, Leonhard Huntpichler OP. († 1479), Theologieprofessor und Ordensreformer in Wien. *Archivum Fratrum Praedicatorum* 36 (1966) 313–388; 2. Erhardus Lompz, 1435/36 Abt von St. Peter in Salzburg († 25. Oktober 1436), vgl. bes. PIRMIN LINDNER, Profeßbuch der Benediktinerabtei St. Peter in Salzburg. *Mitteilungen d. Gesellschaft für Salzburger Landeskunde* 46 (1906) 11; 3. Dionysius von Neuburg in Bayern; 4. Paul Weys von Frohnleiten; 5. Peter Sinner von Straßburg (Elsaß); 6. Michael von Klosterneuburg; 7. Heinrich von Heiligenberg; 8. Johann von Pfullendorf; 9. Lorenz von Obergurk (Krain); 10. Stefan von Wick (Bick); 11. Johann (Rueli) von Wiesensteig; 12. Heinrich Heppel (Heyppel) von Traunstein (auch von Grassauertal); 13. Konrad Praunecker von Landshut; 14. Lukas Slit von Brunn; 15. Nikolaus (Ottonis) von Augsburg; 16. Johann von Straubing; 17. Johann von Lauingen; 18. Michael Mantz von Tettnang.

herrsche. Er geht dann kurz auf die Bedeutung der einzelnen *artes libe-rales* ein, denen er als achtes Wasser die *Perspectiva* (über die er selbst 1414 gelesen hatte) hinzufügt. Als weitere Wasser in diesem Brunnen nennt er die Naturphilosophie, Metaphysik und Moralphilosophie.

Aus den oben genannten Gründen ist anzunehmen, daß J. v. G. das Vizekanzleramt bei Lizentiatserteilungen an der theologischen Fakultät nicht ausgeübt hat; jedenfalls finden wir Thomas Ebendorfer bald nach seiner Installation als Kanoniker von St. Stephan (17. September 1427) und seiner Promotion zum Doktor der Theologie (22. Juni 1428) als Vizekanzler für die theologische[101] und juridische Fakultät[102], seit 1431 jedoch auch für die artistische Fakultät tätig[103]. Auch Johann Himmel von Weiz, seit 1430 Kanoniker von St. Stephan und Doktor der Theologie, wird in dieser Zeit Vizekanzler genannt[104]. Doch wissen wir, daß J. v. G. noch 1438 bei Promotionen an der juridischen und medizinischen Fakultät als Vizekanzler gewirkt hat[105].

Aus dem gleichen Jahr (1426) ist eine theologische Quaestio über-liefert, über die J. v. G. in der Aula des Collegium ducale respondierte. Sie lautet: *Utrum sacramentorum nove legis efficacia sit immediate a*

---

[101] Am 10. Januar 1429 und 14. März 1432, vgl. Ebendorfers Ansprachen in CVP 4680 f. 419ʳ–423ʳ, 300ʳ–302ᵛ; Alphons LHOTSKY, Thomas Ebendorfer. *Schriften der MGH* 15 (1957) 93 nr. 196 und 199.

[102] Zwischen 11. und 17. Juni 1430, am 31. August 1430 und 5. Dezember 1431, vgl. die Ansprachen in CVP 4680 f. 423ᵛ–426ʳ, 426ᵛ–428ᵛ, 294ʳ–296ᵛ. Sie fehlen im Verzeichnis der Schriften Ebendorfers bei Lhotsky.

[103] Am 27. Februar 1431 und zwischen 10. und 16. Februar 1432; vgl. die Ansprachen in CVP 4680 f. 291ʳ–293ᵛ, 297ʳ–299ᵛ; LHOTSKY a. a. O. 93 nr. 197 und 193 (diese versehentlich zu 1433).

[104] Nämlich am 19. Oktober 1433, damals weilte Ebendorfer in Basel; vgl. AFTh I 110.

[105] Am 15. Februar 1438 wurde dem *licenciandus medicine* Nikolaus von Görlitz bewilligt, die *licentia in medicina* zusammen mit zwei anderen *Licenciandi* der juridischen Fakultät zu empfangen, doch solle der Vizekanzler Johannes von Gmunden ihm eine besondere *arenga* in der Weise halten, daß zuerst die zwei *Licentiandi juris canonici* promoviert werden und nach ihrem Weggang Nikolaus berufen und mit *arenga* und den anderen Feierlichkeiten abgefertigt werde, vgl. Acta facultatis medicae universitatis Vindobonensis II, hg. von Karl SCHRAUF (Wien 1899) 9. Die zwei juridischen Licentianden waren vermutlich zwei der in den Jahren 1437/38 promovierten Licentiaten Kaspar von St. Pölten, Thomas v. Göllersdorf, Johann v. Tapolcza, Johann Hez de Brunna, Ulrich Sonnenberger v. Öhringen und Hartwig Lampotinger (Archiv d. Univ. Wien, Matr. fac. jur.).

Christi passione derivata etc. Die ausführliche Beantwortung füllt in der Handschrift über 8 Seiten[105a].

Offenbar besaß J. v. G. zu dieser Zeit auch das volle Vertrauen seines Landesfürsten Herzog Albrechts V., denn Ende 1429 wird er als herzoglicher Superintendent für die Universität bezeichnet[106]. Damals (28. Dezember) beauftragte ihn die Artistenfakultät mit den anderen Fakultäten eine Vereinbarung über die *reformatio* der in einem Häuschen auf dem St. Stephansfreithof verwahrten hohen Stühle *(sedes)* zu treffen. Die Deputierten der drei anderen Fakultäten waren Nikolaus von Dinkelsbühl, Kaspar Maiselstein und Erasmus Rieder von Landshut, man hat diese Angelegenheit also offenbar für sehr bedeutend gehalten. Da aber über die Verkürzung *(accurtacio)* der hohen *sedes* keine Einigung erzielt werden konnte (3. Januar 1430), wurde vorgeschlagen, daß alle *actus,* die bisher in der Stephanskirche abgehalten

---

[105 a] Die theologischen Quaestionen sind überliefert in Cod. 862 (alt: 843 bzw. P 33) der Stiftsbibliothek Melk, der in der Zwischenkriegszeit verkauft und in drei Teile geteilt wurde. Jener Teil, welcher die Quaestionen enthält (f. 174^r–222^r) gelangte in The Houghton Library, Harvard University, Cambridge, Mass. (= ms. lat. 162) (freundliche Mitteilung von Herrn Stiftsbibliothekar P. Gottfried Glaßner). Die Überschrift der Quaestio auf f. 174^r lautet: *In nomine sancte et individue trinitatis. Amen. / Anno domini M^{o}CCCC^{o}XX 6° disputata fuit hec questio in aula ducali Collegii Wiennensis.* Am linken Rand wird *Mag. Johannes de Gmunden, baccalarius formatus theologie, canonicus ecclesie S. Stephani Wiennensis* als Respondent angegeben, diese 1. Quaestio reicht von f. 174^r–178^r. Als Respondenten der folgenden Quaestionen sind folgende Magister der Artistenfakultät, die auch an der theologischen Fakultät als Sentenziare oder Cursoren studierten und lehrten, genannt: Johannes Hymel, Thomas (Ebendorfer) von Haselbach, Narcissus Herz, Johannes Geus, Paul (Mantz) von Giengen, Jodok Weiler von Heilbronn, Michael Zinger, Urban von Melk, Stephan von Eggenburg.

[106] Vgl. AFA II f. 99^r: *superintendens ex parte principis.* Die Übertragung dieses landesfürstlichen Amtes erhebt die Annahme von Lhotsky, Wiener Artistenfakultät 159, Johannes von Gmunden sei dem Herzog Albrecht V. persönlich bekannt gewesen, zur Gewißheit. Vielleicht war er in diesem Amt der Nachfolger des Peter von Mautern, Pfarrers von Maigen, den Herzog Albrecht im September 1417 zu seinem Superintendenten ernannt hatte (AFA II f. 14^r, AU II f. 83^v) und der auch 1418 und 1419 als Superintendent genannt ist (AU II f. 94^r, 98^v, 102^v). Aus dessen Besitz stammt CVP 1449 mit folgendem Legatvermerk: *Istum librum dedit honorabilis dominus Petrus de Mautarn plebanus in Meigen ad librariam collegii ducalis Wyenne pro salute anime domini Petri quondam plebani in Mautarn sui singularis benefactoris.* Er fehlt in den Listen der Pfarrer von Maigen (GB. Eggenburg, Niederösterreich). Über das Amt des landesfürstlichen und des von der Universität gewählten Superintendenten vgl. Artur Goldmann, in: *Geschichte der Stadt Wien* VI (1918) 78 f.

wurden und bei denen diese *sedes* Verwendung fanden, fortan in der Aula der Universität stattfinden sollten, wozu man die Zustimmung des Universitätskanzlers oder, wenn sie verweigert werde, die des Herzogs einholen wollte. Offenbar war dies aber Anlaß für den Kanzler, das *Tentamen,* die Prüfung der Baccalare vor Verleihung des Licentiats, zu verzögern, weshalb vier Magister, darunter J. v. G., unter Führung Johann Himels dem Kanzler mitteilen sollten, daß die Fakultät keinen Beschluß zum Nachteil seiner Privilegien, Freiheiten oder Ehre, wie ihm berichtet worden sei, gefaßt habe. Auch sollten Nikolaus Rockinger und J. v. G. mit den anderen Fakultäten für die Durchführung des Beschlusses über die Stühle (Bänke) sorgen[107]. Die Angelegenheit scheint aber nicht gefördert worden zu sein, da die Fakultät es am 22. Februar 1430 ihren Angehörigen freistellte, ob sie die *actus* besuchen wollten, bei denen die der Fakultät nachteiligen Sitzgelegenheiten verwendet würden[108].

Zweimal erscheint Johannes von Gmunden noch als Senior in den Vorlesungsverzeichnissen der Artistenfakultät, beide Male las er über astronomische Instrumente: Am 1. September 1431 übernahm er die Vorlesung über das *Albyon*[109], über das er auch eine Abhandlung hinterlassen hat[110], und am 1. September 1434 die Vorlesung über das *astrolabium quo ad usum et composicionem eius*[111]. Während sich die Vorlesung über das Albyon nur dieses einzige Mal in den Akten findet, hat nach

---

[107] AFA II f. 99ᵛ zum 7. Januar 1430.

[108] AFA II f. 100ʳ.

[109] AFA II f. 108ᵛ. Das Vorlesungsverzeichnis von 1431 ist gedruckt bei Kink I/2, 11 f., doch sind im Abdruck die Worte *Albionem* mit dem Namen des folgenden Vortragenden Magister Johannes Angrär ausgelassen, so daß des letzteren Vorlesung *libros de sensu et sensato* in diesem Druck dem Johannes von Gmunden zugeschrieben wird. Aufgrund dieses fehlerhaften Abdruckes, den er allerdings nicht zitiert, gibt auch Aschbach, 458 Anm. 1, zum Jahr 1431 Johannes' von Gmunden Vorlesung mit *de sensu et sensato* an; neben Johann Angrär las 1431 noch ein weiterer jüngerer Magister, Wolfgang von Knittelfeld, über das gleiche Buch. Zusätzlich zu dieser Verwirrung gibt Klug 14 auch noch das Jahr falsch an: im Jahr 1433 sei dem *Johannes de Gmünd* die Vorlesung *De sensu et sensato* zugewiesen worden, da aber unser Gelehrter damals nur mehr über astronomische Gegenstände gelesen habe, sei diese Vorlesung wahrscheinlich von einem im Jahr 1425 als Baccalar genannten *Johannes de Gamundia* gehalten worden!

[110] Vgl. Klug 42—47.

[111] AFA II f. 121ʳ. Auch über das Astrolab verfaßte Johannes von Gmunden eine Abhandlung, vgl. Klug 47—49 *(Instrumentum solempne).*

dem Tode J.s v. G. Martin Hämerl aus Neumarkt, Magister seit 1434, im Jahre 1444 über das Astrolab gelesen[112]; dieser Magister hielt auch einige andere einschlägige Vorlesungen, so 1434 über *Perspectiva communis,* 1435 und 1437 über das erste Buch von Euklids *Elementa,* 1438 über *Sphaera materialis* (des Johannes von Sacrobosco) und 1442 über die Physik des Aristoteles, sodaß er wohl als Schüler J.s v. G. anzusehen ist[113].

Wie die meisten Kanoniker von St. Stephan in Wien besaß auch J. v. G. ein Seelsorgsbenefizium. Er wird zuerst am 23. Oktober 1431 Pfarrer der St.-Veits-Kirche in Laa a. d. Thaya, einer der bestdotierten Pfarren des Landes, genannt[114], deren Patron der Landesfürst Herzog Albrecht V. war, da die beabsichtigte Übergabe dieser Pfarre an die Universität nicht durchgeführt wurde[115]. Die Pfarre Laa war meist mit Professoren der Wiener Universität besetzt, schon der erste Rektor der Universität, Albert von Rickensdorf, sowie der erste Professor der Wiener juridischen Fakultät, Johann von Pergau, waren Inhaber der Pfarre[116]. Bei der doch beträchtlichen Entfernung seiner Pfarre von Wien konnte J. v. G. die Residenzpflicht wohl nicht erfüllen, sondern

---

[112] AFA II f. 165[v].

[113] AFA II f. 121[r], 123[v], 129[v], 132[v], 151[v]; Uiblein in *Beiträge zur Kopernikusforschung* 33.

[114] *Quellen zur Geschichte der Stadt Wien* I/7 (1923) 426 nr. 52 (Nachtrag); in dieser im Wiener Propsthof ausgestellten Notarsurkunde ist Johannes von Gmunden als Zeuge genannt. Vgl. Göhler, *Wiener Kollegiatkapitel* 237 f. Aschbach, *Geschichte der Wiener Universität* 459 Anm. 5, erwog die Bestellung Johannes' von Gmunden zum Pfarrer von Laa im Jahr 1435 oder 1439; Klug 21 nahm dies zu 1435 an. Der Vorgänger Johannes' von Gmunden war Johann Ekcher, der seit 17. Januar 1425 und noch im Jahr 1431 in dieser Stellung bezeugt ist; vgl. *Quellen zur Geschichte der Stadt Wien* I/7, nr. 14425; *Topographie von Niederösterreich* 5 (1903) 595. Die Dotation der Pfarre Laa ist aus der hohen Kollationstaxe von 140 bzw. 160 Pfund im 15. Jahrhundert abzulesen; vgl. Beneficia curata ad praesentationem ducis Austrie pertinentia von 1438, hg. von Joseph Chmel im *Österreichischen Archiv f. Geschichte, Erdbeschreibung, Staatenkunde, Kunst und Literatur* II (1832), Nr. 130 nach S. 520; Pius Schmieder, *Matricula episcopatus Passaviensis saeculi XV* (Wels 1885) 32. Zur Kollationstaxe vgl. Rudolf Zinnhobler, *Die Passauer Bistumsmatrikeln für das westliche Offizialat* I (Neue Veröffentlichung des Instituts für Ostbairische Heimatforschung 31 a, 1978) 80.

[115] Vgl. *Topographie von Niederösterreich* 5, 595.

[116] Vgl. die allerdings etwas verbesserungsbedürftige Liste von J. Bischinger und Karl Keck, Series parochorum Laa a. d. Thaya, in *Beiträge zur Wiener Diözesangeschichte* 4 (1963) 27 f., Paul Uiblein, Beiträge zur Frühgeschichte der Universität Wien. *MIÖG* 71 (1963) 301, 306 f.

mußte sich von einem Vikar vertreten lassen, wenn er auch hin und wieder in Laa geweilt haben wird[117].

Von seinen l e t z t e n L e b e n s j a h r e n erfahren wir nicht viel. Am 4. Juli 1435 teilte er der Artistenfakultät mit, daß er ihr einen Schrank mit seinen Büchern zum Quadrivium und zur Astrologie mit verschiedenen Instrumenten und Figuren vermacht, sich jedoch Widerruf vorbehalten habe. Dafür sprach ihm die Fakultät höchsten Dank aus[118] und beschloß, ehestens ein Zimmer beim Brunnen *(fons)* oder einem anderen Ort im Haus der Fakultät für die Bücher der Fakultät zu adaptieren und die zum Anketten geeigneten Bücher dort anzuketten, bis die Fakultät einen geeigneten Raum bereitstellen werde. Darauf wurde das Fakultätshaus um 11 Pfund Pfennige pro Jahr (ohne das vordere Zimmer) vermietet[119].

Fünf Jahre später, am 29. Juni 1440, wünscht J. v. G., daß die Fakultät sich über die Art und Weise erkläre, wie seine Bücher *in theologia* — die Bücher dieses Faches waren 1435 noch nicht genannt worden

---

[117] Nicht identisch mit Magister Johannes von Gmunden, wie dies von KRACKOWIZER, *Geschichte der Stadt Gmunden* 3 (1900) 351, angenommen wurde (vgl. auch KLUG 20 f.), ist jener Johann (Hanns) von Gmunden (Gemunden), der am 8. Februar 1420 als Pfarrer von Gföhl (BH. Krems, Niederösterreich) und Gesell zu Tulln und am 18. Juni 1421 als Kaplan des Dreikönigsaltars im Karner zu Tulln erscheint; vgl. ANTON KERSCHBAUMER, *Geschichte der Stadt Tulln* (1874) 397 f. nr. 492 f. Am 11. September 1428 befahl ihm als Altarist des Karners von Tulln der Passauer Generalvikar in Wien, Dietrich von Hammelburg, den vom Tullner Pfarrer Johann (Renftel) auf die Pfarre Freundorf bei Tulln präsentierten Priester Ulrich in den Besitz dieser Pfarre einzuweisen; vgl. PAUL UIBLEIN, *Dokumente zum Passauer Bistumsstreit (1423—1428). Fontes rer. Austr.* II/84 (1984) 312 Reg. 519. Am 24. April 1428 wird er Kaplan im Spital zu Tulln genannt, am 24. März 1429 Kaplan des Gottesleichnamsaltares in Tulln. Sein Testament als Spitalskaplan vom 19. Januar 1439 wurde nach seinem Tod am 12. Februar 1439 im Rat zu Tulln verlautbart; vgl. PAUL UIBLEIN, *Bücherverzeichnisse in Korneuburger, Tullner und Wiener Neustädter Testamenten. Mittelalterliche Bibliothekskataloge Österreichs.* Nachtrag zu Band I: Niederösterreich (1969) 41—43 nr. 41, 42 und 45.

[118] AFA II f. 123ᵛ: *ad audiendum desiderium magistri Iohannis Gmŭnd, qui testatus fuit facultati arcium almarium cum libris suis in quadruvio et in astrologia et cum variis instrumentis et figuris, posse tamen revocandi sibi reservavit. Et facultas acceptavit iuxta desiderium suum cum magna graciarum actione.*

[119] Ebd.: . . . *quod quam statim fieri possit tunc camera circa fontem aut alter locus in domo facultatis aptari debeat pro libris facultatis et cathenari debent libri apti ad cathenandum et ibidem reponi, donec facultas providebit de loco aptiori etc. Et sic locata est domus pro 11 libris den. per annum sine camera anteriori ut prius.*

—, *in quadruvio et etiam in astrologia* sowie mehrere *(plures)* Instrumente zu verwahren seien, damit sie der Fakultät von Nutzen werden. Das Kollegium beschließt, dies dem Ermessen des Spenders zu überlassen und ihn zu ersuchen, mit ihm genehmen Fakultätsmitgliedern darüber zu beraten[120]. Mit dieser Widmung hat sich Johannes von Gmunden um die Hochschule ein bleibendes Verdienst erworben, doch geht es viel zu weit, dieses freilich sehr große Legat als Grundstock der Universitätsbibliothek zu bezeichnen[121]. Zwar hatte die Fakultät kein eigenes Bibliotheksgebäude, doch wohl schon nicht wenige Bücher, als sie am 4. August 1415 beschloß, diese Bücher in einem Bücherkasten *(armarium)*, der unter der Stiege, die zur *stuba magna* des Herzogskollegs führte, aufgestellt werden durfte, zu verwahren[122]. Am 28. Oktober 1415 beschloß die Fakultät, alle ihr übereigneten Bücher in dem genannten *armario stante sub gradu ex opposito magne stube* des Herzogskollegs zu verwahren, sie zu schätzen und eine Taxe festzusetzen, was noch am gleichen Tag erfolgte. Jeder inkorporierte Magister der Fakultät durfte die Bücher benutzen, sollte sie aber rein erhalten und sofort nach dem Gebrauch dem Bibliothekar zurückstellen, dem er für jedes entlehnte Buch einen Schein *(cedula recognicionis)* ausstellen sollte. Die Aufsicht über die Bibliothek wurde einem jährlich aus den Magistern zu wählenden Bibliothekar *(librarius, conservator librorum)* übertragen, als erster wurde damals Nikolaus Rockinger von Göttlesbrunn gewählt, der zusammen mit dem Dekan Johann Angrär von Mühldorf ein Verzeichnis der Bücher herstellen sollte[123]. Für kurze Zeit versah auch J. v. G. dieses Amt[124]. Bei der ständigen Vermehrung des Bücherbestandes der Fakultät konnte man mit dieser Lösung immer weniger das Auslangen finden, doch blieben die Bemühungen zur Errichtung einer Bibliothek zunächst ohne Erfolg[125]. Als dann der Fakultät viele wertvolle Bücher durch einen ungenannten Bürger angeboten wurden, beriet man am 2. Januar 1438, wo dieselben verwahrt werden sollten und ob für sie und

---

[120] AFA II f. 142ʳ. KLUG 27 gibt an, Johannes von Gmunden sollte nur zwei Professoren dazu berufen.

[121] So ASCHBACH 460 und KLUG 27. Aschbach meint sogar, durch diese Schenkung und die diesem Beispiel folgenden Schenkungen habe man nun eines Bibliothekars bedurft, obwohl doch das Bibliothekarsamt an der Artistenfakultät schon seit 1415 bestand; s. gleich unten.

[122] AFA I 452; vgl. GOTTLIEB (wie Anm. 11) 464.

[123] AFA I 457; vgl. GOTTLIEB a. a. O. 464.

[124] Vom 4. Juli bis 13. Oktober 1417, s. oben S. 30 f.

[125] S. oben S. 42.

die anderen Bücher *novum edificium aut librariam* gebaut werden sollte;
mit der Prüfung dieser Angelegenheit wurden der Dekan und die Magister Jodok (Weiler) von Heilbronn und Andreas von Weitra mit Vollmacht beauftragt, am 7. Januar wurde ihr Bericht über die Einrichtung
der Bibliothek im Fakultätshaus angehört und sie nun beauftragt, diese
neue Bibliothek im Fakultätshaus zu bauen, auch erhielten der Dekan
und die Consiliarii Vollmacht, dafür ein Darlehen aufzunehmen *(posse
contrahendi debita),* wenn der Fakultät das Geld fehlen sollte[126].

Am 12. März 1439 wurde den beiden mit dem Bau beauftragten
Magistern noch Magister Georg (Mulner) von Waldsee beigeordnet[127].
Am 10. Juli 1439 bewilligte die Universität das Ersuchen der Artistenfakultät, daß der begonnene Bibliotheksbau *super portam per aream universitatis usque ad murum aule magne eiusdem* ausgeführt werden
dürfe[128]. Zwei Tage später wurden die Magister Georg (Mulner) von
Waldsee und Leonhard (Eberster, Rutther) von Hallstatt zu Superintendenten für die Vollendung des Bibliotheksbaues gewählt und dem
Dekan und den Consiliarii bewilligt, bei Geldmangel Darlehen aufzunehmen[129]. Am 10. Oktober 1439 wurden Mag. Leonhard von Hallstatt für diesen Zweck 23 fl. ung. aus der Fakultätskasse übergeben[130].

Am 1. September 1441 wurden der Dekan, die Consiliarii, der
Superintendent des Neubaues *(nova structura)* und der Fakultätsbibliothekar beauftragt, über das Anketten der Bücher in der Fakultätsbibliothek und über die Bibliotheksschlüssel zu beraten und der Fakultät zu
berichten[131]. Es sollten alle dazu geeigneten Bücher, die nicht im ständigen Gebrauch der Magister seien, angekettet werden; probeweise ver-
fügte man, daß zunächst der Dekan, Rezeptor, Bibliothekar, Superintendent und der Konventor im neuen Haus (der Fakultät) je einen
Schlüssel zur Fakultätsbibliothek erhalten sollten[132].

Ein Jahr zuvor, 5. September 1440, war Magister Johann Grössel
aus Tittmoning mit der Leitung der *Disputatio de quolibet* betraut worden[133], welche im folgenden Wintersemester, am 26. November 1440,
stattfand bzw. begonnen wurde. Davon hat sich das Verzeichnis der für

---

[126] AFA II f. 130^v.
[127] AFA II f. 134^v.
[128] AFA II f. 136^v; GOTTLIEB a. a. O. 464.
[129] AFA II f. 137^r.
[130] AFA II f. 137^v.
[131] AFA II f. 146^v.
[132] AFA II f. 147^r zum 13. Oktober 1441.
[133] AFA II f. 142^v.

die teilnehmenden Doktoren und Magister bestimmten Quaestionen erhalten. Gleich nach den Quaestionen für den Dekan der Artistenfakultät, Christian Tiendorfer aus Hürm, folgen die Quaestionen für den Senior der Fakultät: *Pro magistro Johanne de Gmünd*. Es war üblich, das engere Fachgebiet des betreffenden Magisters zu berücksichtigen, daher sind die zwei Fragen der Astronomie entnommen: *Primo. Cur certa pars celi ut galaxia alba apparet, cum tamen celum non suscipiat peregrinas impressiones, ad quas albedo sequitur.* Und *Secundo. Cur sol et luna apparent non in superficie recta, cum tamen sint sperice figure.* Die Antworten auf diese Fragen dürften nicht überliefert sein[134].

Am 23. Februar 1442 war Johannes von Gmunden gestorben und soll in der Gruft von St. Stephan beigesetzt worden sein; seine letzte Ruhestätte ist unbekannt, da keine Gedenktafel auf unsere Zeit gekommen ist. Er hat Jahrtag bei St. Stephan[135]. Am 9. März 1442 wurde Magister Christian Tiendorfer von Hürm *ad prebendam olim mag. Iohannis de Gmunden* installiert[136]. Am 3. Mai 1442 wurde das Testament J.s v. G. mit den Anordnungen über seine Legate an die Artistenfakultät in der Fakultät verlesen und der Rezeptor Mag. Andreas von Weitra, der Superintendent für die *nova structura* (gewählt Oktober 1441) Mag. Jakob von Wullersdorf, Mag. Leonhard von Hallstatt, der Bibliothekar Mag. Heinrich (Prentl) von Eggenfelden sowie der Dekan Peter Salzmann von Reutlingen (?) *(Rŭdlinga)* mit der Durchführung beauftragt. Die genannten Magister hinterlegten darauf die Legate in der Fakultätsbibliothek, die also damals schon benützbar war[137].

---

[134] Clm. 19678 f. 113ʳ–121ʳ, hier f. 115ᵛ. Wohl von der gleichen Quodlibetdisputation finden sich in clm. 19602 (aus Tegernsee), f. 13ᵛ, weitere Quaestionen für Johannes Gmunden, der hier unmittelbar nach dem Dekan der Artistenfakultät Christian Tiendorfer von Hürm erscheint: *Pro magistro Iohanne de Gmünden: 1° Cur quilibet planetarum preter solem dicitur habere epiciclum. 2° Quare sol in uno signo diucius moratur quam in alio.* Weitere Quaestionen folgen auf f. 18ʳ: *Magistro Iohanne de Gmünd: Utrum in omni coniunccione vel opposicione contingat eclipsis solis vel lune. — Cur astronimi argumentum vocant celi partem cum tamen nulla pars celi sit racionem faciens de re dubia fidem. Cur figura sperica inter omnes figuras ysoperimetras est capacissima.*

[135] A. FUCHS, *MGH.* Necrologia V 321 zum 23. Februar: *Hic obiit magister Iohannes de Gmunden, canonicus, anno etc. 1442, habet prebendam pro anniversario.*

[136] Erzb. Diözesanarchiv Wien, Calendarium capituli f. 9ʳ, Spalte 2; GÖHLER, *Wiener Kollegiatkapitel* 238.

[137] AFA II f. 150ʳ. Das Testament Johannes' von Gmunden wurde also nicht erst im September 1443 in der Fakultätssitzung verlesen, wie KLUG 28 annahm.

Im folgenden Jahr, am 14. Juni 1443, wurden der Dekan Jodok Gartner von Berching und seine Consiliarii beauftragt, der Fakultät Vorschläge zu unterbreiten, wie die Fakultätsbücher den Magistern für den Gebrauch besser zugänglich gemacht werden könnten[138]. Am 21. September 1443 erstatteten die genannten der Fakultät Bericht über ihre Vorschläge zur Bibliotheksbenützung und wurden beauftragt, einen ihrer Vorschläge in Wirkung zu setzen, der bis zum Widerruf durch die Fakultät gültig bleiben solle[139]. Diese Bibliotheksordnung, in der auch besonders auf die Anordnungen, die J. v. G. für die Benützung der von ihm der Fakultät legierten Bücher und Instrumente, sowie auch Mag. Michael Harsch von Göppingen für sein Legat in ihren Testamenten getroffen hatten, hingewiesen wurde, wurde nun zusammen mit dem Testament J.s v. G., dessen Original verloren zu sein scheint, in die Fakultätsakten eingetragen, während das Testament Michael Harschs an der Bibliothekswand angeschlagen wurde[140].

———

Die astronomischen und mathematischen Schriften Johannes' von Gmunden werden in den folgenden Beiträgen von Fachgelehrten behandelt. Hier soll nur eine den scholastischen Anschauungen seiner Zeit entsprechende Schrift kurz erörtert werden.

KLUG bespricht S. 63 eine in niederdeutscher Sprache verfaßte theologische Kosmographie — nur die Überschrift ist lateinisch —, die der Erläuterung einer verlorengegangenen bildlichen Darstellung des Universums diente und die SIEGMUND GÜNTHER 1878 aus Cod. lat. 11067 der Bayerischen Staatsbibliothek, fol. 198^v–199^r, teilweise herausgegeben hatte; KLUG gibt auch eine hochdeutsche Übersetzung des von GÜNTHER edierten Textes bei[141]. Am Schluß desselben wird Johan-

———

[138] AFA II f. 157^v.

[139] AFA II f. 158^v–159^r.

[140] AFA II f. 159^r–160^r; vgl. GOTTLIEB 464 f. Das auch von KLUG 90—92 gedruckte Testament Johannes' von Gmunden wurde auch unten S. 59—62 nach AFA II — unter Beseitigung einiger Lesefehler Klugs — abgedruckt; vgl. dazu auch die Erläuterungen bei KLUG 28—31. Eine sichere Identifizierung der im Testament genannten Bücher mit noch vorhandenen Handschriften muß weiteren Forschungen vorbehalten bleiben. Vgl. dazu auch meine Angaben in *Beiträge zur Kopernikus-Forschung* (Linz 1973) 34 ff.

[141] SIEGMUND GÜNTHER, Analyse einiger kosmographischer Codices der Münchner Hof- und Staatsbibliothek, in: GÜNTHER, *Studien zur Geschichte der mathematischen und physikalischen Geographie* (4. Heft) (Halle 1878) 217 ff., hier 217 f., 267—270; KLUG 63—65.

nes von Gmunden und die theologische Fakultät zu Wien als Zeichner der Figur bzw. als Verfasser des Traktats bezeichnet.

KLUG nahm zwar auf Grund der Angaben der Handschrift an, daß dem Schreiber eine Zeichnung Johannes' von Gmunden vorlag, bezweifelte aber, insbesondere wegen der niederdeutschen Sprache, Johanns Autorschaft an dem Traktat. Doch stellt diese Überlieferung nur eine norddeutsche Übersetzung eines lateinischen Traktats dar, von dem wir auch drei Überlieferungen aus dem 15. Jahrhundert kennen:

1. Klagenfurt, Archiv der Diözese Gurk, Mensalbibliothek Cod. XXXI a 17, fol. 233^{rv}[142].

2. München, Clm. 28203 (aus SJ Neuburg), einer Handschrift, die fast ganz (f. 1^r–118^v) von der Hand des Johann Vetterler aus Lauingen, Pfarrer von Giengen, im Jahre 1458 geschrieben wurde. Der Schreiber war im Sommersemester 1426 in Wien immatrikuliert worden und hatte hier im Oktober 1428 den artistischen Baccalarsgrad erlangt. Unser Traktat findet sich auf f. 107^v–108^r. Eine zweite Hand machte Eintragungen auf f. 118^v, zweite Hälfte, und 119^r[143].

3. Cambridge, University Library, Add. 5358, 15 c, f. 119^r–120^r[143a].

Im lateinischen Text wird berichtet, daß im Apostelchor der Wiener Stephanskirche – also in jenem Teil der Kirche, der besonders der Universität für feierliche *actus* diente und wo sich auch Grabmäler der Professoren befanden[144] – bei einer Statue eine nach den Angaben des Astronomen Magister Johannes von Gmunden angefertigte Tafel angebracht war, unter welcher sich eine lateinische Beschreibung der Darstellung befand, die in der Handschrift wiedergegeben wird.

Diese Darstellung zeigte das Universum, in seiner Mitte die Erde mit Land und Meer, in der Mitte der Erde aber die Hölle. Die Erde ist

---

[142] Vgl. HERMANN MENHARDT, *Handschriftenverzeichnis der Kärntner Bibliotheken* (1927) 66. Herrn Diözesanarchivar Dr. PETER G. TROPPER (Klagenfurt) danke ich für die Übersendung von Fotokopien. Die Handschrift ist auch erwähnt bei DANA BENNETT DURAND, *The Vienna-Klosterneuburg Map Corpus of the 15th century* (Leiden 1952) 127 Anm. 1.

[143] MUW I 154: 1426 I R 73: *Joh. Vetterler de Laugingen gr. 4;* AFA II f. 92^v. Vgl. jetzt *Katalog der lateinischen Handschriften der Bayer. Staatsbibliothek München* 4,7. Clm. 28111–28254, beschr. von HERMANN HAUKE (München 1986) 158.

[143a] Vgl. LYNN THORNDIKE - PEARL KIBRE, *A Catalogue of Incipits of Medieval Scientific Writings in Latin* (Cambridge, Mass. 1963) col. 1084 *(Presens figura)*. Diese Handschrift wurde nicht eingesehen.

[144] Vgl. MARLENE ZYKAN, *Der Stephansdom. Wiener Geschichtsbücher* 26/27 (1981) 72.

von der Luft in drei Schichten umgeben, die Luft aber wird von der Feuersphäre umschlossen. Auf diese folgen die Sphären (oder Himmel) der sieben Planeten mit ihren Exzentern und Epizykel: 1. Mond, 2. Merkur, 3. Venus, 4. Sonne, 5. Mars, 6. Jupiter, 7. Saturn. Darauf folgt (als 8. Himmel) das Firmament mit den Fixsternen, danach (als 9.) der Kristallhimmel oder *primum mobile*. Als letzter (10.) das *celum empireum*, wo Christus und Maria am höchsten Ort thronen. Danach zeigte die Darstellung auf beiden Seiten die neun Engelchöre, ihre Beschreibung entspricht ziemlich genau den Darstellungen der Engelchöre auf dem um 1440 entstandenen sogenannten Albrechtsaltar der Karmeliterkirche in Wien, der sich jetzt in Klosterneuburg befindet, nur kleine oder scheinbare Abweichungen lassen sich feststellen: Die Farbe der Cherubin, die auf dem Altar ganz gelb, also leuchtend wie die Sonne erscheint, wird in unserem Text als *colureus et lucidus* bezeichnet. Bei den Herrschaften *(Dominationes)* werden die Szepter, die sie in den Händen halten, in unserer Beschreibung nicht erwähnt. Die Erzengel sind in lange gelbe Gewänder gekleidet, in unserer Beschreibung sind sie als *cerulei* bezeichnet.

Ähnlich wie beim Albrechtsaltar waren auch auf der Tafel zu St. Stephan Heilige dargestellt: Bei den drei ersten Engelchören auf einer Seite Patriarchen und Propheten, auf der anderen Seite Apostel und Evangelisten. Beim vierten Chor *(Dominationes)* auf einer Seite Märtyrer und Bischöfe, auf der anderen Seite besondere Märtyrer, beim fünften Chor *(Principatus)* auf beiden Seiten Märtyrer, Ritter und andere, beim sechsten Chor *(Potestates)* auf einer Seite Bekenner und (Kirchen-) Lehrer, auf der anderen Seite Bekenner und Bischöfe, beim siebenten Chor *(Virtutes)* auf einer Seite Laien-Bekenner, auf der anderen Seite Mönche-Bekenner (letztere fehlen am Albrechtsaltar), beim achten Chor (Erzengel) auf beiden Seiten Jungfrauen und Märtyrer, beim neunten Chor (Engel) auf einer Seite Witwen, auf der anderen Seite einfache Mädchen und geweihte Jungfrauen. Ganz unten waren geistliche und weltliche Heilige zu sehen[145].

---

[145] Solche Darstellungen des Weltgebäudes mit den zehn Himmeln, mit Gott, Heiligen und Engeln finden sich z. B. in der Schedelschen Weltchronik (Nürnberg 1493). Vgl. auch Ernst Zinner, *Entstehung und Ausbreitung der Coppernicanischen Lehre* (1943, Nachdruck 1978) 198, mit Abb. 39 nach Apians Cosmographia (Basel 1544). Zur Darstellung der Engelchöre auf dem Albrechtaltar vgl. *Der Albrechtsaltar und sein Meister.* Hrsg. von Floridus Röhrig, Beiträge von Ingrid Karl, Manfred Koller, Richard Perger, Floridus

KLUG meinte, daß Johannes von Gmunden als Theologe und Mitglied einer streng scholastischen Hochschule solchen Anschauungen wohl gehuldigt habe, daß sich jedoch in seinen Schriften nirgends auch nur die leiseste Anspielung auf derartige Gedankengänge finde, weshalb bis zum Vorliegen direkter Beweise die Verfasserschaft J.s v. G. an dem Traktat zweifelhaft bleiben müsse. Dies mag nun bezüglich der astronomischen Schriften J.s v. G. zutreffen, doch hat er immerhin 1424 und 1425 die Vorlesung über den Traktat *Sphaera materialis* des Johannes de Sacrobosco übernommen, welcher eine Erklärung der Himmelskreise bot[146]. So wird J. v. G. auch in den theologischen Schriften deñ aristotelisch-ptolemäischen, durch die Scholastik ausgestalteten Lehren gefolgt sein. Er nennt daher in einer Osterpredigt ausdrücklich das *celum empireum, ubi est locus sanctorum*[147], auch beruft er sich dort auf die Abhandlung *De caelesti hierarchia* des Dionysios Areopagites[148].

VERZEICHNIS DER VON JOHANNES VON GMUNDEN ÜBERNOMMENEN BZW. GEHALTENEN VORLESUNGEN

18. XI. 1406: auf seine Bitte wird ihm *Theoricae* als *liber ordinarie legendus* bewilligt. Es ist dies wohl der Text *Theoricae planetarum* des Gerhard Sabbioneta. Vorgesehen waren 16 lectiones, die in 4 Wochen zu halten waren (AFA I 268).

1. IX. 1407: Mag. Johannes Krafft übernimmt *libri Euclidis,* also die *libri elementorum;* für das 1. Buch waren 8 lectiones, für Buch 2—5 weitere 24 lectiones (in 6 Wochen) vorgesehen (AFA I 281). Vgl. dazu auch LHOTSKY, Artistenfakultät 112 f. Über die Möglichkeit der Identität des Joh. Krafft mit Johannes von Gmunden siehe oben S. 16 f.

RÖHRIG und ARTUR ROSENAUER (Wien 1981) 52—69. Vgl. auch BARBARA BONARD, Der Albrechtsaltar in Klosterneuburg bei Wien. Irdisches Leben und himmlische Hierarchie. Ikonographische Studie. *Tuduv-Studien, Reihe Kunstgeschichte* 2 (München 1980); FRIEDRICH ZAUNER, *Das Hierarchienbild der Gotik. Thomas von Villachs Fresko in Thörl* (Stuttgart 1980) bes. 63 ff.

[146] Vgl. FRANCIS B. BRÉVART in Verfasserlexikon² 4 (1983) 731 ff. S. oben S. 43.

[147] CVP 4218 f. 222ᵛ. Zu dieser Predigt vgl. oben S. 28.

[148] CVP 4218 f. 224ʳ: *3° ex disposicione jerarchica divine illuminacionis sew revelacionis fuit hoc testimonium legittimum, cuius quidem disposicionis secundum beatum Dyonisium in de celesti jerarchia talis lex est et ordo, quod Deus per angelos superiores illuminat angelos inferiores et ulterius homines per eosdem, qualiter factum est in proposito.*

1407/8: Vermutlich hat Johannes von Gmunden in dieser Zeit über *Proportiones* (des Joh. Bragwardine ?) gelesen; vgl. die Notiz des Dominikaners Heinrich Rotstock in Cod. 187/153 des Wiener Dominikanerklosters, f. 1^r (von 1408): *Item easdem proporciones* (scil. *Bragwardini) audivi a magistro Johanne de Gamundya, sed studeas adhuc 6^{es}* (?) *peroptime.* Für diese Vorlesung waren 7 lectiones angesetzt.

1. IX. 1408: *Libri Physicorum* des Aristoteles, 104 lectiones durch ein ganzes Semester (AFA I 292).

1. IX. 1409: Meteorologie *(libri Metheororum)* des Aristoteles, 72 lectiones in 18 Wochen (AFA I 325).

1. IX. 1410: *Tractatus (summulae logicales)* des Petrus Hispanus (Papst Johannes XXI., † 1277), 20 lectiones (AFA I 338).

21. X. 1410: darf auf seine Bitte *libros Euclidis* (wohl *pro ordinario)* lesen; für das 1. Buch waren 8 lectiones, für Buch 2—5 weitere 24 lectiones (in 6 Wochen) vorgesehen; vgl. oben S. 16. Johannes von Gmunden wird daher wohl die am 1. IX. 1410 übernommene Vorlesung über die Traktate des Petrus Hispanus nicht gehalten haben (AFA I 345).

1. IX. 1411: Meteorologie *(libri Metheororum)* des Aristoteles, 72 lectiones in 18 Wochen (AFA I 365). Vgl. dazu auch oben S. 21 mit Anm. 34 a.

1. IX. 1412: *Algorismus de minutiis,* das Rechnen mit den Sexagesimalbrüchen, 7 lectiones (AFA I 381).

1. IX. 1413: *Vetus ars.* Logik auf Grund der *Categoriae* und der Schrift *De interpretatione* des Aristoteles sowie der *Isagoge* des Porphyrius, 64 lectiones (in 16 Wochen) (AFA I 401).

1. IX. 1414: *Perspectiva (communis),* nach John Pecham, zuletzt Erzbischof v. Canterbury, † 8. XII. 1292, 24 lectiones in 6 Wochen (AFA I 430).

30. VIII. 1415: Zuweisung von *Exodus* für 1. *cursus biblicus* (AFTh I 96).

16. X. 1415: Beginn der Vorlesung über *Exodus* (AFTh I 97).

1416: Vorlesung über Jacobusbrief, beendet wohl vor Oktober 1416 (s. oben S. 26 f.).

1. IX. 1416: *Algorismus de minutiis,* das Rechnen mit Sexagesimalbrüchen; 7 lectiones (AFA II f. 3^r).

um 11. XI. 1416: Zuweisung und Beginn der Vorlesung über die vier Bücher der Sentenzen des Petrus Lombardus, die mit Unterbrechungen, wohl infolge Krankheit, wahrscheinlich erst 1420 beendet wurde (AFTh I 98 f.).

1. IX. 1417: *Algorismus de minuciis,* 7 lectiones (AFA II f. 13ʳ); ist vermutlich wegen Krankheit entfallen.

5. VI. 1419: *An quedam tabule in astronomia sint pronunciande publice, ut magister J. de G. tempore suo comodius valeret declarare. Et dabatur licencia pronuncciandi per unum magistrum ita tamen, quod ipse post per se declaret et corrigeret incorrecta* (AFA II f. 30ᵛ).

1. IX. 1419: *Algorismus de integris,* das Rechnen mit den ganzen Zahlen; 7 lectiones (AFA II f. 32ʳ).

1. IX. 1420: *Theoricae planetarum,* 16 lectiones in 4 Wochen (AFA II f. 38ʳ).

1. IX. 1421: *Libri elementorum Euclidis;* 1. Buch in 8 lectiones, Buch 2—5 weitere 24 lectiones (AFA II f. 43ʳ).

1. IX. 1422: *Theoricae planetarum,* 16 lectiones in 4 Wochen (AFA II f. 54ᵛ).

1. IX. 1422: erhält *licencia ad pronunciandum tabulas in astronomia, quarum et voluit esse autor, et obtulit eas facultati* (AFA II f. 55ʳ).

2. I. 1423: es wird ihm bewilligt, *ut practica in astronomia, quam facturus esset, in loco sibi apto sibi pro regencia computaretur* (AFA II f. 56ʳ).

1. IX. 1423: *Theoricae planetarum,* 16 lectiones in 4 Wochen (AFA II f. 62ᵛ).

29. XI. 1423: bittet um Erlaubnis, daß er *aliqua per eum collecta, nondum completa, que successive complere proponit, ut possint interim successive pronunciari, et quod declaracio eorundem in camera sua sibi pro regencia computetur,* wird bewilligt (AFA II f. 64ᵛ).

1. IX. 1424: *(tractatus) Sphaera materialis* des Johannes de Sacrobosco (Erklärung der Himmelskreise), 20 lectiones in 5 Wochen (AFA II f. 67ᵛ).

1. IX. 1425: *(tractatus) Sphaera materialis* des Johannes de Sacrobosco (AFA II f. 73ᵛ).

1. IX. 1431: *Albion* (AFA II f. 108ᵛ).

1. IX. 1434: *Astrolabium quo ad usum et composicionem eius* (AFA II f. 121ʳ).

TESTAMENT JOHANNES' VON GMUNDEN

Orig. scheint verloren.
AFA II f. 159ᵛ–160ʳ, geschrieben vom Dekan der Artistenfakultät im Sommer-
semester 1443 Jodok Gartner von Berching.
Ausgaben: Kink I/2, 108–111 nr. XXVII; Gottlieb (wie Anm. 11) 475–477
(ohne die Angaben über astronomische Instrumente); Klug 90–92; John Mundy,
John of Gmunden. Isis 34 (1942–43) 198 (Teilausgabe nach Kink).

Ordinacio de libris et instrumentis magistri Iohannis de Gmunden.

Ego magister Iohannes de Gmunden, baccalarius formatus in theologia, canonicus ecclesie sancti Stephani Wiennensis et plebanus in Laa, primo augere cupiens utilitatem ac incrementum inclite facultatis arcium studii Wiennensis volo et dispono, quod libri mei infra scripti et similiter instrumenta astronomica post obitum meum maneant apud facultatem arcium et quod eadem facultas habeat potestatem committendi, concedendi et disponendi, non tamen vendendi sine urgente necessitate eosdem libros et instrumenta iuxta moderamina subscripta.

Item quilibet petens sibi concedi librum aut libros habeat dare certam taxam sive pensionem iuxta quantitatem temporis pro reformacione librorum.

Item occupans lecturam super Exodum per medium annum solvat 2 g. et det czedulam recognicionis secundum consuetudinem facultatis.

Item de questionibus primi Sentenciarum X d.

Item de questionibus 2ⁱ Sentenciarum X d.

Item de questionibus 3ⁱⁱ Sentenciarum X d.

Similiter de questionibus 4ⁱ Sentenciarum.

Item de lectura textuali 4ᵒʳ librorum Sentenciarum 2 g.

Item de libro papireo in asseribus cum albo coopertorio continens a principio Algorismum, cuius libri principium 3ⁱⁱ folii est: multiplica extrahe, utens eo per medium annum solvat 1 g.

Item de libro albo in asseribus continente Tabulas astronomicas prime compilacionis magistri Iohannis de Gmunden cum suis canonibus et plura alia, cuius principium 3ⁱⁱ folii: medius motus accessus, dentur 3 g. per medium annum.

Item de libro parvo in asseribus cum corio viridi continente Tabulas 2ᵉ compilacionis magistri Iohannis de Gmunden, cuius principium 3ⁱⁱ folii: medius motus accessus, dentur XII d.   ·

Item de libro parvo pergameno rubeo continente Tabulas 3ᵉ compilacionis magistri Iohannis de Gmunden, cuius principium 3ⁱⁱ folii:

februarius habet dies 28, dentur 4 g. et servetur sub arta custodia in suo sacculo.

Item de libro parvo pergameno rubeo continente Tabulas 5^e compilacionis magistri Iohannis de Gmunden, cuius principium 3^{ii} folii: Anno 1496, dentur 2 g. et in sacculo suo servetur sub arta custodia.

Item de libro magno in papiro rubeo continens Tabulas 4^e compilacionis magistri Iohannis de Gmunden, cuius principium 3^{ii} folii: tabula medii argumenti etc., dentur 5 g.

Item de libro albo in pergameno continente Tabulas Toletanas, cuius principium 3^{ii} folii: idem facies, detur 1 g.

Item de libro rubeo pergameno continente Tabulas Alfoncii, cuius principium 3^{ii} folii: principium Ianuarii, detur 1 g.

Item de libello parvo continente astrolabii quadrantes etc. compositos per magistrum Iohannem de Gmunden, cuius principium 3^{ii} folii: lo [?]^a et communiter^b transcurrendo, dentur X d.

Item de libro cum asseribus albis continente Concordancias astronomie cum theologia, cuius principium 3^{ii} folii: et concordancia theologie et astronomie, dentur X d.

Item de libris in astrologia placet, quod nullus cathenetur, sed in armario sub arta custodia teneantur, videlicet isti:

Primus Summa Gwidonis astrologie contenta in libro magno, cuius principium 3^{ii} folii: fuerit ser(ve)tur^c, et nulli concedatur nisi experto in iudiciis, et de ipsius usu per medium annum dentur 5 g.

Consimili custodia teneatur Summa iudiciorum Iohannis de Eschuide contenta in libro flaveo magno, cuius principium 3^{ii} folii: terminus^d, et habet 7 capitula, et de usu eius dentur 4 g.

Pariformiter custodiatur liber in pergameno rubeus continens Summam iudiciorum Halii Abengrahel, cuius principium 3^{ii} folii: partes arietis fi^e, de quo dentur 4 g.

Item de libro rubeo pergameno continente Commentum Halii super libro quadripartito Ptolomei, cuius principium 3^{ii} folii: sciencia separatum, dentur 2 g. et bene custodiatur.

Item de libro papireo albo continente Summam iudiciorum Leopoldi de Austria, cuius principium 3^{ii} folii: sa et ve etc., bene custodiatur et dentur 2 g.

Item liber continens excerpta Halii Abengrahel, cuius principium 3^{ii} folii: si fuerit conveniens, de usu per medium annum dentur X d.

---

a) *vielleicht* li *oder* b   b) *auch die Lesung* consequenter *oder* convenienter *möglich*   c) *oder* significatur?   d) *vielleicht Endung* -turis   e) si?

Item liber ligatus in asseribus continens Introductorium Alkabicii, cuius principium 3^{ii} folii: secuntur has figuras, servetur in armario et de usu dentur X d.

Item liber in pergameno continens Musicam Boecii, cuius principium 3^{ii} folii: civibus id operantibus, cathenetur.

Idem fiat de libro continente Arismetricam Boecii, cuius principium 3^{ii} folii: exemplar ut si quilibet.

Item textus physicorum in pergameno, cuius principium 3^{ii} folii: atur [?]^f bipes, cathenetur.

Item liber continens calendarium etc., cuius principium 3^{ii} folii: hic renovatur litera, reformetur et pro usu legencium concedatur.

Item de instrumentis placet, quod spera solida reponatur in armario ad hoc deputato et quandoque pro honore facultatis ostendatur, raro tamen extra librariam concedatur.

Item instrumenta Campani de equacionibus planetarum cum figuris extractis ex albione de eclipsibus in ladula ad hoc deputata diligenter conserventur.

Item instrumentum, quod vocatur albion, in sua ladula custodiatur et rarissime extra librariam concedatur.

Item figure communes in theoricis planetarum sub custodia vigili in sua ladula teneantur.

Item astrolabium ligneum, duo quadrantes, spera materialis, unum chilindrum magnum, 4^{or} theorice lignee simili modo custodiantur.

Item libellus in pergameno sine asseribus continens recapitulaciones biblie reservetur in armario.

Item arbor consanguinitatis et affinitatis in duabus cutibus reservetur.

Item de concessione librorum et instrumentorum placet, quod decanus facultatis arcium pro tempore cum suis consiliariis habeat posse concedendi libros in astrologia expertis dumtaxat in eadem sub caucione sufficienti, videlicet pignoraticia aut fideiussoria in certo termino restituendos.

Item instrumenta astronomie solum per decanum et suos consiliarios extra librariam concedantur personis notis, non tamen ad notabile tempus.

Item Tabule astronomie prime composicionis, 2^e, 3^e, 4^e et 5^e solum per decanum et suos concedantur.

---

f) *vielleicht* autem *zu lesen, danach* (esse)*?*

Alii vero libri concedi possunt per librarium facultatis iuxta consuetudinem eiusdem et quod munde et diligenter custodiantur.

Hec ordinacio planius et perfectius habetur in quibusdam foliis in ladula circa decanum positis, sed hec sufficiant pro quodam memor[i]ali.

ERLÄUTERUNG JOHANNES' VON GMUNDEN ZU EINER DARSTELLUNG DES UNIVERSUMS IM APOSTELCHOR DER ST. STEPHANSKIRCHE IN WIEN

Überlieferung: Klagenfurt, Archiv der Diözese Gurk, Mensalbibliothek Cod. XXXI a 17, f. 233 ʳᵛ (K); München, Bayer. Staatsbibliothek, clm. 28203 f. 107ᵛ–108ʳ (M).

Nota quod in Wyenna ad Sanctum Stephanum in dextro latere scilicet apostolorum una tabula depicta[a] statue annexa fuit, quam talem fieri disposuit quidam magister arcium magister Iohannes de Gmünden dictus in astronomia expertissimus, sub qua pictura talis sequebatur scriptura[b]:

Presens figura representat universum, in cuius medio est terra, que in una parte est levior et alcior et ibi est aquis discooperta et conveniens habitacioni[c] hominum, in alia parte est gravior et declivior, ubi est aquis cooperta et ab[d] hominibus inhabitabilis, et ibi est altum mare residens circa terram non sicud in concavitate, sed sicud[e] in loco declivieri[f], ad quod mare fluunt fluvii et maria parcialia. In medio terre est infernus. Circa terram et aquam est aer orbiculariter eas circumdans. Cuius tres sunt regiones, quarum infima est prope terram et aquam, suprema prope ignem, media est inter eas, que est frigida, in qua generantur nubes[g] et pluvie. Deinde[h] est spera ignis orbiculariter circumdans aerem.

Postea sunt spere septem planetarum cum ecentricis et epiciclis suis, quarum prima est spera Lune, 2ª spera Mercurii, 3ª spera Veneris, 4ª spera Solis, 5ª spera Martis, 6ᵗᵃ spera Iouis, 7ᵐᵃ[i] spera Saturni. Sol et epicicli[k] aliorum planetarum ponuntur in augibus suorum ecentricorum preter epiciclum Mercurii, qui movetur cum Sole[l]. Deinde est

---

a) deputa? *M.*   b) *Diese Überschrift nur in M. Die Überschrift in K lautet:* Tabula magistri Joh. Gemunden de universo pendens in abside apostolorum Wienne in ecclesia sancti Stephani.   c) habitacio *M.*   d) *fehlt K.*   e) tamquam *K.*   f) *danach wohl* d? gestr. *M.*   g) *umgestellt* nubes generantur *K.*   h) Vinde *M.*   i) 7ª *K.*   k) epycicli *K.*   l) solo *K.*

firmamentum, in quo sunt stelle fixe in multitudine. Postea est celum cristallinum seu^m primum mobile. Ultimo est celum empireum^n, ubi Christus dominus et virgo Maria resident in loco altissimo.

Deinde sunt ibi ex utraque parte novem chori angelorum, quorum primus et^o supremus est^p rubeus habens candelas accensas et vocatur Seraphin, qui^q magis et essencialius sunt incensi^r et inflammati^s in caritate, quia eciam ad nos missi nos incendunt^t.

Secundus^u est colureus^v et lucidus habens libros et vocatur Cherubin, qui magis et essencialius^w sunt illuminati sciencia et habent nos instruere.

Tercius^x est in vestibus blaveis cum pilleis, sedibus et baculis ad modum iudicum et vocatur Throni^y, qui magis et essencialius habent donum iudicii et missi ad nos docent nos^z iudicare$^{a'}$.

Quartus$^{b'}$ est in vestibus rubeis cum dyadematibus et pomis imperialibus et representat$^{c'}$ Dominaciones$^{d'}$, quibus$^{e'}$ essencialiter quantum ad donum est dominacio, qui$^{f'}$ missi ad nos docent nos dominari et preesse ut decet.

Quintus$^{g'}$ est in vestibus brunaticis$^{h'}$ cum coronis$^{i'}$ et sceptris$^{k'}$ regalibus et cum mitris$^{l'}$ ducalibus et gladiis et representat$^{m'}$ Principatus, quibus essencialius est datum donum reverencie et missi ad nos docent nos habere reverenciam.

Sextus$^{n'}$ est in armis et representat Potestates, quibus essencialius est cohibere adversas potestates, et missi faciunt et docent nos resistere.

Septimus$^{o'}$ est in vestibus viridibus cum liliis et rosis et representat$^{p'}$ Virtutes, quibus essencialius$^{q'}$ quantum ad donum est facere miracula et missi faciunt ea ad nostram utilitatem.

Octavus$^{r'}$ est cum vestibus et stolis ceruleis et representat Archangelos, quibus essencialius est datum nobis nuncciare$^{s'}$ et forte maiora$^{t'}$ et missi hoc faciunt.

---

m) sew K.   n) empirreum K.   o) est K.   p) et K.   q) quia M.   r) accensi K.   s) imflammati M.   t) accendunt K.   u) 2us K.   v) ceruleus K. w) essencialiter K. x) 3us K.   y) Thronum K.   z) *fehlt* K.   a') iudicant K.   b') 4us K.   c') representant M.   d') *verb. aus* donaciones K.   e') quidam M.   f') quibus K.   g') 5us K.   h') prunaticis K.   i') thronis M. k') ceptris M.   l') mittris K.   m') representant M.   n') 6^{tus} K; *über gestr.* Septimus M.   o') 7us K.   p') representant M.   q') *danach* est K.   r') 8us K.   s') nunciare K.   t') minora M.

Nonus[u'] est in vestibus albis et cum instrumentis musicalibus et representat Angelos, quibus essencialius[v'] est datum nos custodire vel[w'] forte minora nuncciare[x'] vel utrumque et missi hoc faciunt.

Deinde circa choros angelorum sunt sancti secundum ordines suos. Circa tres primos[y'] choros ex una parte sunt patriarche et prophete, ex alia parte appostoli et ewangeliste. Circa Dominaciones ex una parte sunt martires et pontifices, ex alia parte alii[z'] martires precipui. Circa Principatus ex utraque parte sunt martires, milites et alii. Circa Potestates ex una[a"] parte sunt confessores et doctores, ex alia parte confessores et[b"] pontifices. Circa Virtutes ex una parte sunt confessores layci, ex alia parte confessores monachi. Circa Archangelos ex utraque parte sunt virgines et martires. Circa Angelos ex una parte sunt vidue, ex alia parte simplices puellule[c"] et virgines religiose. Deinde in parte inferiori est communitas sanctorum de duplici statu scilicet spiritualium[d"] et secularium[e"] etc.[f'].

---

u') 9[us] K.   v') essencialiter K.   w') aut K.   x') nunciare K.   y') *umgestellt* primos 3[s] K.   z') *fehlt M.*   a") utraque M. b") *fehlt K.*   c") ex alia parte simplices puellule *fehlt K.*   d") secularium K.   e") spiritualium K.   f") etc. *fehlt M. Danach in K* Hec q(uam) festinanter conscripta; Menhardt *(Anm. 142) las unrichtig* q. Festwanter (con)scripta.

JOHANNES VON GMUNDEN – DER ASTRONOM

Von Maria G. Firneis

Geht man der leichteren Überschaubarkeit halber daran, das Gesamtœuvre des Johannes von Gmunden aus Oberösterreich in einzelne Fachgebiete aufzuspalten, so wird seine außergewöhnliche Leistung im astronomischen Bereich besser verständlich.

Die Karriere dieses Gelehrten, der mit Mathematik, Astronomie und Theologie gleichermaßen verknüpft ist, kann in vier Abschnitte unterteilt werden[1]. Nach seiner Aufnahme als Mitglied der Artistenfakultät finden wir den jungen Magister bereits vor dem 18. November 1406[2] mit einer Vorlesung über Gerhard von Sabbionetas: „Theoricae (planetarum)" (= Planetenbewegung nach der Theorie des Ptolemäus) befaßt. Handelt es sich dabei doch um eine Thematik, die er auch 1420, 1422 und 1423 noch vortragen sollte. Dieses Gebiet wurde für ihn besonders richtungweisend in Hinblick auf seine „Scheibeninstrumente" und sollte ihn nie mehr loslassen. Dieses, obwohl er sich in diesem ersten Schaffensabschnitt, der nach K. Vogel von 1406 bis 1416 anzusetzen ist, kaum mehr mit rein astronomischer Vorlesungsthematik befaßte, zumal die von Magister Krafft 1407 gehaltenen *Elementa* des Euklid wohl auch Johannes von Gmunden zugeschrieben werden können. Seine Vorlesungen über die *Libri physicorum* (1408) und die *Meteora* des Aristoteles (gehalten 1409 und 1411) sowie seine 1412 gehaltene mathematische Vorlesung *Algorismus* über die Grundlagen der Mathematik nach Euklid und *Vetus ars* (= Logik, gehalten 1413 im Jahr seines 1. Dekanats) können noch als fachverwandt eingestuft werden, im Unterschied zu seinen theologischen Vorlesungen, die 1414 und 1415 stattfanden.

In seinem zweiten Schaffensabschnitt (1416–1425) hielt er ausschließlich mathematische und astronomische Fachvorlesungen, wodurch er zum ersten typischen Fachprofessor schlechthin wurde und

---

[1] Vgl. Kurt Vogel, John of Gmunden, in: *Dictionary of Scientific Biography*, Vol. VII, editor: Ch. C. Gillipsie, N. Y. 1973, 117–122.

[2] Konradin Ferrari d'Occhieppo, Paul Uiblein, Der „Tractatus Cylindri" des Johannes von Gmunden, in: *Beiträge zur Kopernikusforschung*, Linz 1973, 29.

durch seinen darin gegründeten Einfluß auf spätere Studentengenerationen von „Naturwissenschaftlern" zum Begründer der 1. mathematischen Schule der Universität Wien wurde. (Diese Position eines Fachprofessors sollte erst unter Maximilian I. den Charakter einer Dauerstellung annehmen.) Als er 1418 ernstlich erkrankte und ohne Einkommen verblieben wäre, auf das nur aktiv Lehrende Anspruch hatten, erreichten seine Kollegen beim Herzog, daß ihm gestattet wurde, die Vorlesungen in seiner Privatwohnung abzuhalten. In diese Zeit fällt auch die mühsame Bearbeitung der *Astronomischen Tafeln (tabulae astronomicae cum canonibus)*, ein sich über das Gesamtgebiet der damals bekannten Astronomie erstreckendes Tabellenwerk (auch die Sonnen- und Mondfinsternisse von 1415 bis 1432 enthaltend), das er unter Verwendung der Alfonsinischen Tafeln erstellte. Es ist das Verdienst Johannes' von Gmunden, das bis dahin eher unbekannte Monumentalwerk des 13. Jahrhunderts, das König Alfons X. von Kastilien auf der Grundlage des ptolemäischen Weltsystems hatte anfertigen lassen, durch Adaptierung für den lokalen Bereich in eine handlichere, ansprechendere Tabellenform gebracht zu haben.

Das darin verwendete geozentrische Weltsystem beruht auf der durch Aristoteles postulierten Trennung der 4 irdischen Elemente vom Äther[3], welcher der Baustoff des translunaren Weltgebäudes ist. Dieser Äther ist gewichtslos und völlig durchsichtig bis auf jene Örter, wo er zu Gestirnen zusammengeballt ist. Im Unterschied zu allen irdischen Körpern, die nur zeitlich begrenzte geradlinige Bewegungen durchführen können, herrscht am Himmel die ewig unveränderliche vollkommenste aller Bewegungen: die Kreisbewegung. Jeder einzelne Stern an der Fixsternsphäre führt sie aus. Problematisch wird der Bewegungstyp nur bei Sonne, Mond und den fünf großen Planeten, die neben den Stillständen und Schleifen auch noch das Faktum der retrograden Bewegung aufweisen. Dazu hatten schon Eudoxos und Kallippos Überlegungen angestellt, allerdings war ihr System von ineinanderliegenden konzentrischen Kugelschalen, die um verschiedene Drehachsen rotierten, noch so weit mit offensichtlichen Fehlern behaftet, daß Aristoteles an eine Verbesserung dieser ursprünglich auf Plato zurückgehenden Theorie schreiten konnte, die er im 12. Buch seiner *Metaphysik* erläuterte.

---

[3] Willy Hartner, Ptolemäische Astronomie im Islam und zur Zeit des Regiomontanus, in: *Regiomontanus-Studien*, Hrsg. Günther Hamann, Wien 1980, 109.

Kurz nach seinem Tod griffen Apollonius — und später Hipparchos — die Idee wieder auf, es blieb aber Ptolemäus vorbehalten, diese Theorie zur Darstellung der Planetenbewegung dermaßen zu verfeinern, daß sie sich bis ins 16. Jahrhundert halten konnte.

In diesem ptolemäischen Weltbild, das im Almagest niedergeschrieben war, stellt die Erde das ruhende Bezugssystem dar. Das Hauptproblem dieses Systems ist nun bei einer gleichförmigen Bewegung der Fixsternsphäre von Osten nach Westen die langsamere Bewegung der sieben „Planeten" in die Gegenrichtung in der oder nahe der Ekliptik darzustellen und zu berücksichtigen, daß diese Planetenbewegung nun keineswegs mehr gleichförmig ist, sondern daß die Winkelgeschwindigkeit von der Position des Planeten entlang seiner Bahn abhängt. Diese Geschwindigkeitsänderung wurde als „Anomalie" oder „anomalistische Bewegung" bezeichnet; sie kann entweder durch „Exzenter" oder „Epizykel" dargestellt werden.

Die einfachere der beiden interpolierenden Theorien, die die Realität der elliptischen Bahnbewegung aus philosophischen Gründen mit Hilfe einer gleichförmigen Kreisbahnbewegung und einem einzigen freien Parameter darstellt, ist die Theorie des „Exzenters" (siehe Abb. 1). Dazu wird ein auf einem Kreis mit gleichförmiger Winkelgeschwindigkeit ω_1 umlaufender Punkt P nicht mehr aus dem Mittelpunkt M des Kreises betrachtet, sondern von einem anderen Punkt O aus, der von M den Abstand OM = e, die sogenannte Exzentrizität, besitzt. Kinematisch bemerkenswert ist bei dieser geozentrischen Betrachtungsweise die Tatsache, daß einfach Gang- und Rastpolsystem[4] gegenüber der heutigen, heliozentrischen Betrachtungsweise vertauscht sind. Da dabei die gleichen Bahnkurven entstehen, erklärt sich daraus das historisch lange Festhalten an einer inkorrekten Anschauung.

Dieses einfache Exzentersystem genügt, um die scheinbare Bahn der Sonne darzustellen und ihre verschiedene Bahngeschwindigkeit in Erdnähe und Erdferne zu erklären.

Sehr viel leistungsfähiger als dieses Modell ist eine Approximationstheorie mit mehreren adjustierbaren Parametern. Der nächsteinfachste Fall ist eine Epizykeltheorie, die gleichförmige Kreisbewegungen geeignet aufeinander aufsetzt. Zunächst betrachtet man aus dem Mittelpunkt A eines Kreises k einen Punkt C, der auf dem Deferenten k mit gleichförmiger Winkelgeschwindigkeit ω_1 umläuft. Dieser Punkt C wird seinerseits zum Mittelpunkt eines Kreises ep erklärt, auf dem wie-

---

[4] WALTER WUNDERLICH, Ebene Kinematik, Mannheim 1970.

derum ein Punkt P mit konstanter Winkelgeschwindigkeit ω_2 umläuft.
Seit L. Euler ist bekannt, daß auf diese Weise Radlinien entstehen, mit
denen ein relativ großer Formenreichtum von Kurven befriedigend
approximiert werden kann. Scheinbar ist diese Epizykeltheorie abge-
setzt von der einfacheren Exzentertheorie zu sehen. In jenem Spezialfall, in dem postuliert wird, daß die 2. Winkelgeschwindigkeit ω_2 gegenüber dem Zeiger, der mit ω_1 umläuft, gleich groß und entgegengesetzt
gerichtet ist (also von einem Inertialsystem aus gemessen ist $\omega_2 = 0$),
bietet sich sofort eine Brücke zwischen den beiden Theorien an. Es kann
leicht überlegt werden, daß in diesem Fall die für die Sonne resultieren-
de Bahnkurve ein Kreis ist, der aus A exzentrisch gesehen wird. Die beiden Theorien sind also in diesem Falle äquivalent, und die Ergänzung
zum Parallelogramm in Abbildung 2 weist auf die zweifache Erzeugung
einer Radlinie nach Euler hin und führt für diesen Spezialfall die 2. Abbildung in die 1. Abbildung über. Ptolemäus war es durch diese bemer-
kenswerten Überlegungen gelungen, die exzentrische Stellung der Erde
in diesem geozentrisch-kinematischen Weltbild in bezug auf den Frühlingspunkt festzulegen.

Noch komplizierter in der Darstellung ist die Bewegung des Mondes, für den bereits drei Bezugskreise benötigt werden. Der Deferent d
besitzt nicht mehr unmittelbar E als Mittelpunkt. Hingegen läuft der
Mittelpunkt D des Deferenten mit gleichförmiger Winkelgeschwindigkeit längs eines Kreises s um E um. Am Deferenten d läuft A mit gleichförmiger Winkelgeschwindigkeit um und dient als Mittelpunkt des Epizykels ep, auf dem sich – wieder mit gleichförmiger Winkelgeschwindigkeit – der Himmelskörper P bewegt. Somit wird P (siehe Abbildung
3) von E aus beobachtet. Jene Stellung, in der sich die beiden Zeiger-
arme DA und AP in maximaler Erstreckung befinden (eingezeichnet
durch die Lage D_1, A_1, P_1), heißt in mittelalterlicher Terminologie *wahre
Aux*. In der heutigen Terminologie wird die scheinbare Bahn eines Him-
melskörpers so als Radlinie 2. Stufe nach W. Wunderlich[5] dargestellt.

Was nun hier schematisch – und nicht mit allen Verbesserungen –
beim Mond abgehandelt wurde, gilt mit Erweiterungen auch für die
Darstellung von Planetenbahnen. Kennt man nun die Anfangslage
eines „Planeten" P zu einer bestimmten Epoche sowie den Ort von D
und A, ebenso wie die Lineargeschwindigkeiten v_0 und v_1, mit denen

---

[5] Walter Wunderlich, Höhere Radlinien. *Österr. Ingenieur Archiv* 1
(1946).

sich D und der betrachtete Planet auf den ihnen zugehörigen Kreisen bewegen, so läßt sich ein gewünschter Planetenort durch eine einfache Addition festlegen. Die Lagen von D, A und P hatte man für das Jahr +1 erschlossen und mit dem Begriff *Radix* bezeichnet. Die weiteren zyklischen Interpolationswerte der Positionen lassen sich danach in Tafelform zusammenstellen, und dermaßen entstehen die Planetentafeln.

Johannes von Gmunden hat nun sein Tafelwerk zum Teil aus jenem des Johannes Muris, des Johannes Linerius und aus jenem des Königs Alfons zusammengestellt, nachdem er sich in die *Theorica planetarum* des Campanus von Novara (geschrieben um 1259) eingearbeitet hatte. Er erscheint aber doch etwas zu bescheiden, wenn er nur auf seine Literaturquellen verweist, denn bei seiner Arbeit handelt es sich nicht bloß um eine einfache Umrechnung auf den Meridian von Wien. Sowohl die Anordnung wie auch der Aufbau der Teiltabellen sind wesentlich handlicher, als das bei den toledanischen Tafeln der Fall ist. Grundsätzlich war es damals auch nicht einfach, die Längendifferenz Toledo − Wien zu bestimmen, dazu mußte er sich eine Finsternis streng nach den Regeln des Ptolemäus berechnen − und das war schon ein umfangreicheres Unterfangen.

Aus den angeführten Tabellen, die bis zum Jahr 8000 n. Chr. reichen, konnten somit die Planetenpositionen durch Addition erhalten werden, wenn man die angegebenen Werte modulo 360° betrachtete, da es sich dabei um streng zyklische Phänomene handelt. Johannes von Gmunden war von der Richtigkeit und Genauigkeit seiner Tabellen dermaßen überzeugt, daß er schlicht meinte, man könne sie ewig verwenden. Wie schon R. KLUG[6] zeigen konnte, hatte er auch neben den schwierigen Planetenepizykeln, die ein Maximum an Komplexität der Darstellung bei Merkur erreichen, noch weitere Zusätze berücksichtigt. So verlaufen bei Merkur etwa die Radlinien nicht mehr in einer Ebene, sondern um Abweichungen der ekliptikalen Breite darstellen zu können, sind Epizykel und Deferent in gegeneinander geneigte Ebenen eingebettet. Zusätzlich berücksichtigte er Tabit Ibn Corras Lehre der Trepidation. Sie drückt ein Vorrücken der Längenkoordinate des Frühlingspunktes aus, stellt aber wegen ihrer Schwankung eine falsch gedeutete Auswirkung der Präzession dar. Für Finsternisberechnungen sind auch Tabellen beigegeben, die wir heute als Parallaxentafeln

---

[6] RUDOLF KLUG, *Johannes von Gmunden, der Begründer der Himmelskunde auf deutschem Boden*. Sitzungsber. d. Österr. Akademie d. Wiss., phil.-hist. Kl. 222, 4. Abh., Wien 1943.

bezeichnen würden. Zusätzlich enthalten diese *tabulae astronomicae* auch noch Koordinatenverzeichnisse von 19–75 Städten (je nach der vorhandenen Manuskriptversion), allerdings des öfteren mit sehr irrigen geographischen Längenangaben. Sosehr uns Johannes von Gmunden in erster Linie als Kompilator des Wissens seiner Zeit und eher als Theoretiker entgegentritt, muß man aus einer Randnotiz des Tabellenwerkes 2332, in dem eine Liste von 75 Breitenangaben von Städten (manchmal auch nach der längsten Tagesdauer den sieben antiken Klimazonen entsprechend) angeführt ist, in der Handschrift des oberösterreichischen Gelehrten: *Wyenna* un *(bene) examinata 48°24′ (lat) newburga 48°30′*, wohl auch auf eine Beobachtungstätigkeit dieses Astronomen schließen. Da nun der Stephansturm in Wien eine geographische Breite von 48°13′ aufweist und der Gmundener seine Breitenbestimmung vermutlich vom Turm des Collegium Ducale durchgeführt hat, so ist der Wert, der mit einem eher einfachen Beobachtungsgerät – vielleicht einem parallaktischen Lineal – erhalten wurde, durchaus innerhalb der Meßgenauigkeit damaliger Beobachter. Auch muß er imstande gewesen sein, praktische Kenntnisse an seine Studenten zu vermitteln, da z. B. Georg Pruner (aus Rußbach) explizit in der Matrikel als tüchtiger Beobachter angeführt wird. Andererseits sind aber auch die Beziehungen unseres Gelehrten nach Klosterneuburg gut bekannt, da er mit dem Propst des Stiftes, Georg Muestinger, auch über dessen astronomische Interessen hinaus, gut befreundet war.

Diese 1. Version der *tabulae astronomicae* war nun 1419 in ihrer Bearbeitung und Kommentierung so weit vorangeschritten, daß er um die *licentia pronunciandi* (also um die Genehmigung zur Veröffentlichung seiner Arbeit, die er einem Baccalaureus zur Vervielfältigung diktieren konnte, selbst aber die Verpflichtung übernahm, enthaltene Fehler zu korrigieren) bei der Fakultät ansuchte.

Da er 1423 nochmals zum Dekan der Artistenfakultät gewählt wurde und in der Folge zahlreiche zeitaufwendige Ehrenämter annahm, trat damit seine rein wissenschaftliche Tätigkeit etwas zurück.

In die dritte ausgeprägte Periode seines Lebens (1425–1431) trat er ein, als er 1425 zum Domherrn von St. Stephan in Wien ernannt wurde. Im Vorlesungsverzeichnis sehen wir ihn nur mehr 1425 mit einer Veranstaltung über die *Sphaera materialis* von Sacrobosco aufscheinen (das ist wohl eine Grundlagenvorlesung über sphärische Astronomie gewesen), dann zog er sich weitgehend zu einer umfangreichen astronomischen Publikationstätigkeit zurück, was aber sicherlich nicht bedeutet, daß er keinerlei Studenten mehr angeleitet hätte. Es entstanden weite-

re Auflagen der *tabulae astronomicae,* die im Tabellenteil noch umfang-
reicher ausgebaut erscheinen, und die in der 2.–5. Auflage des Werkes
aufscheinenden Zeichnungen (von der 1. Auflage ist keine Kopie mehr
erhalten) sind sehr sauber ausgeführt und verraten die Perfektion des
mit der Materie wohlvertrauten Fachmannes. Diese Werke sind oft gelesen worden, insbesondere die sehr abgenützte Handschrift Hs 5268
(jetzt in der Österreichischen Nationalbibliothek), trägt zahlreiche
Randbemerkungen, vor allem in der Handschrift des Johannes Regiomontanus (siehe ZINNER[7]), der fachliche Fehler kühl am Rand mit der
Bemerkung: *non valet (stimmt nicht)* versieht. So auch etwa in dem Fall,
in dem Johannes von Gmunden die Umrechnung der ekliptikalen Breite
eines Planeten in die Deklinationskoordinate (Hs 5268, 66 r) dermaßen
angibt, daß die Breite einfach zur Deklination zu addieren sei. Regiomontan stellt folgerichtig fest, daß das Vorgehen inkorrekt sei, da die
Deklinationskoordinate und die Breitenkoordinate längs ganz verschiedener Großkreise gemessen werden, deren Grundebenen um die Schiefe
der Ekliptik ε gegeneinander geneigt seien. Man kann die Überlegung
nach Abbildung 4 leicht nachvollziehen.

Sei S ein Stern, in dessen astronomischem Ort sich eine strichlierte
und eine strichpunktierte Linie schneiden. Die strichpunktierte Linie
stellt den Verlauf jenes Großkreises dar, der vom Himmelsnordpol P_N
verlaufend durch den Ort des Sternes S im Fußpunkt F normal am Himmelsäquator aufsetzt. Der Großkreisbogen SF stellt die Deklinationskoordinate für den betrachteten Stern S dar. Die strichlierte Linie verläuft vom Ekliptikpol P_E durch den Stern S und trifft die Ekliptik im
Punkt G. Die Koordinate der ekliptikalen Breite β wird durch das Groß-
kreisstück SG dargestellt. Es ist ersichtlich, daß daher im allgemeinen
keine lineare Beziehung zwischen δ und β besteht. Es kann jedoch gezeigt werden, daß es zwei Ausnahmefälle gibt, wo etwas Derartiges dennoch gilt. Dazu muß man jenen Großkreis betrachten, der sowohl durch
P_E als auch P_N verläuft. Er trifft die Ekliptik in der ekliptikalen Länge
$\lambda = 90°$ und den Himmelsäquator in der Rektaszension R.A. = 6^h
(wobei $1^h = 15°$). Für einen Stern S_1 mit diesen Längenkoordinaten
gilt:

$$\delta_1 = \beta_1 + \varepsilon \tag{1}$$

wobei ε die Schiefe der Ekliptik ist.

---

[7] ERNST ZINNER, *Leben und Wirken des Johannes Müller von Königsberg,*
2. Aufl., Osnabrück 1968, 59.

Verlängert man den Großkreis, der P_E mit P_N verbindet, in die Gegenrichtung und betrachtet einen auf ihm liegenden Stern S_2 mit der R.A. =
18^h bzw. der Länge $\lambda = 270°$, dann gilt entsprechend der Abb. 4:

$$\delta_2 = \beta_2 - \varepsilon \ . \tag{2}$$

Regiomontanus' Behauptung ist also absolut richtig, daß verschiedene
Großkreise durch den Stern S verlaufen. Heute kann der Zusammenhang über den sphärischen Seitencosinus-Satz

$$\sin \delta = \sin \beta \cos \varepsilon + \cos \beta \sin \varepsilon \cos \lambda \tag{3}$$

erhalten werden, den aber Johannes von Gmunden in dieser Form nicht
kannte. Jedoch muß zur Ehrenrettung des oberösterreichischen Gelehr-
ten gesagt werden, daß die beiden Sonderfälle für $\lambda = 90°$ bzw. $\lambda = 270°$,
die einen linearen Zusammenhang gestatten, in der Formel (3) enthal-
ten sind.

Aus der intensiven Beschäftigung im Zuge der Vorbereitungsarbei-
ten für die *tabulae astronomicae* entwickelte sich bei Johannes von
Gmunden die Tendenz, Scheibeninstrumente zu konstruieren, die, in
heutige Terminologie übersetzt, den Analogrechnern der Gegenwart
entsprechen — allerdings mit geringer Genauigkeit. Die Idee zur Erstellung derartiger Rechenhilfsmittel war keineswegs neu — so findet man
auch in Gerhard von Sabbionetas *theoricae planetarum* (Hs 5266, 226 r
Österr. Nationalbibliothek Wien) bereits ein derartiges Scheibeninstru-
ment aus Papier. Bei diesem Text handelte es sich um die Grundlage für
die erste Vorlesung des Johannes von Gmunden, die dieser überhaupt
zu halten hatte. Auch scheint seine Neigung, Instrumente herzustellen,
in diesem Lebensabschnitt sehr ausgeprägt gewesen zu sein. So erstellte er in verbesserter Form ein „Albyon" (Hs 2332 Wien), das seinen Namen von dem Englischen *All by one* herleitet und um 1326 von Richard
von Walingford, dem Abt von St. Alban in Oxford, erfunden worden sein
soll. Sämtliche Planetenbewegungen sind nach der durch Albategnius
und Arzachel verbesserten ptolemäischen Theorie auf der Grundlage
der Alfonsinischen Tafeln in ein einziges Scheibengerät zusammengefaßt worden. Darunter hat die Übersichtlichkeit des Verständnisses
sehr gelitten. Insgesamt besteht das Gerät nämlich nur aus zwei Kreis-
scheiben: einer größeren Trägerscheibe und einer kleineren, die um den
Mittelpunkt der großen drehbar ist. Die Trägerscheibe weist beidseitige
Teilungen auf. Von einer 360grädigen Teilung am Rand der Vordersei-
te folgen nach innen zu die Deferenten der als Planeten bezeichneten
Mitglieder des damals bekannten Sonnensystems entsprechend ihrem
Abstand vom Erdmittelpunkt im geozentrischen Weltsystem. Im Zentrum ist ein feiner Faden befestigt, der als Zeiger benützt werden kann,

mit dessen Hilfe man von jedem Punkt eines Deferenten den Abstand zum Frühlingspunkt (jeweils geozentrisch betrachtet) finden kann. Auf der Hinterseite sind Umrechnungstafeln durch die entsprechenden Scheibeneinstellungen ersetzbar angeordnet, sodaß außer einer 366-tägigen Teilung (der ganzzahligen Maximallänge des Jahres entsprechend) auch Funktionswerte ablesbar sind, die etwa die Umrechnung von Sonnenlängen in Deklinationen gestatten. Zum Zweck der Finsternisberechnungen ist auch die Bewegung des Mondbahnknotens (mit der arabischen Bezeichnung: Ienzaar) angeführt. Mit 29,5 Tagen Abstand ist auf der kleinen Scheibe der Syzygienpunkt einstellbar, sodaß bei einer einmaligen Einstellung auf eine bestimmte Mondphase (etwa Vollmond) alle mittleren (zyklischen) Vollmonde eines betrachteten Jahres abgelesen werden können. Zusätzlich ist in stereographischer Projektion ein Gradnetz der Himmelsmeridiane (in Analogie zur Einteilung eines Astrolabiums) auf einer durchsichtigen Pergamentscheibe eingezeichnet, auf der auch der Äquator, die beiden Wendekreise und die Ekliptik eingetragen sind. Auch der mathematische Horizont und die Almukantarate (Linien gleicher Höhe) sind für einen bestimmten Beobachtungsort markiert. Bei der Fülle der dichtgepackten Information handelt es sich sicherlich nicht um ein leicht zu handhabendes Gerät. Jedoch gibt Johannes von Gmunden 30 verschiedene Anwendungsmöglichkeiten äußerst detailliert an — was weit über die teilweise fehlerhafte Beschreibung des Richard von Walingford hinausgeht.

In derselben Handschrift (Hs 2332, 190 ff.) wird von ihm noch ein weiteres derartiges Papierscheibeninstrument beschrieben. Er nennt es *Instrumentum solempne* und schreibt, daß es jenem des Campanus von Novara[8] — wahrscheinlich aus seiner *Theorica planetarum* — nachgebildet sei, jedoch sind die Gmundenschen Versionen wesentlich größer und sorgfältiger konzipiert, was eine höhere Ablesegenauigkeit gestattet: Es handelt sich dabei um eines jener seinerseits bis in Apians Zeiten (1540) so oft kopierten Geräte, mit deren Hilfe man die Epizykeltheorie darstellen konnte, wobei allerdings die numerische Berechnung der Planetenpositionen vereinfachend verlief — und dabei eine Genauigkeit von 1° (für die ekliptikale Länge) eher selten erreicht wurde. Derartige Scheibeninstrumente waren deshalb so populär, weil sie alle jene, die den Tabellengebrauch verabscheuten oder denen er zu kompliziert war, in die Lage versetzten, in einfacher Weise brauchbare Planetenpositio-

---

[8] F. S. BENJAMIN JR, G. J. TOOMER, *Campanus of Novara and Medieval Planetary Theory*, Madison 1971.

nen zu finden. Betrachtet man etwa die Bahndarstellung des Merkur
(Hs 2332, 179r), von der Klug[9] eine schöne Beschreibung gibt, so er-
sieht man, daß auf der Trägerscheibe die Einteilung der Tierkreiszeichen der Ekliptik in Sektionen zu je 6° vorgenommen wurde. Der auf
der beweglichen Trägerscheibe aufsitzende Zentralkreis zeigt die 12
Monatseinteilungen, jeweils mit 10-, 20- und 30-Tages-Markierungen.
Auch die zusätzliche exzentrisch auf der Deckscheibe aufsitzende kleine
Scheibe (= der Epizykel) läßt sich entsprechend dem jeweils gesuchten
Datum einstellen. Durch das Spannen von Fäden (die im Fall von Merkur leider nach 1943 verlorengegangen sind, bei anderen Planetenbah-
nenschaubildern aber 500 Jahre überdauert haben) vom Erdmittelpunkt aus kann bei Kenntnis der Lage des Mittelpunkts des Epizykels
und des Winkelabstandes von der *Aux* (= erdfernster Punkt am Epizykel) unmittelbar die ekliptikale Länge des Planeten (im Tierkreis) abgelesen werden.

Betrachtet man die Beschriftung der einzelnen Scheiben, so fällt
auf, daß sie besonders fein in roter, schwarzer und blauer Farbe ausgeführt ist. Im Schlußwort kann man erkennen, wie erfreut Johannes von
Gmunden über das Gelingen des Gerätes gewesen ist, dessen Fertigstellung er an St. Dionysius Tag des Jahres 1429 vermeldet.

Bei Durchsicht der einzelnen Handschriften der Österreichischen
Nationalbibliothek ist nun im Zusammenhang mit Scheibeninstrumen-
ten dem Autor der vorliegenden Arbeit in Hs 5268, fol. 48 v, die Zeichnung eines Gerätes aufgefallen, dessen Kenntnis bei Johannes von
Gmunden in der Fachliteratur bisher nicht angeführt ist. Die Zeichnung
(siehe Abbildung 5) in der sehr zerlesenen und mit Wasserflecken verse-
henen Originalhandschrift des Gmundeners ist etwas unbeholfen ausgeführt, doch scheint es sich dabei um die Zahnradübersetzung eines
mechanischen Äquatoriums mit mehreren Zahnkränzen zu handeln, wie
sie manchmal auch bei „Getriebe-Astrolabien" zu finden ist und zumeist
die Bewegung von Sonne und Mond darzustellen gestattet. Die erste
Information über derartige Instrumente wurde nach King[10] in einem
erst 1913 übersetzen Manuskript von al-Biruni aufgefunden, wobei
durchaus eine Querverbindung auch zu antiken Geräten dieser Bauart
besteht, wenn man an die Funktionsweise der 1901 aufgefundenen
Maschine von Antikythera denkt, die in ihrem vollen Umfang 1974 von

---

[9] Klug: Abgebildet auf der auf Seite 44 folgenden Photographie, noch
mit Fäden bestückt.
[10] Henry King and John Millburn, *Geared to the Stars*. Bristol 1978.

PRICE[11] gedeutet werden konnte. Bei derartigen „Getriebe-Astrolabien" handelt es sich wohl um die Vorläufer von Planetenuhrwerken. Auch hier scheint eine Verbindung zu Richard von Walingford (ca. 1292– 1336) zu bestehen, der sich mit dem Bau eines derartigen *horlogium* beschäftigt hatte und deswegen von König Edward III. sogar gerügt worden war. Er konnte das Monumentalgerät zu seinen Lebzeiten nicht mehr vollenden[12]. Auch das Astrarium des Giovanni de' Dondi, das in Padua zwischen 1348 und 1364 geschaffen wurde, muß in diesem Zusammenhang gesehen werden[13], wobei aber der mechanische Apparat des Johannes von Gmunden eindeutig einfacher konzipiert ist und eher jenem französischen, um 1300 gefertigten „Getriebe-Astrolabium" entspricht, um dessen Rekonstruktion sich NORTH[14] verdient gemacht hat. Dieses Objekt befindet sich derzeit im Science Museum in London. Interessant erscheint, daß ein ähnliches Gerät im deutschsprachigen Bereich von Abt Engelhard II. († 1435)[15] aus dem Benediktinerordens- kloster von Reichenbach angefertigt wurde, welches später in einem Manuskript von Reinhard Gensfelder beschrieben wurde, als dieser sich in Reichenbach aufhielt. Ver- mutlich handelt es sich dabei um denselben Meister Reinhard von Kloster-Reichenbach, der auch in Klosterneuburg gearbeitet hatte[16].

Wendet man sich nach dieser Spezialentwicklung wieder den nor- malen Astrolabien zu, so findet sich in Hs 5415 eine umfangreiche Anlei- tung des Johannes von Gmunden zur Konstruktion jenes astronomi- schen Standardgerätes schlechthin. Astrolabien sind Meßgeräte, die zur Zeitbestimmung, zur Bestimmung von Gestirnshöhen sowie im ter- restrischen Bereich zur Winkelmessung bei der Entfernungs- und Hö- henmessung von nicht direkt zugänglichen Objekten ihre Verwendung fanden. Im astronomischen Bereich handelt es sich dabei um eine ste- reographische Projektion des Sternenhimmels auf eine Ebene. Die ste- reographische Abbildung hat die Eigenschaft der Winkeltreue, damit

---

[11] DEREK J. DE SOLLA PRICE, Gears from the Greeks, The Antikythera Mechanism — A Calendar Computer from ca 80 B.C. *Transactions of the American Philosophical Society,* New. Ser. 64, pt. 7 (1974) 5–70.

[12] KING, MILLBURN, a. O. 42.

[13] G. BAILLIE, H. LLOYD and F. WARD, The Planetarium of Giovanni de' Dondi; *The Antiquarian Horological Society,* (London) 1974.

[14] J. D. NORTH, Opus quorundam rotarum mirabilium, *Physis* 8 (1966), 337–371.

[15] KING, MILLBURN[10], 20.

[16] VOGEL[1], 120.

wird ein Kreis (aus der Definition, daß ein Kreis eine Orthogonaltrajek-
torie seiner Radien ist) wieder in einen Kreis abgebildet, wobei allerdings sein Mittelpunkt nicht in den Mittelpunkt des Abbildungskreises
übergeht. Da es sich bei Johannes von Gmundens Anweisungen um ein
Astrolabium der Nordhemisphäre handelt, ist der Südpol Projektions-
zentrum. Projiziert wird auf eine Ebene, die parallel zur Tangential-
ebene im Nordpol durch den Himmelsäquator verläuft. Wie bei allen derartigen Himmelsabbildungen wird angenommen, daß der Beobachter
die Himmelskugel von außen sieht, was gegenüber dem vertrauten
Anblick der nächtlichen Sternbilder zu einem spiegelverkehrten Bild
führt. Zusätzlich hängt der Anblick der Hemisphäre von der geographischen Breite des Beobachtungsortes ab. Gute Astrolabien verfügten
daher über zahlreiche verschiedene Einlagescheiben. Da auch Astrolabien, wie alle Scheibeninstrumente, Analogrechner darstellen, gestatten die geätzten Nomogramme die Umrechnung der verschiedenen
astronomischen Koordinatensysteme ineinander und die schnelle
Lösung d e r klassischen Grundaufgabe der sphärischen Astronomie,
der Bestimmung einzelner Größen des Pol-Zenit-Gestirn-Dreiecks. Bei
den Koordinatensystemen handelt es sich einerseits um das natürliche
Beobachtungssystem astronomischer Objekte, das durch die Koordinaten Azimut und Höhe gekennzeichnet ist und als Grundebene den
mathematischen Horizont des Beobachtungsortes aufweist. Zenit und
Nadir haben jeweils einen Abstandsbetrag von 90° von dieser Grundebene. Eine derartige Scheibe eines Astrolabs (*tympanon* genannt)
weist nun nicht nur ein Netz von Azimutlinien und Linien gleicher Höhe
auf (letztere heißen bei Johannes von Gmunden *lineae horariae*, weil der
Durchgang bestimmter Sterne durch die Höhenkreise Zeitmarken angibt), sondern zeigt auch die Lage des Himmelsäquators und der beiden
Wendekreise an[17]. Darüber ist eine Rete drehbar angebracht, die zahlreiche Positionen heller Sterne entsprechend ihrer Deklination angibt.
Die Rete kann ein kunstvoll geschmiedetes Spitzengebilde sein[18] oder
eine transparente Pergamentfolie, mit deren Hilfe die Auf- und Unter-
gangszeiten der Sterne in Verbindung mit der Horizontlinie angegeben
werden können. Im wesentlichen hat man bei diesem Gerät den Vorläufer von drehbaren Sternkarten vor sich.

---

[17] National Maritime Museum: The Planispheric Astrolabe, Dept. of Navi-
gation and Astronomy, Greenwich 1979.

[18] Robert Gunther, *The Astrolabes of the World*, 2 Volumes, London
1976.

Bei Johannes von Gmunden findet sich auch die auf al-Zarkali (im 11. Jahrhundert) zurückgehende Saphea — deren Linien ebenfalls durch stereographische Projektion aus dem Frühlingspunkt auf die Ebene des Colurs der Solstitien erzeugt werden. Als Pole treten dabei die Schnittpunkte des Äquators mit der Ekliptik auf (♈- und ♎- Punkt). Die (ekliptikalen) Breitenkreise sind dabei ebenso wie die Meridiane Teile von Kreisbögen. Dem Datum entsprechend kann die Länge der Sonne in der Ekliptik eingestellt und mit einer einzigen Einlagescheibe, unabhängig von der geographischen Breite des Beobachtungsortes, die entsprechende Deklination und Rektaszension direkt entnommen werden. In den Abhandlungen des Johannes von Gmunden scheinen 30 Grundaufgaben der Astrolabienanwendung auf. Auf der Rückseite des Geräts findet sich neben einem Kalender auch ein exzentrischer Kreis, der es gestattet, die Lage der Sonne in der Ekliptik, also ihre Länge, anzugeben: Außerdem sind noch die beiden Skalen des Schattenquadrates *umbra versa* und *umbra recta* zu finden. Mit ihrer Hilfe können Höhen- und Entfernungsmessungen durchgeführt werden. Geometrisch basiert das dabei angewandte Verfahren auf der Umsetzung einer Tagesskala zwischen 0° − 45°. Wie schon Firneis[19] beschrieben hat, wird im ersten Meßschritt ein Objekt von einem solcherart gewählten Meßpunkt aus anvisiert, daß die Alhidade (d. i. die bewegliche Visur der Astrolabrückseite) waagrecht zu liegen kommt. Genau horizontal über diesem Meßpunkt wird eine bekannte Höhe H (z. B. die Körperhöhe oder die Augenhöhe des Beobachters) aufgetragen. Sodann wird der vorher anvisierte Meßpunkt, dessen Entfernung unbekannt ist, nochmals anvisiert. Die Entfernung kann danach durch Anwendung e i n e r Multiplikation und e i n e r Division bestimmt werden. Zwei Fälle sind zu unterscheiden, je nachdem welche der beiden Schattenskalen verwendet wird.

Im Falle der vertikalen Schattenskala (= *umbra recta*) errechnet sich die Entfernung E mittels

$$E = \frac{H \times \text{Ablesungswert bei } 45° \text{ Tiefenwinkel}}{\text{Ablesung am Schattenquadrat}}, \tag{4}$$

der analoge Fall gilt für die horizontale Schattenskala (= *umbra versa*)

$$E = \frac{H \times \text{Ablesung am Schattenquadrat}}{\text{Ablesungswert bei } 45° \text{ Tiefenwinkel}}. \tag{5}$$

H wird jeweils in Einheiten des Entfernungsmaßes angegeben.

---

[19] Maria G. Firneis, Astronomie im Zeitalter der Kuenringer, Katalog der NÖ. Landesausstellung: Die Kuenringer, Wien 1981, 667.

Der Sternkatalog, der bei einem der Astrolabmanuskripte eingearbeitet war, gestattet in seiner 1. Version eine Datierung des Astrolabien-Textes auf das Jahr 1424.

In drei verschiedenen Versionen ist ein weiteres Instrument beschrieben, dessen Gebrauch und Anwendung uns Johannes von Gmunden in einer weiteren umfangreichen Arbeit hinterlassen hat: Es handelt sich um den astronomischen Quadranten. Dieses Instrument stellt eine vereinfachte Ausführung eines Astrolabiums dar: von einem Vollkreis wird nur ein Viertel verwendet. Johannes von Gmunden hat eine sehr sorgfältig durchdachte, reichlich bebilderte Arbeit für seine Hörer zum Gebrauch dieses Instruments für geodätische Zwecke zusammengestellt (etwa Österreichische Nationalbibliothek, Hs 5151), darüber hinaus scheint er aber der erste gewesen zu sein, der den Quadranten unmittelbar zur Zeitbestimmung eingesetzt hat. Er gibt nämlich ein Nomogramm an, das den Zusammenhang zwischen dem Höhenwinkel h der Sonne, die anvisiert wird, und deren Stundenwinkel t (der Beobachtungszeit) darstellt. Strenggenommen hätte er dazu bereits die Formel[20]

$$\frac{\sin h}{\sin H} = \frac{\sin \text{vers } b - \sin \text{vers } t}{\sin \text{vers } b} \qquad (6)$$

(mit H . . . Meridianhöhe der Sonne und b . . . ist der halbe Tagbogen), kennen müssen, deren Lösung aber erst Peuerbach 1455 zugeschrieben wird. In seiner Arbeit sind die Tierkreiszeichen so dem Datum zugeordnet, daß der radialen Skala des Polarkoordinatensystems die jeweilige Sonnendeklination entspricht. So muß zur Zeit der Wintersonnenwende ($\delta = -23{,}5°$) der kleinste der markierten konzentrischen Kreise verwendet werden. Hat man durch ein herabhängendes Lot längs der Absehlinie zusätzlich die Sonnenhöhe bestimmt, so liegt im Schnittpunkt von jenem konzentrischen Kreis, der dem Datum zuzuordnen ist, mit dem Lot, jene Scharkurve, deren Beschriftung die wahre Ortszeit angibt. Wenn durch diesen Schnittpunkt keine Kurve hindurchläuft ist entsprechend zu interpolieren. Dabei fällt bei KLUG[21], der eine Ansicht der Markierungen eines Quadranten darstellt, folgendes Detail auf: Sieht man sich die Skala der Sonnendeklinationen genau an, so ist sie von Tierkreiszeichen zu Tierkreiszeichen gleichabständig angegeben, mit Ausnahme der Werte vom 23. XII. und 21. VI., deren Werte knapper an den anderen Linien liegen. Nun ist bekannt, daß sich die Sonnen-

---

[20] VOGEL[1], 118.
[21] KLUG[6], 51, Abb. 4.

deklination als Funktion der Zeit in 1. Näherung entlang einer Sinus-Kurve bewegt. Gleichabständige Markierungen der Abszisse werden auf die Ordinate abgebildet. Da die Deklinationsskalen gleichabständig markiert sind, bedeutet das, daß die Sinus-Funktion an ihren Nullstellen, die gleichzeitig Wendepunkte sind, durch die Wendetangenten ersetzt und nur in den beiden Extremwerten abgerundet wurde. Es handelt sich also um eine Sägezahnfunktion mit abgerundeten Zähnen, wobei diese Zähne als Parabelbögen gedacht werden können. Nachdem nur 14 Punkte vorgegeben sind, mag die Deutung über die stetige Ergänzung der Kurve dazwischen zunächst etwas willkürlich erscheinen, sie hat aber den Vorteil, besonders glatt zu sein.

Derartige nichtlineare Verzerrungen macht man sich auch heute gerne in der Statistik zunutze. Die sigmoide Kurve der Verteilungsfunktion der Gaußverteilung wird im Wahrscheinlichkeitspapier zu einer Geraden gestreckt. Die vorliegende Aussage für den Quadranten bedeutet, daß die Kurvenschar der Linien konstanter Zeit im äußersten und innersten Abschnitt einen Knick im Krümmungsverhalten, nicht aber in der Tangente aufweisen müssen.

Daß die intensiven Studien des *quadrante horario* auch den kaiserlichen Hof unmittelbar beeinflußten, zeigt der kleine Sonnenquadrant Kaiser Friedrichs III. besonders deutlich (Kunsthist. Museum Wien, Sammlung für Plastik u. Kunst), der die Entstehungsjahreszahl 1438 und das erste Vorkommen der kaiserlichen Devise AEIOU aufweist, wenn man die zweite Seite des Quadranten betrachtet. Vergleicht man hiezu die Handschrift der Österr. Nationalbibliothek Hs 5418, die eine Abschrift aus dem Jahr 1434 ist, mit dem nur 9 × 9 cm großen Elfenbeingerät des Kaisers, so sieht man innerhalb des Tier- und Jahreskreises die der Handschrift entsprechenden 28 Mondhäuser. Zwei darüberliegende Scheiben, die mit Zeigern versehen sind, gestatten es, die ekliptikale Länge der Sonne und die Mondphase (bzw. den astrologischen Aspekt des Mondes) zu finden. Da die Ähnlichkeit des Objektes mit der Handschrift so augenfällig ist, scheint es wahrscheinlich, daß Johannes von Gmunden die Ausführung des Gerätes in der kaiserlichen Werkstatt beraten hat.

Was seine Schrift über das Torquetum betrifft, so handelt es sich dabei um eine reine Überarbeitung eines Manuskripts von Meister Franco de Polonia (Paris 1284), in der Johannes von Gmunden feststellt, daß man dieses *turketum* (Türkengerät) auch dazu verwenden könne, den Längenunterschied zweier Orte festzustellen. Bei einem derartigen Gerät ist die Äquatorplatte an der Grundplatte mit Scharnieren befestigt, damit sie um den zur geographische Breite des Aufstellungsortes komplementären Winkel geneigt werden kann. Die Ekliptikplatte wieder ist um 23,5° gegen die Äquatorebene geneigt und drehbar angeordnet. Über die Ekliptikplatte gleitet eine Peilvorrichtung für die Sonnenbeobachtung. Darüber erhebt sich eine Breitenkreisscheibe (ebenfalls mit Visur), womit ekliptikale Länge und Breite abgelesen werden können.

Ein weiteres Instrument, das Johannes von Gmunden in Wien einführte, war die Zylindersonnenuhr. Wohl ist ihr Ursprung unbekannt, es existiert aber bereits eine Beschreibung in einem Manuskript aus dem 13. Jahrhundert in Oxford. Unter Berücksichtigung der folgenden Größen der Sonne: H . . . Höhe eines Turmes; S . . . die von seinem Fußpunkt aus gemessene Schattenlänge, gilt:

$$\tan h = \frac{H}{S}, \quad H = S \cdot \tan h; \quad S = H \cdot \cot h. \tag{7}$$

Wird ein waagrecht hervorstehender Zeiger der Länge L gewählt, der seinen Schatten nun längs eines Zylinders hinunterwirft, so ist seine Schattenlänge S′

$$S' = L \cdot \tan h, \tag{8}$$

woraus man ersieht, daß die Ausdrücke *rechter Schatten* (ein Obelisk wirft einen solchen) den Cotangens bzw. *verkehrter Schatten* (der Zeiger einer Sonnenuhr wirft einen derartigen) den Tangens bezeichnen. Diese Funktionen waren aber zur Zeit des Johannes von Gmunden noch nicht gebräuchlich. Zusätzlich stellte im 15. Jahrhundert auch das Bruchrechnen eine Schwierigkeit dar, da Dezimalbrüche noch unbekannt waren. Sexagesimalbrüche, die schon die Babylonier bravourös gehandhabt hatten, fanden erst durch Johannes von Gmunden langsam ihre Verbreitung.

Er hat in *De minutiis physicis* dazu eine eigene Schrift verfaßt, die sich mit der Sechziger-Unterteilung befaßt, die man grundsätzlich nicht nur auf Stunden und Grade, sondern auf jede beliebige Maßeinheit anwenden kann. Allerdings verwarf er eine sechzigstel Unterteilung der Stunden in Sekunden[22], sodaß er als Grundeinheit nicht 1, sondern 12 (E = 12 e, also eine Unterteilung einer großen Einheit E in 12 Teile) wählte. Das führte zu einer recht geschickten Mischung zwischen Sexagesimal- und Dezimalsystem. Wenn nämlich eine Längeneinheit vorher mit 12 multipliziert und diese nachher zur Erlangung der *physischen Minutien* durch 60 zu dividieren ist, so gilt:

---

[22] FERRARI D'OCCHIEPPO, UIBLEIN[2], 40.

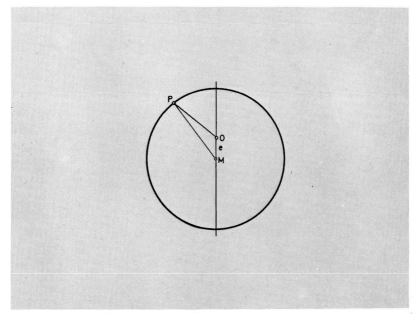

Abb. 1: Exzentertheorie der Planetenbewegung. Gleichförmiger Umlauf wird
von 0 aus exzentrisch betrachtet.

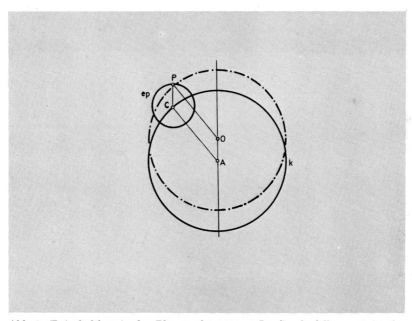

Abb. 2: Epizykeltheorie der Planetenbewegung. Im Sonderfall $\omega_2 = 0$ ist der
Epizykel ein aus A exzentrisch gesehener Kreis.

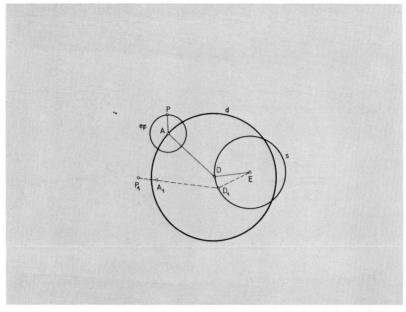

Abb. 3: Schematische Skizze der Mondbahnbewegung, die durch drei umlaufende Zeiger dargestellt wird.

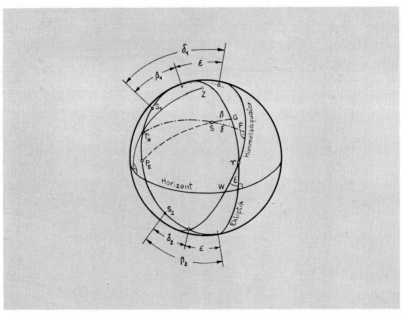

Abb. 4: Schematische Skizze zum Zusammenhang zwischen Deklination und ekliptikaler Breite.

Abb. 5: Hs. 5268, fol. 48 v stellt die Zeichnung eines „Getriebe-Astrolabiums"
dar.

$$\frac{12}{60} = \frac{1}{5} = \frac{2}{10} \cdot \qquad (9)$$

Es braucht also die kleine Einheit e nur mehr dezimal unterteilt zu werden, um zu einem sexagesimalen Wert der großen Einheit E zu gelangen.

$$\frac{E}{60} = \frac{12\,e}{60} = \frac{e}{5} = e \cdot \frac{2}{10} \cdot \qquad (10)$$

In diesen Einheiten lehrte er, wie man die vier Grundrechnungsarten, aber auch Quadrat- und Kubikwurzel auszuführen hat. Bei den beiden letzteren Rechenoperationen zog er zu den Sexagesimalbrüchen zusätzlich Dezimalbrüche heran, wenn es darum ging, die Genauigkeit über die Einheit des gegebenen Radikanden hinaus fortzusetzen (etwa die Bruchteile von Minuten bei einer Quadratwurzel aus Minuten zu erhalten). Beim Ziehen einer Quadratwurzel mußte der Radikand dazu in Einheiten gerader Ordnung umgeschrieben werden. Diese Mischtechnik ist verschieden vom Verfahren des Theon von Alexandrien, der das Wurzelziehen unmittelbar mit Operationen an Sexagesimalbrüchen durchführte.

So hat auch später seine Schule bei Georg von Peuerbach ihren Niederschlag gefunden. Während die griechische Trigonometrie Sehnentafeln zur Winkelrechnung verwendet hatte, also Tafeln für $2 \cdot r \cdot \sin \frac{\alpha}{2}$ erstellte, hatte die arabische mit Sinustafeln $r \cdot \sin \alpha$ den direkten Zugang zur trigonometrischen Rechnung gefunden, wobei in der Wahl von $r = 600\,000$ bei Peuerbach wohl in gewisser Weise noch die Mischdarstellung des Johannes von Gmunden weiterlebt.

In der Theorie dieser von Johannes von Gmunden als erstem in Wien populär gemachten Zylindersonnenuhr werden derartige Unterteilungen häufig benötigt. Ihre Handhabung aber ist denkbar einfach. Entsprechend dem Datum (was wiederum der Sonnendeklination bzw. der Position der Sonne im Tierkreis entspricht) wird der Zeigerstab so eingestellt, daß die Ebene durch den Zeiger (durch Zenit und Nadir festgelegt) auf die Sonne ausgerichtet wird, sodaß der Schatten lotrecht unter die eingestellte Marke fällt. Auf der Stundenkurve, deren Aussehen sich wohl in den verschiedenen Versionen des *tractatus cylindri* verändert hat, kann dann die wahre Sonnenzeit entsprechend der Sonnenhöhe abgelesen werden. Als Beispiel einer derartigen Uhr sei hier jene des Erzherzogs Maximilian II. von Steiermark angeführt (Wien, Kunsthistor. Museum, Sammlung f. Plastik u. Kunstgewerbe, Inv. Nr. 7195, aus dem Jahr 1548), die zwar einen geneigten Zeigerstab aufweist (was

zulässig ist, da es nur auf den Normalabstand der Zeigerspitze vom
Zylindermantel ankommt), die im Prinzip aber auf die Arbeit des
Johannes von Gmunden zurückgeht, die zwischen 1430 und 1438 niedergeschrieben wurde und für Wien eine Breite von $\varphi = 47°46'$ zugrunde
legte. (Korrekter Wert für St. Stephan $\varphi = 48°12,5'$)

Seine gesamte Schaffensperiode überstreichend ist jedoch seine
Tätigkeit mit der Erstellung und Herausgabe langfristig verwendbarer
Kalender zu sehen. Dabei handelt es sich um vier Auflagen:

die 1. für den Zeitraum 1415—1434,

die 2. für den Zeitraum 1421—1439,

die 3. für den Zeitraum 1425—1443,

und die 4. für den Zeitraum 1439—1514.

Diese 4. Version wurde 1448 mit Gutenbergs Presse gedruckt und fand
starke Verbreitung. Die Kalender stellen in einfach lesbarer Form jene
Information dar, die auch in den *tabulae cum canonibus* enthalten war
und sich dort an den Fachmann richtete. Der Stellung bzw. der Phase
des Mondes kam dabei große Bedeutung zu, was wohl der geübten medizinischen Praxis entsprach. Das julianische Jahr wurde zum Zweck der
christlichen Festrechnung so mit dem Mondlauf in Verbindung gebracht, daß 19 Sonnenjahre 235 Lunationen entsprechen, daß also nach
19 Jahren der Vollmond wieder auf das gleiche Monatsdatum fällt (was
bei den Griechen als Metonscher Zyklus bezeichnet worden war). Der
kalendarische Vertreter der Stellung der Jahre in diesem Mondzyklus
ist nun die Goldene Zahl, die die Werte 1—19 durchläuft und an das Jahr
1 vor Christus in ihrer Zählungsepoche anknüpft.

Betrachtet man noch die Kombination, daß im julianischen Kalender nach einer ganzen Anzahl von Jahren wieder die Wochentage auf
dieselben Monatsdaten fallen, so ergibt das einen Zyklus von $4 \times 7 = 28$
Jahren, den *cyclus solaris,* von dem bei Gmunden einige besonders schön
ausgefertigte Tabellen existieren. Johannes von Gmunden erweiterte
die gängigen Kalender des Mittelalters auch dadurch, daß er neben den
Neu- und Vollmonden auch die Tageslängen, eben die Sonnenauf- und
-untergangszeiten angab, wie das in Musterkalendern auch heute noch
geschieht.

In seiner letzten Schaffensperiode (1431—1442) begegnet uns
Johannes von Gmunden als *plebanus* der St.-Veits-Kirche in Laa
(a. d. Thaya), einer der reichsten landesfürstlichen Pfarren von Nieder-
österreich, die oft mit Professoren der Wiener Universität besetzt war.
Da diese Pfarre für damalige Reiseverhältnisse doch relativ weit von
Wien entfernt war, mußte er sich wohl von einem Vikar vertreten las-

sen, wird sich aber doch gelegentlich in der Stadt aufgehalten haben. In diese Zeit fällt neben seiner 4. Kalenderauflage auch seine einzige in deutscher Sprache gehaltene Schrift, die zu einer astrologischen Vorhersage über den Weltuntergang im Jahr 1432 Stellung nimmt und sich auf eine angeblich von Jacobus von Clusa, den Prior der Kartause zu Erfurt, ausgesprochene Behauptung bezieht, die aus der Geheimen Offenbarung erschlossen worden sei. Massiv wendet sich der oberösterreichische Gelehrte in seinem Flugblatt gegen die falschen astronomischen Angaben, denenzufolge eine Zusammenkunft der Planeten und der Sonne mit dem absteigenden Mondbahnknoten im Sternbild der Waage das Unglück auslösen sollte. Sogar die als Vorwarnung angekündigten Finsternisse konnte er als falsch berechnet zurückweisen, da diese erst ein Jahr später eintraten. Der Erfolg dieser Widerlegung blieb allerdings aus, da 1472 wieder die gleiche Voraussage auftauchte. Das entsprechende Flugblatt des Johannes von Gmunden ist in einem einzigen Exemplar in der Stiftsbibliothek von St. Florian/OÖ. erhalten und schwer lesbar, da eine kräftige Bußpredigt zwischen die Zeilen geschrieben wurde[23].

1431 hielt Johannes von Gmunden noch eine Vorlesung an der Universität Wien über das Albyon; 1434 seine letzte Lehrveranstaltung über das Astrolabium und vermachte 1435 der artistischen Fakultät seine Bücher und Instrumente, wobei sich letztere leider nicht erhalten haben. Es waren dies:
1 Sphaera solida — wohl ein Himmelglobus,
Instrumenta Campani über die equationes planetarum mit Figuren aus dem Albyon,
1 Albyon,
Zeichnungen zur Theorie der Planeten,
1 hölzernes Astrolabium,
2 Quadranten,
1 Sphaera materialis (wohl ein Demonstrationsglobus mit den wichtigsten astronomischen Großkreisen),
1 großer Zylinder (einer Sonnenuhr),
4 theoricae ligneae (Holzmodelle der Planetenbewegung).
Am 23. Februar 1442 ist Johannes von Gmunden gestorben — nach einem erfüllten Leben, geschätzt (und als Prüfer gefürchtet) von zahlreichen Studentengenerationen. Er war bekannt — keineswegs nur als

---

[23] Publiziert durch HEDWIG HEGER, Spätmittelalter, Humanismus, Reformation, München 1975, 568.

Kalendermacher schlechthin und als Kompilator des astronomischen Wissens in Europa, der schlecht lesbare Texte verständlich umgestalten konnte, sondern auch bei der Einführung der Zeitmessung mit Hilfe des Quadranten als Neuerer — ja, wenn man bedenkt, was seine noch unbearbeiteten Manuskripte im Detail enthalten mögen — wie etwa der Hinweis an das „Getriebe-Astrolabium" zeigt —, ist er, wenn auch nur in kleinerem Rahmen, als bahnbrechend zu bezeichnen; wurde er doch durch seine Systematik zu einem etwas in Vergessenheit geratenen Begründer der ersten Astronomenschule der Universität zu Wien.

JOHANNES VON GMUNDEN UND SEINE MATHEMATISCHEN LEISTUNGEN

Von Hans K. Kaiser

Im 15. Jahrhundert war Wien ein — wenn nicht das — Weltzentrum mathematischer Aktivitäten. Im Jahr 1365 war die Wiener Universität gegründet worden. Wesentlichen Anteil an dieser Gründung hatte Albert von Sachsen[1] (ca. 1316 bis 1394), der zuvor an der Pariser Universität gelehrt hatte. Albert von Sachsen stand der Wiener Universität im ersten Jahr ihres Bestehens als Rektor vor. In seiner Pariser Zeit hatte sich Albert auch als Verfasser mathematischer und astronomischer Schriften einen Namen gemacht. So verfaßte er unter anderem ein Traktat über Proportionen. 1366 avancierte Albert zum Bischof von Halberstadt.

Mit dem Aufbau der jungen Universität kam man nur langsam voran. Erst als Herzog Albrecht III. den allseits bekannten Theologen, Philosophen, Astronomen und Mathematiker, Heinrich von Langenstein[2] (1325–1397) nach Wien berief, setzte der Aufschwung ein. Heinrich von Langenstein hatte zuvor ebenfalls an der Pariser Universität gelehrt. Im Pariser Studienbetrieb hatten die exakten Wissenschaften einen relativ hohen Stellenwert. Die Wiener Universität wurde nun in ihrer Organisationsform und im angebotenen Lehrstoff nach Pariser Vorbild ausgerichtet[3]. So kam es — im Vergleich zu den Universitäten südlich der Alpen — zu einer Betonung der Mathematik und Astronomie im Rahmen des Curriculums an der Artistenfakultät.

Im 15. Jahrhundert kulminierte diese Entwicklung in der sogenannten ersten Wiener mathematisch-astronomischen Schule. Als eigentlicher Begründer dieser Schule wird Johannes von Gmunden angesehen. Neben Johannes waren die bedeutendsten Vertreter dieser Schule Georg von Peuerbach (1423–1461) und Johannes Müller,

---

[1] E. A. Moody, Albert of Saxony. Dictionary of Scientific Biography (=DSB) 1, 93–95.

[2] H. L. L. Busard, Henry of Hesse. DSB, 275–276.

[3] K. Vogel, *Das Donaugebiet, die Wiege mathematischer Studien in Deutschland.* München (1973) 12.

genannt Regiomontanus (1436–1476). Die Aktivitäten dieses Kreises waren nicht nur auf die Universität beschränkt, sondern finden sich auch in deren Umfeld, wie etwa dem Augustiner-Chorherrenstift Klosterneuburg.

An der Artistenfakultät der mittelalterlichen Universität wurden die sieben artes liberales gelehrt. Die exakten Wissenschaften wurden dabei im sogenannten Quadrivium zusammengefaßt und bestanden aus den Fächern Arithmetik, Geometrie, Astronomie und Musiktheorie. Um 1400 finden sich unter dem mathematisch-astronomischen Lehrangebot[4] Vorlesungen über die Algorismen der ganzen Zahlen und Brüche (nach den Schriften des Sacrobosco und Ioannes de Lineriis), eine Proportionenlehre (nach Bradwardine), die *latitudines formarum* (nach Oresme), Elementargeometrie (nach den ersten Büchern der *Elemente* des Euklid), Musiktheorie (nach Boetius), elementare Astronomie (nach der *Sphaera materialis* von Sacobosco) und Planetentheorie (nach Gerard von Sabbioneta). Zu diesen gesellten sich noch Vorlesungen über *Perspectiva communis* (Optik) und Kalenderrechnung. Die angebotenen Vorlesungen umfassen inhaltlich somit im wesentlichen das mathematische Wissen der damaligen Zeit. Schlechter scheint es mit der Qualität der Vorlesungen bestellt gewesen zu sein. Fachprofessoren der Mathematik in unserem heutigen Sinn gab es nicht (die erste Fachprofessur für Mathematik und Astronomie wurde zwar an der Universität Wien eingerichtet, aber erst zu Beginn des 16. Jahrhunderts unter Kaiser Maximilian I.). Die einzelnen Vorlesungen wurden vor Beginn des Studienjahres in der Regel auf folgende Weise verteilt[5]: zunächst wurde unter den Magistri regentes der Wiener Artistenfakultät durch Los eine Gruppe ermittelt, die das Recht hatte, unter den anzubietenden Vorlesungsthemen eines gemäß den eigenen Neigungen auszusuchen. Die verbleibenden Themen wurden sodann unter den restlichen Magistern verlost. Daß sich dabei die Begeisterung einzelner Vortragender für ihre Vorlesung in Grenzen hielt, scheint verständlich. Johannes von Gmunden war der erste Vortragende an der Wiener Universität, der vornehmlich Vorlesungen mathematischen Inhalts anbot. Diese Spezialisierung des Johannes von Gmunden auf Mathematik und

---

[4] K. VOGEL³, 12. und S. GÜNTHER, Wiens mathematische Schule im XV. und XVI. Jahrhundert. *Allgemeine Österreichische Literaturzeitung* Nr. 10 und Nr. 11, 25, 26.

[5] K. VOGEL³, 12. und S. GÜNTHER⁴, 25.

Astronomie kennzeichnet den Beginn der ersten Wiener mathematischen und astronomischen Schule[6].

Über die Jugend des Johannes von Gmunden[7] wissen wir nichts. Da er 1406 das Magisterium erlangte, und zum Erreichen dieses Zieles ein Alter von mindestens 21 Jahren erforderlich war, muß er vor 1385 geboren worden sein. Über seinen Geburtsort gab es längere Zeit hindurch kontroversielle Ansichten. Aus der Tatsache, daß Johannes von Gmunden als Vertreter der österreichischen Nation als Examinator und Consiliar des Dekans agiert hatte, geht eindeutig hervor, daß er der österreichischen Nation angehört haben muß. Eine Analyse[8] der Eintragungen in die Universitätsmatrikel und die Signierung seiner Manuskripte mit Johannes von Gmunden beweisen zweifelsfrei, daß er aus Gmunden am Traunsee stammt. Auch über den Familiennamen des Johannes von Gmunden gab es in der Vergangenheit divergierende Ansichten und Vermutungen. Die Untersuchungen von P. UIBLEIN[9] legen eine Identifizierung von Johannes von Gmunden mit dem im Vorlesungsverzeichnis vom 1. September 1407 genannten Johannes Krafft nahe. Zu Beginn des Wintersemesters 1400 (am 13. 10. 1400) immatrikulierte Johannes an der Universität. In der Universitätsmatrikel findet man ihn unter dem Namen Johannes Sartoris de Gmunden, was darauf hinweisen könnte, daß er der Sohn eines Schneiders gewesen ist. Im Jahr 1402 wird Johannes als Bakkalaureus zugelassen, 1406 beendet er seine Studien an der Artistenfakultät mit der Erlangung des Magisteriums. Bereits am 18. November 1406 wird ihm die Vorlesung *Theoricae planetarum* (Planetentheorie nach Gerard von Sabbioneta) zugewiesen, die er später noch dreimal (1420, 1422, 1423) angekündigt hat. 1409 (vielleicht auch schon früher) wurde Johannes von Gmunden in das Collegium ducale aufgenommen. Damit wurde er besoldeter Lehrer (magi-

---

[6] Für einen Überblick siehe S. GÜNTHER[4] und H. GRÖSSING, Wiener Astronomen und Mathematiker des 15. und beginnenden 16. Jahrhunderts und ihre Instrumente. *Wiener Geschichtsblätter* 38 (1983) 149–162.

[7] Eine ausführliche Biographie stammt von R. KLUG, *Johannes von Gmunden, der Begründer der Himmelskunde auf deutschem Boden*, in: Sitzungsberichte der Österreichischen Akad. d. Wissenschaften, phil.-hist. Kl. Bd. 222, Abh. 4 (1943). Weitere Überblicke stammen von J. MUNDY, John of Gmunden. *Isis* 34 (1942/43) 196–205, und K. VOGEL, John of Gmunden, DSB, 117–122.

[8] P. UIBLEIN, Zur Biographie des Johannes von Gmunden, in: *Beiträge zur Kopernikusforschung* (1973) 29–38. Zur Kontroverse über den Heimatort siehe M. CURTZE, Über Johannes von Gmunden, in: *Bibliotheca mathematica* 10, no. 2 (1986), 4.

[9] P. UIBLEIN[8], 29.

ster stipendiatus). Er war auch einmal Prior des Collegium ducale. In der Folge machte Johannes eine glänzende akademische Karriere. 1413 wird er Dekan der Artistenfakultät. Aus seinen mit großer Genauigkeit und Ausführlichkeit geführten Aufzeichnungen in den Fakultätsakten geht hervor, daß er ein strenger Prüfer war. Von den 24 Scholaren, die sich am 24. 9. 1413 der Bakkalaureatsprüfung unterzogen hatten, bestanden nur 12. Bei dieser Prüfung hatte Johannes von Gmunden als Examinator die österreichische Nation vertreten. Die durchgefallenen Scholaren machten Johannes für ihren Mißerfolg verantwortlich und schrieben ihm einen Drohbrief, den dieser in die Fakultätsakten aufnahm. Aus den Fakultätsakten geht auch hervor, daß Johannes das Amt eines öffentlichen Notars bekleidete.

Zusätzlich führte Johannes von Gmunden, vermutlich ab 1409, theologische Studien durch, die er als baccalaureus formatus abschloß. In den Jahren 1415 bis 1420 hat er auch Vorlesungen über theologische Themen abgehalten. Im Jahr 1417 (wahrscheinlich zu Weihnachten) wurde Johannes zum Priester geweiht, 1425 wurde er Chorherr von St. Stephan und 1431 wurde er als Pfarrer in Laa an der Thaya bezeichnet. Es war damals üblich, daß die Kanoniker von St. Stephan ein Seelsorgebenefizium besaßen. Wahrscheinlich wurde Johannes in Laa durch einen Vikar vertreten.

Johannes von Gmunden beteiligte sich auch nach seinem Dekanat intensiv an den Aufgaben der akademischen Selbstverwaltung: 1417 wird er Bibliothekar, er tritt mehrfach als Prüfer auf, 1423 wird er zum zweiten Mal Dekan der Artistenfakultät, er wird zum Verwalter der Kasse der Artistenfakultät ausersehen, man bestellt ihn zu einer der Aufsichtspersonen für den Neubau eines Universitätsgebäudes und schließlich (1426) hat er sogar das Amt des Vizekanzlers der Universität inne. Die Vorzugsstellung, die Johannes von Gmunden innerhalb seiner akademischen Laufbahn erwarb, erkennt man auch daran, daß ihm 1419 bewilligt wurde, in seiner Wohnung salva regencia astronomische Tafeln zu erklären. Johannes war nämlich erkrankt und hätte ohne dieses Privileg sein Einkommen verloren, da damals nur die wirklich vertragenden Magister (magister stipendiatus legens) bezahlt wurden.

Die Vorlesungstätigkeit[10] des Joh. v. Gmunden zerfällt in drei Perioden. Bis 1414 liegt der Schwerpunkt auf mathematisch-astronomischem Gebiet, von 1417 bis 1420 haben theologische Themen Vorrang,

---

[10] P. Uiblein[8], 36.

ab 1420 werden ausschließlich mathematische und astronomische Inhalte vorgetragen. Die Vorlesung über das Albyon findet sich nur 1431 in den Fakultätsakten. Auch die Vorlesung *De astrolabio* hat Johannes in Wien als erster angeboten. Sie wurde später auch von einem Schüler des Johannes von Gmunden, Martin Hämerl von Neumarkt, angekündigt.

Neben der Vorlesungstätigkeit erhält man aus einer weiteren Quelle Hinweise auf die wissenschaftlichen Interessen des Johannes von Gmunden. Er hat nämlich der Artistenfakultät testamentarisch seine Privatsammlung an Büchern (26) und astronomischen Instrumenten vermacht[11]. Diese Sammlung bildete dann den Grundstock einer eigenen Universitätsbibliothek. Einige der Manuskripte konnten in der Handschriftensammlung der Österreichischen Nationalbibliothek nachgewiesen werden[12]. Neben einigen Werken theologischen Inhalts werden im Testament astronomische Schriften und Tafelwerke, Mathematikbücher (z. B. die Arithmetik und die Musiktheorie von Boetius) und schließlich noch Werke astrologischen Inhals angeführt. Offensichtlich beschäftigte sich Johannes also auch mit Astrologie. In seiner einzigen deutschsprachigen Publikation[13], dem Flugblatt *Widerlegung,* wendet er sich in scharfen Worten gegen die Prophezeihung einer Katastrophe durch den Erfurter Magister Jakob von Klusa. Dieser hatte auf Grund einer Planetenkonstellation und deren astrologischen Ausdeutung für 1434 eine Katastrophe vorhergesagt. Das Hauptargument, das Johannes von Gmunden in seinem Flugblatt gegen diese Prophezeihung geltend gemacht hat, war der Nachweis mittels astronomischer Berechnungen, daß die betreffende Konstellation der Gestirne zum angegebenen Zeitpunkt nicht eintreten würde. Man kann daraus also eine Ablehnung der Astrologie nicht schlüssig herauslesen.

In den letzten Jahren seines Lebens widmete sich Johannes von Gmunden literarischen Studien und der Abfassung seiner wissenschaftlichen Manuskripte. Man kann nicht mit Sicherheit sagen, ob Johannes von Gmunden selbst systematische astronomische Beobachtungen durchgeführt hat[14]. Seine Schriften, vor allem jene über die Konstruktion von astronomischen Instrumenten, lassen dies jedenfalls ver-

---

[11] Der Text des Testaments ist publiziert in J. MUNDY[7], 198, und R. KLUG[7], 90. Zuletzt in diesem Band 59–62.

[12] P. UIBLEIN[8], 35, 36.

[13] Publiziert durch H. HEGER, *Spätmittelalter, Humanismus, Reformation,* München 1975, 568.

[14] H. GRÖSSING[6], 153, und R. KLUG[7], 26.

muten. Auch wird einer seiner Schüler, Georg Pruner, als fähiger Beobachter bezeichnet. Johannes pflegte sicherlich mit dem Probst Georg Muestinger von Klosterneuburg, einem begeisterten Astronomen, Kontakt. Aus diesem Klosterneuburger Kreis stammt wohl einer der ersten Nachweise der Kartographie in Österreich, nämlich eine Karte von Mitteleuropa[15]. Eine Begegnung mit dem jungen Georg von Peuerbach ist nicht auszuschließen. Schließlich wird vermutet, daß der elfenbeinerne Quadrant Friedrichs III. unter Mitwirkung von Johannes entstanden ist[16].

Johannes von Gmunden starb am 23. Februar 1442 und wurde in St. Stephan beigesetzt. Die genaue Lage seines Grabes ist uns nicht überliefert.

Das Schwergewicht seiner wissenschaftlichen Publikationen[17] liegt auf dem Gebiet der Astronomie. In seinen Tafelwerken für astronomische Zwecke verbessert er u. a. die Alfonsinischen Tafeln und rechnet sie auf den Wiener Meridian um. Er gibt Anleitungen zum Bau astronomischer Instrumente (z. B. für das Astrolabium und die Säulensonnenuhr) und verfaßt Kalender. Seine erhaltenen Schriften über theologische Fragen sind weniger bedeutend. Auf sein mathematisches Werk wird weiter unten eingegangen.

Die Schriften des Johannes fanden über ganz Europa Verbreitung. Heute sind in den diversen Bibliotheken (vor allem in Wien, aber auch beispielsweise in München und London) insgesamt 287 Handschriften von Johannes nachweisbar.

Will man Johannes von Gmunden als Mathematiker einschätzen, so muß man neben seiner Vorlesungstätigkeit und seiner privaten Büchersammlung vor allem seine Publikationen analysieren. Direkte Informationen erhält man aus seinen drei mathematischen Mansukripten, nämliche *De sinibus, chordis et arcubus*[18], *Tabulae tabularum*[19] und

---

[15] R. KLUG[7], und D. B. DURAND, *The earliest maps of Germany and Central Europe*, 486—502.

[16] R. KLUG[7], 26.

[17] R. KLUG[7] und A. v. BRAUNMÜHL, *Geschichte der Trigonometrie*, Leipzig 1900.

[18] Publiziert (zusammen mit einer ausführlichen Beschreibung und Erklärung) von H. L. L. BUSARD, *Der Traktat „De sinibus, chordis et arcubus von Johannes von Gmunden"*, in: Österreichische Akademie der Wissenschaften, Denkschriften der math. nat. Kl. 116 (1971).

[19] In mehreren Manuskripten in der Handschriftensammlung der Österreichischen Nationalbibliothek vorhanden.

Tractatus de minutiis phisicis[20]. Indirekte Kenntnis über seine Mathematikkenntnisse erhält man, wenn man das mathematische Grundwissen bestimmt, das Voraussetzung für die Abfassung seiner astronomischen Werke ist.

Die Arbeit an *De sinibus, chordis et arcubus* wurde 1437 abgeschlossen. Es handelt sich dabei um eine Anleitung zur Berechnung von Sinustafeln. Die Tafeln werden in zwei Ausfertigungen angegeben (für zwei verschiedene Annahmen für die Länge des Kreisdurchmessers), und deren Gebrauch wird ausführlich erklärt. Das Werk enthält keine neuen mathematischen Gedanken. Im ersten Teil der Abhandlung ist al-Zarkālī die wesentliche Quelle, im zweiten Teil bedient sich der Autor offensichtlich einer Übersetzung des *Almagests* des Ptolemaios. Mit diesem Manuskript gab Johannes von Gmunden aber den Anstoß für die Neuschaffung der trigonometrischen Tafelwerke, die 1613 durch Pitiscus abgeschlossen wurde[21]. Der Text ist didaktisch aufbereitet und ist offensichtlich als Lehrbuch gedacht. Zu Beginn seiner Ausführungen gibt Johannes als Grund für die Abfassung des Traktats an, daß man die Tafeln für die Kenntnis der Himmelsbewegungen benötige. Sodann folgt er seinen Quellen (wahrscheinlich den *Canones tabularum primi mobilis* des Ioannes de Lineriis[22], die auf den *Canones sive regulae super tabulas Astronomiae* des al-Zarkālī[23] beruhen), indem er den Sinus rectus als halbe Sehne des doppelten Bogens (d. h. sinus rectus $\alpha = \mathrm{crd}\, 2\alpha$) definiert und sodann den Sinus versus (auch Sinus sagitta genannt) als jenen Teil des Durchmessers eines Kreises einführt, der zwischen dem Sinus und dem Endpunkt des Bogens liegt (d. h. sinus versus $\alpha = 1 -$ $- \cos \alpha$). Der Sinus totus (oder Sinus perfectus) bezeichnet die halbe Sehne von 180°, ist also gleich dem Sinus von 90°. Unter einer Kardaga versteht Johannes jeden Winkel von 15°. Sodann begründet er die Notwendigkeit für die Einführung des Sinus damit, daß es den Geometern nicht gelungen sei, das genaue Verhältnis zwischen dem Umfang und dem Durchmesser eines Kreises (also π) zu bestimmen. Dies erklärt er mit den Worten *quia recti ad curvum nulla est proportio*. Wie im Werk des Ioannes de Lineriis werden nun die damals bekannten Näherungswerte für dieses Verhältnis (also für π) angegeben: die Praktiker verwenden

---

[20] Gedruckt in: *Contenta in hoc libello* ..., bei Singrenius (Singriener), Wien 1515.

[21] H. L. L. BUSARD[18], 76.

[22] H. L. L. BUSARD[18], 74.

[23] H. L. L. BUSARD[18], 75.

22:7; Archimedes zeigte, daß das Verhältnis zwischen $3\frac{1}{7}$ und $3\frac{10}{71}$ liegt; Ptolemaios nahm dafür $^{377}\!/_{120}$ an. Weiters wird berichtet, daß die Inder den Kreisumfang eines Kreises mit Durchmesser 1 durch die Quadratwurzel aus 10 angaben (d. h. als Näherungswert für π nimmt man $\sqrt{10}$). Schließlich wird noch als weiterer Wert für das Verhältnis 62832 zu 20000 angegeben. Auch in diesen Angaben hält sich Johannes im wesentlichen an sein Vorbild Ioannes de Lineriis[24].

Im nächsten Teil der Abhandlung werden die geometrischen und arithmetischen Grundlagen für die Erstellung der Sinustafeln zusammengestellt und erläutert. Es handelt sich bei den geometrischen Sätzen um Lehrsätze aus den ersten beiden Büchern der *Elemente* des Euklid, wie etwa die Verwandlung eines rechtwinkeligen Parallelogramms in ein flächengleiches Quadrat, die Johannes zum geometrischen Quadratwurzelziehen benötigt. Das numerische Quadratwurzelziehen wird ebenfalls ausführlich dargestellt. Die Erklärung ist fast identisch mit dem entsprechenden Kapitel in *Tractatus de minutiis phisicis* (einige Passagen stimmen wortwörtlich überein). Die geometrischen Sätze sind klar formuliert, die Beweisführung ausführlich und durch Zeichnungen anschaulich gemacht.

Im sechsten Abschnitt des ersten Teiles des Werkes folgt Johannes nun wieder seiner Quelle, indem er auf zwei Arten von Sinustafeln hinweist. Bei der ersten Art wird der Kreisdurchmesser in 120 gleiche Teile geteilt, die Grade genannt werden, während die zweite Art eine Unterteilung des Durchmessers in 300 gleiche Teile benützt, die üblicherweise Minuten heißen.

Sodann wird an Hand einer Analysefigur, die bei al-Zarkālī und später auch bei de Lineriis vorkommt, der jeweilige Sinus der ersten 6 Vielfachen von 15° zunächst geometrisch, dann rechnerisch hergeleitet. Mit den Bezeichnungen der angegebenen Analysefigur (r bezeichne den Radius des Kreises) gilt:

$$\overline{np} = \sin 30° = \frac{1}{2}\cdot r$$

$$\overline{nq} = \sin 60° = \sqrt{r^2 - \overline{np}^2}$$

$$\overline{nt} = \sin 45° = \frac{1}{2}\sqrt{2r^2}$$

---

[24] M. Curtze, *Urkunden zur Geschichte der Trigonometrie im christlichen Mittelalter*, in: *Bibliotheca Mathematica*, 3. Folge, 1. Band, Leipzig 1900.

$$\frac{1}{2}\,\overline{am} = \frac{1}{2}\,crd\ 30° = \sin 15°$$

$$= \frac{1}{2}\,\sqrt{\overline{om}^2 + \overline{oa}^2}$$

Ist arc.vx = 30°,
so ist arc.xf = 75°
und damit

$$\overline{xz} = \sin 75° =$$

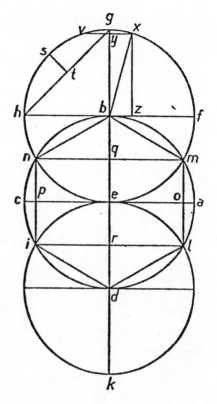

$$\sqrt{r^2 - \sin^2 15°} = \sqrt{r^2 - \overline{xy}^2}.$$

Nun wird der Wert des Sinus für jeden dieser Winkel numerisch bestimmt, zunächst für die Einteilung des Durchmessers in 120 Grade, die zum Unterschied zu den Winkelgraden durch ein hochgestelltes p bezeichnet werden. Die weitere Unterteilung dieser Grade erfolgt im Sexagesimalsystem (Minuten, Sekunden, Tertien usw.). Das Resultat ist: $\sin 90°$ = = 60ᵖ; 30° = 30ᵖ; $\sin 60°$ = 51ᵖ 57' 41" 24'''; $\sin 45°$ = = 42ᵖ 25' 35"; $\sin 15°$ = 15ᵖ 31' 44" 50'''; $\sin 75°$ = 57ᵖ 57' 19" 57'''.

Sodann wird die Rechnung für die Unterteilung des Kreisdurchmessers in 300 Minuten (mit sexagesimaler Einteilung) durchgeführt: $\sin 90°$ = 150'; $\sin 30°$ = 75'; $\sin 60°$ = 129' 54" 13'" 41"''; $\sin 45°$ = 106' 3" 57'''; $\sin 15°$ = 38' 49" 22"'; $\sin 75°$ = 144' 53" 20'''.

Nun wird der Sinus der n-ten Kardaga (n = 1, ..., 6) durch $\sin (n \cdot 15)°$ − $\sin [(n−1)15]°$ definiert und deren Beziehungen untereinander ohne Beweis angegeben, z. B. sin versus der dritten Kardaga ist gleich sin der vierten Kardaga (d. h. sin versus 45° − sin versus 30° = = sin 60° − sin 45°). Weiters werden zwei weitere Resultate ohne Beweis angegeben, die wir in moderner Schreibweise so angeben: $\sin^2\alpha$ = = sin 30° · (sin versus 2α) und $\sin^2 (90°−\alpha)$ = 1 − $\sin^2\alpha$ (einen Beweis dafür hat beispielsweise Regiomontaus gegeben). Mit diesen beiden Ergebnissen ist Johannes von Gmunden in der Lage, sin 7° 30', sin 3° 45', sin 22° 30', sin 11° 15', sin 37° 30' (nach der ersten Formel) und sin 82° 30', sin 86° 15', sin 67° 30', sin 78° 45', sin 52° 30' (nach der zweiten Formel) zu berechnen. Das Ergebnis ist in den beiden abgebildeten Sinustabellen dargestellt[25].

Prima tabula sinus					Secunda tabula sinus				
Arcus		Sinus			Arcus		Sinus		
g^a	m^a	m^a	2^a	3^a	g^r	m^a	g^r	m^a	2^a
3	45	9	48	38	3	45	3	55	26
7	30	20	9	25	7	30	7	49	53
11	15	29	16	26	11	15	11	42	18
15	0	38	49	22	15	0	15	31	44
22	30	57	24	2	22	30	22	57	39
30	0	75	0	0	30	0	30	0	0
37	30	91	18	38	37	30	36	31	32
45	0	106	3	57	45	0	42	25	35
52	30	119	0	3	52	30	47	36	4
60	0	129	54	14	60	0	51	57	42
67	30	138	34	36	67	30	55	25	58
75	0	144	53	20	75	0	57	57	20
78	45	147	6	50	78	45	58	50	47
82	30	148	42	40	82	30	59	29	12
86	15	149	40	29	86	15	59	52	15
90	0	150	0	0	90	0	60	0	0

Nachdem noch die Rückführung der Berechnung des Sinus eines Winkels größer als 90° auf einen Winkel kleiner gleich 90° diskutiert wird, erklärt Johannes ausführlich den Gebrauch der Tafeln. Die Bestimmung des Sinus eines nicht in der Tabelle aufscheinenden Winkels geschieht dabei im wesentlichen durch Interpolation aus den Differenzen in der Kardagatabelle. Diese Vorgangsweise sei an Hand eines Beispiels verdeutlicht: Will man etwa sin 49° bestimmen, so geht man von sin 45° aus und bestimmt die Differenz mit der folgenden Kardaga. Das ist 23' 50'' 17'''. Diesen Wert multipliziert man mit 4 und das Ergebnis dividiert man durch 15 (was einen sehr ungenauen Wert ergibt). Zum Abschluß dieser Erläuterungen zum Gebrauch der Tafeln wird noch beschrieben, wie man aus dem Sinus eines Winkels den zugehörigen Bogen ermitteln kann.

Am Beginn des zweiten Teiles weist Johannes von Gmunden nochmals darauf hin, daß die Methoden des ersten Teiles auf jenen beruhen, die al-Zarkālī in seiner Abhandlung über die *Tafeln von Toledo* lehrt[26].

---

[25] H. L. L. BUSARD[18], 92.
[26] E. ZINNER, Die Tafeln von Toledo. *Osiris I* (1936).

Nun wendet er sich unter Verwendung des von Ptolemaios im *Almagest* angegebenen Weges der Berechnung einer genaueren Sinustabelle zu. Zunächst werden wiederum die geometrischen Voraussetzungen für die Berechnung zusammengestellt und bewiesen. Es handelt sich dabei um sechs Propositionen aus dem Almagest:

1. Konstruktionen des regelmäßigen Zehn-, Sechs-, Fünf-, Vier- und Dreiecks bei vorgegebenem Durchmesser des Umkreises.
2. Satz vom Sehnenviereck: Wird einem Kreis ein Viereck eingeschrieben, so ist das Rechteck, das aus den beiden Diagonalen gebildet wird, (flächen)gleich der Summe der Rechtecke aus je zwei Gegenseiten.
3. Wenn zwei Bögen und die unterspannten Sehnen gegeben sind, so wird auch die Sehne gegeben sein, welche die Differenz der beiden Bögen unterspannt.
4. Wenn irgendeine Sehne gegeben ist, die zur Hälfte des unterspannten Bogens gehörige Sehne zu finden.
5. Wenn zwei Bögen und die sie unterspannenden Sehnen gegeben sind, so wird auch die Sehne gegeben sein, welche die Summe der beiden Bögen unterspannt.
6. Wenn in einem Kreise zwei ungleiche Sehnen gezogen werden, so ist das Verhältnis der größeren Sehne zur kleineren Sehne kleiner als das Verhältnis des Bogens auf der größeren Sehne zu dem Bogen auf der kleineren Sehne.

Nun wird demonstriert, wie man mit Hilfe dieser Propositionen zu vorgegebenem Kreisbogen die Länge der zugehörigen Sehne findet. Die Länge der Sehne wird dabei in Teilen des Durchmessers sexagesimal ausgedrückt, wobei der Durchmesser in 120 gleiche Teile (wiederum Grade genannt) unterteilt gedacht wird. Unmittelbar aus den in der ersten Proposition angegebenen Kostruktionen der regelmäßigen Vielecke erhält man: crd 60° = 60ᵖ; crd 36° = 37ᵖ4'55''; crd 72° = = 70ᵖ32'3''; crd 90° = 84ᵖ 51' 10''; crd 120° = 103ᵖ 55' 23''; crd 144° = = 144ᵖ 7' 37''; crd 108° = 97ᵖ 4' 55''. Unter Verwendung von Proposition 2 und 3 gelangt man zu crd 12°, crd 24°, crd 30°. Mit Proposition 4 kommt man von den Sehnen bekannter Winkel zu den Sehnen der halbierten Winkel, also aus crd 12° zu crd 6°, crd 3°, crd 1°30' usw. Proposition 5 gestattet nun, aus crd 1°30' eine Sehnentafel in Schritten von je 1°30' herzustellen. Mittels Proposition 6 wird dann crd ½° und crd 1° berechnet, wodurch man zu einer Sehnentafel mit Schrittlänge 30' gelangt. Daraus stellt man die entsprechende Sinustafel mittels der Beziehung ½ crd 2α = sin α her. Wiederum wird die Benützung der berechneten Sinustafeln ausführlich erklärt. Zwischenwerte werden durch Interpolation der Differenzen benachbarter Tafelgrößen berechnet. Die Abhandlung zeichnet sich durch einen klaren und übersichtlichen Aufbau aus und ist oft ermüdend ausführlich. Unwillkürlich kommt beim Lesen der Eindruck auf, daß es sich um ein Lehrbuch zum Selbststudium handelt.

Dieser Eindruck verstärkt sich noch, wenn man die beiden restlichen überlieferten mathematischen Abhandlungen analysiert. Um nämlich die numerischen Berechnungen zur Herstellung der Sinustafeln nach den Anleitungen des eben besprochenen Textes durchführen zu können, benötigt man Kenntnisse über das Rechnen mit Graden und deren Bruchteilen im Sexagesimalsystem[27]. Diese Kenntnisse werden im *Tractatus de minutiis phisicis* zusammengestellt und erklärt. Dieses Werk fand Aufnahme in einen gedruckten Sammelband, der 1515 bei Singrenius (Singriener) in Wien erschienen ist. Am Beginn des Textes wird der Begriff der „physischen Minutien" als das erklärt, was bei der Division der Ganzen (auch „physische Zeichen" genannt) durch 60 übrig bleibt. Also sind die physischen Minutien nichts anderes als Sexagesimalbrüche. Als Beispiel für diesen Begriff gibt Johannes die Einteilung der Grade (das sind die „Ganzen") in 60 Minuten, die Einteilung der Minuten in 60 Sekunden, der Sekunden in 60 Tertien usw. an. Die Beherrschung des Rechnens mit physischen Minutien ist für den Gebrauch astronomischer Tafeln besonders wichtig. Überhaupt betrachtet der Autor den Text als einleitenden Abschnitt einer Abhandlung zum Gebrauch astronomischer Tafeln. Ganz im Stil der damals gebräuchlichen Rechenbücher unterscheidet Johannes zehn Arten in der Kunst des Rechnens mit physischen Minutien:

1. Die Darstellung der physischen Minutien.
2. Die Verwandlung von Ganzen in Minutien und umgekehrt, sowie die Umwandlung von Minutien mit verschiedenen Denominatoren in solche mit dem selben Denominator und umgekehrt.
3. Addition physischer Minutien.
4. Subtraktion physischer Minutien.
5. Halbierung physischer Minutien.
6. Verdoppelung physischer Minutien.
7. Multiplikation physischer Minutien.
8. Division physischer Minutien.

---

[27] A. v. Braunmühl[17] und S. Stevin, *De Thiende*, Frankfurt am Main 1965, 42.

9. Ziehen der Quadratwurzel aus physischen Minutien.

10. Ziehen der Kubikwurzel aus physischen Minutien.

Nachdem er an Hand von einigen Beispielen den Vorteil des Gebrauches der einheitlichen Rechnung mit physischen Minutien in der Astronomie plausibel zu machen sucht, geht er zur Darstellung der physischen Minutien über. Dazu benötigt man grundsätzlich zwei Zahlen. Nämlich den Numerator (die zählende Zahl), der angibt, wie oft die jeweilige Einheit Teil jeder darzustellenden Größe ist, und den Denominator (bezeichnende Zahl). Letztere ist jene Zahl, durch die irgendein Sexagesimalbruch benannt wird. Will man beispielsweise 32 Sekunden durch physische Minutien darstellen, so ist der Numerator 32 und die Sekunde, oder Zweier, der Denominator. Dabei schreibt man den Denominator über den jeweiligen Numerator, z. B. würde man 24°36'45'' so anschreiben:

Grad	Minute	Sekunde
24	36	45

Ausführlich setzt Johannes von Gmunden sodann dem Leser die Umrechnung eines vorgegebenen Bruches in einen mit anderem Denominator auseinander (also modern ausgedrückt: Rechnen modulo 60). Die Addition von physischen Minutien erfolgt durch Addition der jeweils einander entsprechenden Numeratoren. In der Summe werden dann Numeratoren, die größer gleich 60 sind, entsprechend dem in der 2. Kunst genannten Verfahren umgewandelt. Analog wird die Subtraktion physischer Minutien eingeführt. Als zweite Möglichkeit schlägt Johannes vor, die beiden voneinander zu subtrahierenden Brüche in solche mit einem einzigen übereinstimmenden Denominator zu verwandeln, die Subtraktion mit den beiden erhaltenen Numeratoren wie im *Algorismus der ganzen Zahlen* durchzuführen und das Resultat wieder in physische Minutien zu verwandeln. Will man von irgend einer physischen Minutie mehrere physische Minutien abziehen, so soll man letztere zuerst addieren und die Summe dann von der ersten physischen Minutie abziehen. Die Halbierung wird auf folgende Weise beschrieben: *Wenn du physische Minutien halbieren willst, so kannst du diese, wenn es dir gefällt, in denselben Denominator verwandeln, und dann wie bei den ganzen Zahlen halbieren. Wenn du diese aber nicht in denselben Denominator verwandeln willst, so beginne mit den kleinsten Minutien. Und wenn der Numerator gerade ist, so gehe vor wie im Algorismus der ganzen Zahlen, d. h. nimm die Hälfte an der Stelle selbst. Wenn die Zahl aber ungerade ist, so setze an dieser Stelle die Hälfte der nächsten geraden Zahl, die in jener ungeraden Zahl enthalten ist, und aus der verbleibenden Einheit mache 30, die du an die nächste Stelle nach rechts setzt* ... Aus dieser für den Text typischen Passage ersieht man klar den Lehrbuchcharakter der gesamten Abhandlung. Mit Ausnahme der Zahlen und von Abkürzungen für die Stellenbezeichnungen der Minutien ist der gesamte Text verbal verfaßt. Aus der Textstelle sieht man auch, daß Johannes in seinen Ausführungen das Sexagesimalsystem mit dem Rechnen von ganzen Zahlen im Dezimalsystem vermischt. Die Verdoppelung wird als Addition zweier gleicher Zahlen beschrieben. Bei der Multiplikation wird zunächst die Änderung der Denominatoren beschrieben, z. B.: will man Minuten mit Sekunden multiplizieren, so addiert man die (Kennzahlen der) Denominatoren, also eins und zwei, und man erhält drei. Das Ergebnis muß also mit Tertien (diese haben als Denominatorkennzahl drei) bezeichnet werden. Als erste Möglichkeit der Multiplikation wird die Umwandlung jedes Faktors in einen Bruch mit einem einzigen Denominator vorgeschlagen. Die Addition der Denominatorkennzahlen der beiden Faktoren ergibt die Denominatorkennzahl des Produkts. Die beiden Numeratoren der umgewandelten Faktoren werden gemäß den Vorschriften des Algorismus der ganzen Zahlen multipliziert und das Ergebnis anschließend modulo 60 zurückverwandelt. Will man diese Methode der Umwandlung nicht durchführen, so muß man jeden Numerator des Multiplikanden mit jedem Numerator des Multiplikators multiplizieren. Die einzelnen Produkte werden durch die Summe der Denominatorkennzahlen, die zu den Faktornumeratoren gehören, bezeichnet. Schließlich muß man sämtliche erhaltenen Produkte addieren, um das Produkt der ursprünglichen Sexagesimalbrüche zu erhalten. Auf analoge Weise wird die Division besprochen.

Das Quadratwurzelziehen wird auf folgende Weise gelehrt[28]: Man verwandelt die gegebenen physischen Minutien in einen Sexagesimalbruch mit geradem Denominator, zieht aus dem erhaltenen Numerator die Wurzel wie es im *Algorismus der ganzen Zahlen* dargelegt ist und benennt diese mit dem halben Denominator. Um die Genauigkeit zu verbessern, kann man an den Numerator Nullen in gerader Anzahl anhängen und dann die Wurzel ziehen. Sollte dabei ein Rest bleiben, so wird dieser vernachlässigt *(aliquid residuum pro nihilo computetur).* Von der Wurzel des durch Nullen vermehrten Numerators streicht man dann von rechts halb soviele Stellen wie man vorher Nullen hinzugefügt hat. Die gestrichenen Zahlen werden dann in die entspechenden Sexagesi-

---

[28] J. Tropfke, *Geschichte der Elementarmathematik,* 4. Auflage, Berlin 1980, 115.

malbrüche verwandelt. Dazu ein Beispiel: Will man $\sqrt{17°}$ bestimmen, so wäre die Wurzel 4°. Um die Genauigkeit zu verbessern, berechnet man $\sqrt{170000} \approx 412$ und streicht die letzten beiden Ziffern (da man vier Nullen angefügt hat). Nun mulitpliziert man die gestrichene Zahl, also 12, mit 60 und erhält 720. Man wiederholt den Vorgang, streicht die letzten beiden Stellen und multipliziert die gestrichene Zahl 20 mit 60. Vom Produkt 1200 werden wieder die letzten beiden Stellen gestrichen. Man erhält also für die Wurzel den Wert 4°7'12''. In moderner Formelsprache formuliert: $\sqrt{17°} = \dfrac{1}{100} \sqrt{170000°} \approx \dfrac{1}{100} \cdot 412°$ mit darauffolgender Umrechnung in Sexagesimalbrüche. Johannes bemerkt zu dieser Methode, daß die Wurzel umso genauer erhalten wird, je mehr Nullen angehängt werden. Diese Art des Quadratwurzelziehens ist bereits bei al-Nasawī (um 1025) und später bei Leonardo von Pisa (Fibonacci) und bei Jordanus Nemorarius nachweisbar. Das Kubikwurzelziehen wird nach demselben Muster erklärt.

Da das Rechnen mit physischen Minutien relativ aufwendig ist, sucht Johannes von Gmunden nach einer Erleichterung der Aufgabe. Er verbessert die Rechentechnik, indem er Multiplikationstafeln für das Rechnen im Sexagesimalsystem erstellt, die er unter dem Namen *Tabulae tabularum* oder *Tabula partis proportionalis* unter seine Schriften aufnimmt. Auch der Gebrauch dieser Tafeln wird mit Akribie erklärt und an Hand von konkreten Beispielen vorgeführt. Als Motivation für die Abfassung nennt der Autor wiederum deren Bedeutung bei der Durchführung von astronomischen Berechnungen.

Als indirekte Quelle für das mathematische Wissen des Johannes von Gmunden stehen uns noch seine astronomischen Publikationen zur Verfügung. Da in diesen Werken aber keine expliziten mathematischen Ableitungen vorkommen, kann man bei den benützten mathematischen Resultaten nicht mit Sicherheit sagen, ob Johannes sie nur aus der Literatur übernommen und benützt hat, oder ob er sie auch ableiten konnte und sich des mathematischen Hintergrundes bewußt war. Gesichert ist zum Beispiel die Verwendung einer Proportion[29], die äquivalent zur Grundformel der Zeit- und geographischen Ortsbestimmung aus astronomischen Höhenmessungen ist (diese leiten wir heute mit Hilfe des Seitenkosinussatzes der sphärischen Trigonometrie ab). In

---

[29] K. FERRARI D'OCCHIEPPO, Astronomische Einführung, in: *Beiträge zur Kopernikusforschung*, 1973, 43.

den ausgeführten numerischen Berechnungen erweist sich Johannes als
überaus genauer und geübter Rechner.

Will man Johannes von Gmunden als Mathematiker würdigen, so
muß man feststellen, daß er die Mathematik als Hilfswissenschaft für
seine astronomischen Studien betrachtet hat. Weiters muß man sein
Wissen vor dem Hintergrund der damaligen Zeit sehen. Sicherlich,
Johannes von Gmunden hat in die Mathematik kaum originelle Ideen
eingebracht. Das war aber auch nicht das wissenschaftliche Ziel der
Gelehrten in der zu Ende gehenden Zeit der Scholastik, in die Johannes
hineingeboren wurde. Das Ideal der scholastischen Wissenschaft war
nicht die Erschließung neuer Resultate, sondern die wissenschaftliche
Lehre aus bestehenden Texten. Was die Mathematik betrifft, so
beherrschte Johannes von Gmunden voll das Wissen seiner Zeit. Aber
nicht nur seine umfassende Literaturkenntnis besticht. In der Person
des Johannes sieht man bereits das Aufkeimen einer neuen Einstellung
zu den Wissenschaften, und zwar in der Bereitschaft zur kritischen Auseinandersetzung mit dem überlieferten Wissen. Die exakte Durchführung der Beweise, der logische Aufbau der Arbeiten und die klare Darstellung schwieriger Sachverhalte bezeugen eine bemerkenswerte
mathematische Denkweise. Damit wurde in seinen Arbeiten ein solides
Fundament für einen Aufschwung der Mathematik gelegt, der dann von
seinen Nachfolgern bewerkstelligt wurde. Ein weiterer wesentlicher
Aspekt des wissenschaftlichen Werkes des Johannes ist die Betonung
der Anwendbarkeit der Mathematik zur Lösung konkreter Probleme —
im gegenständlichen Fall für Probleme der praktischen Astronomie.
Auch diese Einstellung ist richtungsweisend für die Zukunft. Schließlich bedeutet seine Spezialisierung auf die Wissenschaften Mathematik
und Astronomie nicht nur den Anfang der berühmten Wiener Mathematikerschule des 15. Jahrhunderts, sondern auch den Keim der ersten
Fachprofessur aus Mathematik an einer Universität.

Innerhalb der Geschichte der Mathematik ist also Johannes von
Gmunden als Wegbereiter einer Blütezeit der wissenschaftlichen For-
schung anzusehen. Es gebührt ihm daher mit Recht ein prominenter
Platz in der Entwicklungsgeschichte dieser Wissenschaft.

INTERNATIONALES JOHANNES-VON-GMUNDEN-SYMPOSIUM

Dokumentation

Herausgegeben von
HELMUTH GRÖSSING

ÖSTERREICHISCHE KARTOGRAPHISCHE LEISTUNGEN IM 15. UND 16. JAHRHUNDERT

Von FRANZ WAWRIK

Die Wiener mathematisch-astronomische Schule löste fast zwangsweise befruchtende Impulse auf die Geographie aus. Die bedeutenden Kenntnisse der Antike in dieser Wissenschaftsdisziplin waren im Mittelalter fast gänzlich vergessen worden. Die christliche Kirche gab sich in ihrer offiziellen Lehrmeinung betont wissenschaftsfeindlich, zumindest aber gleichgültig, weil sie — wie so mancher Kirchenvater aussagte — die Kenntnis um die Erde keineswegs notwendig für die Erlangung des ewigen Seelenheils ansah. Ja, man befürchtete, daß allzuviel Wissen um irdische Dinge für ein streng gläubiges Leben eher hinderlich wäre. Die im Altertum bereits weitgehend unumstrittene Lehre von der Kugelgestalt der Erde wurde von der Kirche wegen angeblicher Unvereinbarkeit mit verschiedenen Aussagen der Bibel abgelehnt. Dennoch gab es hier einige Ausnahmen, etwa den heiligen Augustinus, Isidor von Sevilla und Beda Venerabilis, die mehr oder weniger konsequent für die Kugellehre eintraten, vor der Antipodentheorie — die den eigentlichen Zündstoff bildete — wahrscheinlich ganz im Sinne christlichen Gehorsams doch noch zurückschreckten. Für die offizielle Bibelauslegung des Mittelalters erhob sich nämlich das für jene Zeit nicht zu umgehende Problem, daß die katholische Heilslehre über die angeblich vorhandene unbewohnbare Zone am Äquator nicht auf die südliche Erdhalbkugel zu den Antipoden gelangen konnte, obwohl die Heilige Schrift die Erlösung für alle Menschen versprach. Ein Kleriker, der dennoch gerade die Existenz der Antipoden für möglich hielt, war der aus Irland gebürtige, in Salzburg wirkende Mönch Virgil[1]. Um seine kirchliche Karriere nicht zu gefährden, ist der Ire dann aber von seiner Ansicht zurückgetreten.

Während der folgenden 600 Jahre tat sich auf dem Territorium des heutigen Österreichs auf dem Gebiet der Erdwissenschaften recht

---

[1] HEINZ DOPSCH, Virgil von Salzburg († 784). Aus Leben und Wirken des Patrons der Rattenberger Pfarrkirche. *Festschrift St. Virgil in Rattenberg.* Rattenberg 1983, 40.

wenig. Erste Aktivitäten hatten sich bald nach der Gründung der Wiener Universität ergeben, und zwar auf dem Umweg über die Astronomie. Eine erste Koordinatenbestimmung für Wien erfolgte 1365/1366 — vielleicht sogar von Albert von Sachsen (oder von Rickensdorf, 1316—1390), dem ersten Rektor, selbst ausgeführt[2]. Albert beschäftigte sich intensiv mit den Naturwissenschaften und fertigte sogar eigenhändig in Paris und Wien eine Abschrift von Aristoteles' Physik, den *Questiones super librum de coelo et mundo*, an, die auch einen Abriß über die astronomische Geographie (um diesen modernen Ausdruck zu gebrauchen) enthielt[3]. Einer seiner Nachfolger, Heinrich von Langenstein (oder Henricus de Hassia, 1325—1397), der 1384 von der Sorbonne nach Wien überwechselte und hier zum Rektor ernannt wurde, beschrieb astronomische Instrumente, darunter das Astrolab, das auch für die terrestrische Winkelmessung von entscheidender Bedeutung war[4]. Wichtig für den Universitätsbetrieb wurde in hohem Maß, daß die Professoren und Studenten infolge ihrer hohen Mobilität sowie ihren ausgeprägten internationalen Beziehungen neue wissenschaftliche Erkenntnisse relativ rasch erfuhren und weiterliefern konnten. War vor 1400 Paris ein Zentrum der astronomischen Forschung gewesen, übernahm bald nach ihrer Gründung, 1392, die Universität Erfurt diese Rolle[5]. Auch Wien hatte schon vor 1400 einen ausgezeichneten Ruf, was die Naturwissenschaften anbelangte. Er erfuhr eine weitere Steigerung, als 1409 zahlreiche Professoren und Studenten der Prager Alma mater, die der deutschen Nation angehörten, Böhmen wegen des von König Wenzel IV. erlassenen Kuttenberger Dekrets verließen, das ihnen die Vorherrschaft nahm und den Tschechen übertrug, und an die Donau übersiedelten.

---

[2] Die Werte waren 35° 30', 47° (richtig 32° 24', 48° 12'). Vgl. Hugo Hassinger, *Österreichs Anteil an der Erforschung der Erde*. Wien 1949, 48.

[3] *Das Werden eines neuen astronomischen Weltbildes im Spiegel alter Handschriften und Druckwerke. Ausstellung zum 500. Geburtsjahr des Nicolaus Copernicus*. Wien 1973, 4—5.

[4] Hassinger, *Anteil*, 29. — *Werden*, 5. — Ernst Zinner, *Deutsche und niederländische astronomische Instrumente des 11.—18. Jahrhunderts*. 2. erg. Aufl. München 1967, 424.

[5] Dana Bennett Durand, *The Vienna-Klosterneuburg Map Corpus of the fifteenth century*. Leiden 1952, 32—39.

[6] Ernst Zinner, *Fränkische Sternkunde im 11. bis 16. Jahrhundert*. Bamberg 1934; (Bericht der Naturforschenden Gesellschaft in Bamberg 27), 6, 19, 44, 48. — Durand, *Map Corpus*, 41—47.

Zu den ausgewanderten Deutschböhmen gehörten auch der bis
nach Italien hin berühmte Arzt und Astronom Johann Schindel (* 1370
Königgrätz, Schintel, Sintel, † 1450)[6], sowie ein Magister Reinhard von
Prag — höchstwahrscheinlich identisch mit Reinhard Gensfelder aus
Nürnberg —, über den im Zusammenhang mit der noch ausführlich zu
besprechenden ältesten modernen Mitteleuropa-Karte zu sprechen sein
wird. Schindel beschäftigte sich außer mit astronomischen Problemen
u. a. auch mit der Bestimmung der Erdgröße. Gemeinsam mit Johannes
von Gmunden aus Oberösterreich (mit dem man ihn in der Forschung
nicht selten verwechselte) und dem Prior Georg Muestinger von
Klosterneuburg wurde er zu einer der Stützen der „Ersten Wiener
mathematisch-astronomischen Schule". Das Stift Klosterneuburg erfuhr nach Jahren des Niedergangs unter dem 1418 zum Leiter gewählten, aus Petronell stammenden Muestinger einen sowohl wirtschaft-
lichen wie auch kulturellen Aufstieg. Der Prior selbst — er war übrigens
außerdem noch Generalvikar der Erzdiözese Salzburg — scheint, was
seine Entsendung zum Konzil von Basel (1439) vermuten läßt, ein tüchtiger Theologe gewesen zu sein. Von überragender Wichtigkeit aber
war er als Wissenschafter; und er war von den drei Gelehrten der Wiener Schule jener, der sich offensichtlich am meisten für Geographie
interessierte[7]. 1421 ließ er von einem Mitglied seines Klosters in Padua
etliche Manuskripte aufkaufen, und es spricht einiges dafür, daß sich
unter den Erwerbungen eine Abschrift der erst seit knapp mehr als
20 Jahren von Byzanz nach Italien gebrachten und um 1409 vom Griechischen ins Lateinische übersetzten *Geographie* des Claudius Ptolemäus befand. Eine weitere, 1442 in Klosterneuburg selbst ausgeführte
Kopie des Werks stammt von einem aus dem östlichen Franken gebürtigen Schreiber namens Conrad Roesner[8]. Der Codex wird heute in der
Handschriftensammlung der Österreichischen Nationalbibliothek verwahrt; er besteht aus acht Textbüchern, die dazugehörenden Karten
fehlen leider[9]. Schindel, Johann von Gmunden und Muestinger folgte in
der nächsten Generation — sozusagen als wissenschaftliche Steigerung
— der aus Oberösterreich gebürtige Georg Aunpeck von Peuerbach
(* 1423 Peuerbach, † 1461 Wien), dem neben seinen hervorragenden
naturwissenschaftlichen Kenntnissen auch ausgezeichnete sprachliche

---

[7] HASSINGER, *Anteil,* 51—53.
[8] DURAND, *Map Corpus,* 58.
[9] Österreichische Nationalbibliothek, Handschriftensammlung, Cod. 3162,
fol. 1ᵛ—177ʳ.

Fähigkeiten zugute kamen[10]. Er war, nachdem er Griechisch gelernt
hatte, in der Lage, die wichtigen antiken Werke in der Originalsprache
— frei von allen durch mangelhafte Übersetzung entstandenen Fehlern
und Unklarheiten — zu lesen. Während seines dreijährigen Aufenthalts
in Italien konnte er Kontakte zu den wichtigsten zeitgenössischen Humanisten aufnehmen. Zweifellos lernte er auf diese Weise die ptolemäische Geographie besonders kennen und darüber hinaus auch schon
die ersten *Tabulae modernae.* Jene Karten also, mit denen die humanistischen Kartographen bereits — nachdem sie die Unzulänglichkeiten
der Darstellungen des Alexandriners erkannt hatten — diese zu verbessern suchten. Die erste derart erarbeitete Tafel war die Nordland-
Karte des dänischen Wanderpriesters Claudius Clavus, die dieser in
Anlehnung an die Methode des Ptolemäus in Italien im zweiten Jahr-
zehnt des 15. Jahrhunderts entworfen hatte und die der französische
Renaissance-Kardinal Guillaume Fillastre um 1427 in seine Rezension
der *Geographie* erstmals aufnehmen ließ[11]. Maßgebend für Peuerbachs
geographische Ambitionen könnte sich seine Freundschaft mit Enea
Silvio Piccolomini, dem Sekretär Kaiser Friedrichs III. und späteren
Papst Pius II., ausgewirkt haben, der als der früheste italienische
Humanist nach Österreich kam. Von ihm stammt eine Kosmographie
und eine Beschreibung Deutschlands[12]. Und auch Peuerbachs Kontakte
zu Nicolaus Cusanus, dem ersten deutschen Humanisten und Autor der
frühesten *Tabula moderna* Mitteleuropas. Peuerbach selbst führte Orts-
messungen durch, etwa von Buda — während einer Ungarnreise. Möglicherweise rühren von ihm auch Vorarbeiten zu jener Textrezension der
ptolemäischen *Geographie* her, die Johann Werner 1514 in Nürnberg fer-
tigstellte. Auch Peuerbachs Schüler und jüngerer Freund, der geniale
Johannes Regiomontan (Müller aus Königsberg/Franken, * 1436,
† 1476), beschäftigte sich — wenn auch nur am Rande seiner weit-
gespannten Interessen — mit geographischen Problemen. Er bestimmte
die Koordinaten für Wien neu[13] und erzielte dabei für die geographische
Breite mit 48° einen Wert, der dem exakten Ergebnis bis auf 12′ beacht-

---

[10] *Werden,* 10—16.
[11] Axel A. Björnbo und Carl S. Petersen, *Der Däne Claudius Claussøn
Swart; der älteste Kartograph des Nordens, der erste Ptolemaeus Epigon der Renaissance.* Innsbruck 1909.
[12] Durand, *Map Corpus,* 62.
[13] Günther Hamann, *Regiomontans Wiener Zeit, sein Verhältnis zu Georg
von Peuerbach und seine Wanderjahre. 500 Jahre Regiomontan, 500 Jahre Astronomie* (Ausstellungskatalog). Nürnberg 1976, 29.

lich nahekam. Dadurch konnte die Darstellung des Laufs der Donau gegenüber der auf den ptolemäischen Mitteleuropa-Karten (46° 50′) stark verbessert werden[14]. Der Gelehrte exzerpierte auch eine Kosmographie, wobei es sich eigentlich wohl nur um das Werk von Enea Silvio oder jenes von Ptolemäus gehandelt haben kann[15]. Letzteres — so erfahren wir aus einer Anzeige aus der Nürnberger Druckerei des Königsbergers von 1474[16] — wollte er mit einem kritischen Kommentar versehen, doch ist es dazu wegen seines überraschenden Todes (zwei Jahre später) nicht mehr gekommen[17].

Als sichtbare Ergebnisse der Ersten Wiener mathematisch-astronomischen Schule im Bereich der Kartographie ist eine ganze Reihe von Karten, Kartenskizzen und Koordinatenlisten in verschiedenen europäischen Archiven und Bibliotheken überliefert worden. DANA BENNETT DURAND, einem amerikanischen Kartographiehistoriker, gelang es vor dem Zweiten Weltkrieg in jahrelanger, mühevoller Arbeit, zahlreiche diesbezügliche Archivalien zusammenzutragen und auszuwerten. Er faßte alle entsprechenden Unterlagen, die er der Wiener Schule zuordnen zu können glaubte, unter der Bezeichnung „Vienna-Klosterneuburg Map Corpus" zusammen. Es würde hier viel zu weit führen, alle darunterfallenden Dokumente, so wertvoll sie für die Kartographie des 15. Jahrhunderts auch sein mögen, nur einigermaßen detailliert zu behandeln. Daher soll nur auf eine einzige Karte näher eingegangen werden, auf die „Klosterneuburg Map of Central Europe" — wie sie DURAND[18] — die „Fridericus-Karte" — wie sie der Wiener Kartographiehistoriker ERNST BERNLEITHNER[19] nannte (Abb. 1). Die Karte selbst blieb nicht erhalten, ja wir wissen nicht einmal mit letzter Gewiß-

---

[14] LUCIEN GALLOIS, *Les Géographes Allemands de la Renaissance*. Paris 1890; (= Bibliothèque de la Faculté des Lettres de Lyon, 13), 10.

[15] HELMUTH GRÖSSING, *Humanistische Naturwissenschaft. Zur Geschichte der Wiener mathematischen Schulen des 15. und 16. Jahrhunderts* (Habil.-Schrift). Wien 1982, 166.

[16] Originaltitel *Haec fient in oppido Nuremberga Germaniae ductu Joannis de Monte regio.*

[17] GRÖSSING, *Naturwissenschaft*, 242.

[18] DURAND, *Map Corpus*, 228—251.

[19] ERNST BERNLEITHNER, Die Klosterneuburger Fridericuskarte von 1421. *Mitteilungen der Geographischen Gesellschaft in Wien* 98 (1956), 199—203. — ERNST BERNLEITHNER, Die Klosterneuburger Fridericuskarte von etwa 1421. *Kartengeschichte und Kartenbearbeitung*. Bad Godesberg 1968, 41—44. — HUGO HASSINGER, Anfänge der österreichischen Kartographie. *Bericht in der Fachsitzung der Geographischen Gesellschaft in Wien* 91 (1949), 7—9.

heit, ob sie überhaupt jemals tatsächlich existierte. Von ihr überliefert
blieben im Codex Latinus Monacensis 14.583 der Bayerischen Staatsbibliothek eine Koordinatenliste[20] mit Eintragungen von 703 Orten
Mitteleuropas, verteilt über ein Gebiet, das sich von Lothringen bis zur
Slowakei und von Brandenburg bis zur Lombardei hin erstreckt, sowie
eine Anzahl von Skizzen von Flußsystemen[21], die eben auf der Karte
vorkommen, wie Donau, Rhein, Main und Elbe. DURAND,
BERNLEITHNER und noch einige Wissenschafter versuchten die Wien-
Klosterneuburg-Karte zu rekonstruieren und kamen dabei — sieht man
von formalen Differenzen ab — zum selben Ergebnis. Bemerkenswert
erscheint dabei vor allem die Abbildungsart der Karte (von einer Projektion kann man zweifellos nicht sprechen), weil sie für jene Zeit sehr
selten ist. Wir kennen sie sonst bloß von einigen anderen Landkarten
des *Map Corpus* sowie von den mittelalterlichen Seekarten, den Portulanen. Es handelt sich dabei um die Kombination einer Winkel- und einer
Entfernungsmessung. Möglicherweise geht diese Konstruktions-
variante sogar auf die islamische Kartographie zurück. Dieses polare
System sieht rein äußerlich einer Azimutalprojektion ähnlich, ohne
aber die Erdkrümmung zu berücksichtigen. Vom Pol, der unweit von
Hallein liegt, gehen zwölf Strahlen aus — gegen den Uhrzeigersinn
gezählt von 0 bis 11 —, wodurch ebensoviele Sektoren von jeweils 30°
entstehen. Die Poldistanzen der Orte werden gleichfalls in Graden und
Minuten angegeben; doch dürfen diese keinesfalls mit unseren heutigen
Breitengraden verwechselt werden. Einige Beispiele: Wien 11^s 28° 40′
Länge und 45° 40′ Poldistanz, Klosterneuburg 0^s 0° 20′ Länge und
44° 5′ Poldistanz, Coburg 2^s 16° 25′ Länge und 49° 25′ Poldistanz und
schließlich Sterzing 6^s 3° 0′ Länge und 16° 10′ Poldistanz. Interessanterweise endet mit Sterzing die nach Sektoren geordnete Koordinatenliste; es gibt somit nur Eintragungen für die Sektoren 0—6 (und im
letzten Abschnitt gibt es nur Sterzing), die die nördliche Hälfte der
Karte bilden. Aus den Koordinaten wie aus den hydrographischen
Skizzen ergibt sich eindeutig, daß die Karte südsüdost-orientiert gewesen sein muß.

Über die Entstehung der Wien-Klosterneuburg-Karte ist seit der
Auffindung der Koordinatentafeln 1877 durch SIEGMUND GÜNTHER[22]

---

[20] Bayerische Staatsbibliothek, Codex Latinus Monacensis 14.583,
fol. 286^r–298^r.

[21] Codex Latinus Monacensis 14.583, fol. 507^r–514^r.

[22] SIEGMUND GÜNTHER, Analyse einiger kosmographischer Codices der
Münchener Hof- und Staatsbibliothek. *Studien zur Geschichte der mathematischen
und physikalischen Geographie.* Halle a. d. Saale 1877–1879, 217–275.

viel gerätselt worden. Es hat sich nun aber doch weitgehend die von
DURAND vertretene Ansicht durchgesetzt: Danach ist die Karte das
Werk einer Gruppe von Wissenschaftern, die in Klosterneuburg unter
der Aufsicht des schon erwähnten Magisters REINHARD VON PRAG
während seines Aufenthalts in Klosterneuburg, 1440–1442, wirkte. Dieser Reinhard Gensfelder[23] führte ein Wanderleben, wie es wohl für
einen Gelehrten in den letzten Dekaden des Mittelalters als typisch angesehen werden muß. Aus Nürnberg stammend, studierte er in Prag und
Padua, 1408 erhielt er das Magisterium artium, 1433 lebte er in Wien,
1433–1436 in Salzburg, 1440 in Passau; Anfang der vierziger Jahre ist
er in Klosterneuburg nachweisbar, wo er für Propst Muestinger als Kal-
ligraph mathematischer und astronomischer Texte fungierte. Ab 1444
war er schließlich Pfarrer in Tegernheim bei Regensburg, und hier starb
er 1450 (nach anderen Überlieferungen 1457). Zum Unterschied von
DURAND schlug BERNLEITHNER als Verfasser den aus dem Benedikti-
nerstift St. Emmeram in Regensburg stammenden Frater Fridericus
(mit Familiennamen möglicherweise Amman) vor, von dem jedoch bloß
die vermutlich von der in Klosterneuburg befindlichen Originalkarte ab-
genommenen Koordinaten im Münchner Codex 1449 kopiert wurden[24].
BERNLEITHNER nahm als Termin für die Entstehung seiner „Fridericus-Karte" ungefähr das Jahr 1421 an, weil für diesen Zeitpunkt in den
klösterlichen Rechnungsbüchern Ausgaben für eine – wie es heißt –
Mappa (also für eine Karte) zu finden sind, ohne daß allerdings Näheres
über den Typus der Karte ausgesagt wird[25].

Verblüffend wirkt die Genauigkeit der Darstellung. Erst mehr als
200 Jahre später – im 17. Jahrhundert – gelang es den Kartenzeich-
nern, ähnlich wirklichkeitsgetreue Tafeln zu verfassen. Das Fichtel-
gebirge und der Mainlauf etwa bestechen durch besondere Exaktheit.
Mängel weist hingegen die Einzeichnung des Donaulaufs auf; dabei
wirkt speziell der großangelegte Bogen zwischen Passau und Wien (genauer im Bereich der Wachau) übertrieben. Dies hängt natürlich mit der
Qualität der zur Verfügung stehenden astronomischen Koordinaten der
einzelnen Orte zusammen. Es scheint, daß die Meßergebnisse von ver-

---

[23] GRÖSSING, *Naturwissenschaft*, 164.
[24] FRITZ BÖNISCH, Bemerkungen zu den Wien-Klosterneuburg-Karten
des 15. Jahrhunderts. *Kartengeschichte und Kartenbearbeitung.* Bad Godesberg
1968, 45–46.
[25] BERNLEITHNER, Fridericuskarte. *Kartengeschichte,* 41. – HASSINGER,
Anteil, 55.

schiedenen Astronomen dem Autorenteam geliefert wurden. So weisen
z. B. die Positionsangaben des Traunsees und des relativ unbedeuten-
den Ortes Peuerbach in Oberösterreich auf die beiden berühmten Gelehrten Johannes von Gmunden und Georg von Peuerbach hin. Die
Position des Pols in der Nähe Salzburgs sowie der Verlauf des 0°-Strah-
les von Salzburg in Richtung Klosterneuburg könnten als Würdigung
Reinhards an Georg Muestinger verstanden werden.

Bereits zu Beginn der Blütezeit der Wiener mathematisch-astronomischen Schule, vermutlich 1421/1422, entstand der älteste Stadtplan
Wiens, von dem allerdings bloß ein Nachstich aus der zweiten Hälfte
des 15. Jahrhunderts auf uns gekommen ist. Erst vor knapp mehr als
zehn Jahren konnte MAX KRATOCHWILL aufgrund präziser Überprü-
fungen und scharfsinniger Schlußfolgerungen die Echtheit der an-
onymen, kolorierten Federzeichnung wohl endgültig nachweisen[26]. Die
Zeichnung bietet einen etwas schematisierten Überblick über die Stadt
mit ihrem zinnengekrönten mittelalterlichen Mauergürtel zuzüglich
dem unmittelbaren Vorfeld. Überraschend findet sich in einer Ecke des
Blattes eine Nebenkarte von Preßburg. Im wesentlichen sind die kirchlichen Bauten eingetragen; außerdem die Hofburg, die Universität, der
Passauerhof, das „Paradeisgartl", ein Lustgarten, — und die Burg von
Preßburg. An Gewässern treten auf: die Donau, der Wienfluß und der
noch unverbaute Alsbach. Für die einfachen und doppelten Linien, die
scheinbar willkürlich außerhalb der Stadtmauer verlaufen, wurde von
REINHART HÄRTEL die (eher fragwürdige) Erklärung gefunden, daß es
sich dabei um Prozessionswege handle[27].

Das gleichzeitige Vorhandensein von Wien und Preßburg läßt für
die Entstehung der Vorlage das Jahr 1421 als wahrscheinlich gelten,
weil zu dieser Zeit in Preßburg die Hochzeit Albrechts V. (als Kaiser
Albrecht II.) mit Elisabeth von Luxemburg stattfand. Rätselhaft bleibt
nach wie vor die Maßstableiste, nachdem Kontrollmessungen beträcht-
liche Ungenauigkeiten ergaben. Damit wird auch die früher gerne vor-
genommene Zuschreibung dieses sogenannten „Albertinischen Plans"

---

[26] MAX KRATOCHWILL, Zur Frage der Echtheit des „Albertinischen Planes" von Wien. *Jahrbuch des Vereines für Geschichte der Stadt Wien* 29 (1973), 7—
36. — JOHANNES DÖRFLINGER, ROBERT WAGNER, FRANZ WAWRIK, *Descriptio
Austriae*. Wien 1977, 64—65, Taf. 11.
[27] REINHART HÄRTEL, Inhalt und Bedeutung des „Albertinischen Planes"
von Wien. Ein Beitrag zur Kartographie des Mittelalters. *Mitteilungen des Instituts für Österreichische Geschichtsforschung* 87 (1979), 337—362.

an Johann von Gmunden oder zumindest an sein geistiges Umfeld problematisch. Es könnte sein, daß der Maßstab auf dem Original noch nicht vorhanden war, sondern erst — vielleicht um nachträglich Genauigkeit vorzutäuschen — auf der Kopie eingetragen wurde.

Wenngleich das 15. Jahrhundert eine Zeit des Umbruchs darstellte, wo mittelalterlich-scholastische Wissenschaftsinhalte den neuzeitlich-humanistischen italienischer Prägung weichen mußten, so hielten sich die althergebrachten Traditionen auch in der Kartographie noch zäh über Jahrzehnte hinweg. Als ein Beispiel mag die Walsperger-Karte gelten[28], die Ende des vergangenen Jahrhunderts in der Biblioteca Vaticana wieder ans Licht kam. Die noch in mittelalterlicher Mönchsart angefertigte Radkarte beruhte andererseits, was den Karteninhalt anbelangt, zum Teil schon auf den ptolemäischen Tafeln und den Portulanen; ferner weist sie als erste Darstellung einen Meilenmaßstab auf. Durch die Farben der Ortssignaturen wurden christliche von nichtchristlichen Städten unterschieden. Einem Mitarbeiter der Stiftsbibliothek von St. Peter in Salzburg, Ivo von Pomper, gelang erst kürzlich anläßlich von Vorarbeiten für die Faksimilierung der Weltkarte, die Biographie des Autors Andreas Walsperger ein wenig aufzuhellen. Demnach stammte er aus der Gegend von Radkersburg in der Steiermark, trat in den Benediktinerorden ein und wirkte von 1434 bis 1442 in St. Peter; die Karte selbst stellte er 1444 in Konstanz her.

In der zweiten Hälfte des 15. Jahrhunderts lag der Schwerpunkt der kartographischen Entwicklung unbestritten in Italien, wo interessanterweise Deutsche, die über die Alpen nach dem Süden gekommen waren, sehr befruchtend mitwirkten. Dies gilt in hohem Maße für die Anfertigung der zahlreichen Ptolemäus-Manuskripte, deren laufend vermehrte *Tabulae modernae* für ihre Konzeption hervorragende Kartographen nötig hatten. Der bedeutendste von ihnen, Donus Nicolaus Germanus[29], entstammte vermutlich dem Benediktinerkloster Reichenbach, das einige Mitglieder der Wiener mathematisch-astronomi-

---

[28] Karl-Heinz Meine: Zur Weltkarte des Andreas Walsperger, Konstanz 1448. *Kartenhistorisches Colloquium Bayreuth '82* Berlin 1983, 17–30. – Konrad Kretschmer, Eine neue mittelalterliche Weltkarte in der vatikanischen Bibliothek. *Zeitschrift der Gesellschaft für Erdkunde zu Berlin* 26 (1981), 371–406. Repr. *Acta Cartographica* 6 (1969), 237–272.

[29] Józef Babicz, Donus Nicolaus Germanus — Probleme seiner Biographie und sein Platz in der Rezeption der ptolemäischen Geographie. *Land- und Seekarten im Mittelalter und in der frühen Neuzeit*. München 1980; (Wolfenbütteler Forschungen 7), 9–42.

schen Schule (sicher samt ihren wissenschaftlichen Unterlagen) aufnahm, als diese bedingt durch den beinahe gleichzeitigen Tod Johanns
von Gmunden und Georg Muestingers (1442) ziemlich abrupt auseinan-
derfiel. Es gilt überdies als wahrscheinlich, daß Nicolaus Cusanus,
erstens durch seine Bekanntschaft mit Georg von Peuerbach, zweitens
durch den Ankauf von wissenschaftlichen Unterlagen aus der Wiener
Schule, Material in die Hände bekam, das ihm die Anfertigung seiner
berühmten Mitteleuropa-Karte erlaubte oder zumindest erleichterte.
Und eben diese Cusanus-Karte in ihren beiden überlieferten Versionen,
der gedruckten Eichstätt-Karte von (mit Vorbehalt) 1491 sowie der
Handzeichnung des Henricus Martellus Germanus — ebenfalls ein
deutscher Kartograph —, wiederum bildete die Vorlage für eine ganze
Serie weiterer Darstellungen Mitteleuropas. Ich möchte daraus nur die
Tafel des aus Feldkirch in Vorarlberg gebürtigen Nürnberger Stadt-
medicus Hieronymus Müntzer (1437—1508), die in der Schedelschen
Weltchronik von 1493 Aufnahme fand, sowie die *Tabula moderna* in der
römischen Ptolemäus-Ausgabe des Marcus Beneventanus von 1507 her-
vorheben (Abb. 2). Alle diese Karten aber weisen so manche Parallele
zur Wien-Klosterneuburg-Karte auf. Daneben scheint es auch Überein-
stimmungen der Wiener Karte mit der wichtigen anderen Karte Mitteleuropas zu geben, nämlich der 1492 gedruckten „Romweg-Karte" des
Nürnberger Instrumentenbauers Erhard Etzlaub, von der bis in die drei-
ßiger Jahre des 16. Jahrhunderts etliche Varianten und Nachdrucke
entstanden[30]. Eine exakte Beurteilung dieses Problems blieb bisher
jedoch noch offen.

In der zweiten Hälfte des 15. Jahrhunderts verlor die Wiener Universität ständig an Bedeutung, sowohl durch die in der Stadt ausgetra-
genen Streitigkeiten der beiden Habsburger Brüder Albrecht VI. und
Friedrich III. und die Pestepidemie von 1481 wie auch wegen der Beset-
zung Wiens durch Matthias Corvinus. Der Niedergang der Hohen
Schule wurde erst durch die Berufung des „Erzhumanisten" Conrad
Celtes (Pickel, 1459—1508) aufgehalten und bald in sein Gegenteil ver-
kehrt. Celtes gründete nach italienischem Vorbild wissenschaftliche
Gesellschaften. Im kartographischen Bereich tat er sich durch Vorlesungen über das Werk des Ptolemäus und über Globen hervor. An-
geblich fertigte er sogar selbst welche an; jedenfalls benutzte er sie als
Demonstrationsobjekte in seinen Vorlesungen. Nach einer Theorie

---

[30] DURAND, *Map Corpus*, 252—270.

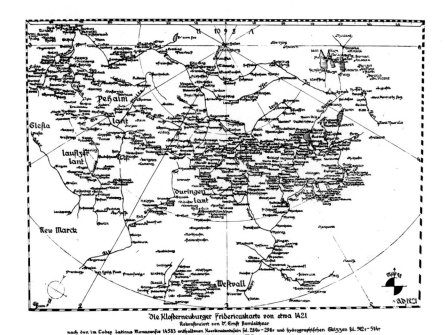

Abb. 1: „Fridericus-Karte". 1. Hälfte des 15. Jahrhunderts. Rekonstruiert v.
Ernst Bernleithner. Wien 1956.

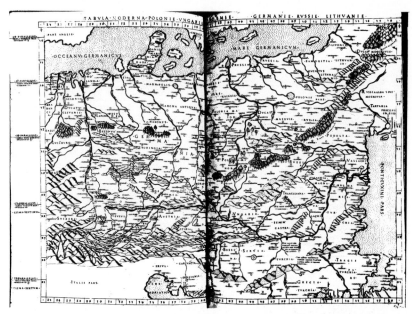

Abb. 2: Marcus Beneventanus: „Tabula moderna" von Mitteleuropa. In: Claudius Ptolemäus, „Geographia", Rom 1507.

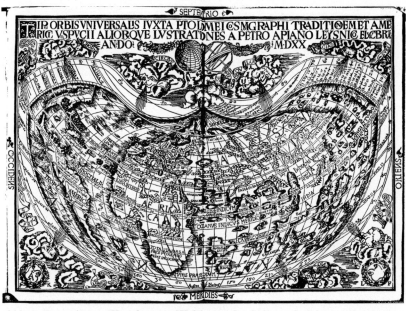

Abb. 3: Peter Apian: Herzförmige Weltkarte. In: Solinus, Polyhistor Enarratio, Wien 1520.

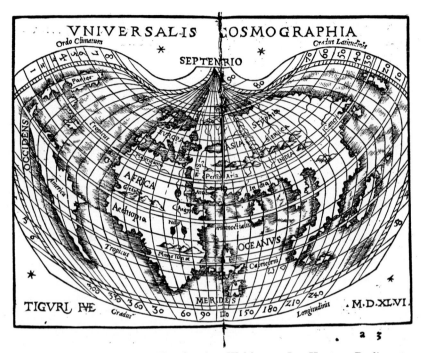

Abb. 4: Johannes Honter: Herzförmige Weltkarte. In: Honter, Rudimenta cosmographica, Zürich 1546.

Abb. 5: Sigismund v. Herberstein: Karte von Rußland. In: Herberstein, Rerum Moscoviticarum, Wien 1549.

Bernleithners[31] könnten diese Globen — wahrscheinlich handelte es sich dabei bloß um Himmelsgloben — aus der Werkstätte von Hans Dorn (1430/1440—1509) hervorgegangen sein, einem Mitglied des Predigerordens[32]. Dieser Mönch (nach Georg Tannstetter), ein Schüler Peuerbachs und Regiomontans, kam nach Aufenthalten in Ungarn und Nürnberg zuletzt 1491 nach Wien. Von ihm ist u. a. ein Himmelsglobus erhalten, der sich in der Universitätsbibliothek Krakau befindet. Celtes war es übrigens, der die weltberühmte Tabula Peutingeriana in einem nicht näher genannten süddeutschen Kloster entdeckte und der für Kaiser Maximilian I. eine Bibliothek einrichtete, in deren Bestand sich auch Globen und Weltkarten befunden haben sollen. Unter den Angehörigen des Kreises um Celtes gilt unser Interesse etwa dem bayerischen Hofbeamten Johannes Aventinus (Turmayr, 1477—1534), dessen *Bairische Mappa* 1523 in Landshut erschien; die früheste Regionalkarte des Landes[33].

Maximilian hatte den aus Ravensburg kommenden Wiener Domherrn Ladislaus Sunthaym mit der Abfassung einer Familiengeschichte der Habsburger beauftragt. Das Werk, das auch Karten enthalten sollte, kam jedoch niemals zustande. Später fungierte als Hofhistoriograph des Kaisers Johann Cuspinian (Spießheimer, 1473—1529) aus Schweinfurt/Franken. Dieser hatte seine Wiener Lehrtätigkeit vermutlich mit der Kommentierung eines kosmographischen Lehrgedichts von Dionysius Alexandrinus begonnen; er bestieg 1506 gemeinsam mit Maximilian den Traunstein und stellte eine Landeskunde von Österreich mit dem Titel „Austria" her, zu der ihr Freund Johannes Stabius († 1522) die vom Kaiser erwünschten Landkarten beisteuern sollte[34]. Fortan wurde die Verknüpfung von historischen und geographisch-kartographischen Elementen typisch für die österreichische Landeskunde. Als die *Austria* endlich 1553 in Basel, bei Oporinus, erschien, waren darin keine Karten enthalten. Wahrscheinlich sind sie nie vollendet worden. Cuspinian beteiligte sich auch an der ersten, 1528 gedruckten Karte Ungarns, indem er die zahlreichen darauf verteilten historischen Notizen verfertigte; darunter auch den Hinweis auf die nur zwei Jahre zuvor für die Christenheit so unglücklich verlaufene Schlacht von Mohács.

[31] Ernst Bernleithner, Kartographie und Globographie an der Wiener Universität im 15. und 16. Jahrhundert. *Der Globusfreund* 25—27 (1978), 128.

[32] Zinner, *Instrumente,* 292—297.

[33] Grössing, *Naturwissenschaft,* 338—339.

[34] Ernst Trenkler, Johannes Cuspinian, Gelehrter und Bücherfreund. *Biblos* 9/2 (1980), 71—90.

Zum Freundeskreis von Celtes gehörte auch der aus dem oberösterreichischen Steyr gebürtige Johannes Stabius[35]. Er hatte 1498–
1503 Mathematik in Ingolstadt gelehrt, bevor er nach Wien übersiedelte
(übrigens gemeinsam mit Tannstetter), um hier als Maximilians Hofhistoriograph tätig zu werden. In all den Jahren reiste er öfter nach
Nürnberg, wo er gemeinsam mit den Mathematikern Johannes Werner
und Conrad Heinfogel sowie mit dem Allroundkünstler und -wissen-
schafter Albrecht Dürer verschiedene kartographische Arbeiten aus-
führte. So stellte Werner 1514 in einer Abhandlung die sogenannte herzförmige Kartenprojektion vor, deren Erfindung er dem Stabius zu-
schrieb. Die unechte polständige Kegelprojektion, die erste flächen-
treue Abbildungsart der Erdoberfläche, erfreute sich im weiteren Verlauf des 16. Jahrhunderts großer Beliebtheit und wurde u. a. 1530 von
Peter Apian für eine Weltkarte verwendet. Bekannt sind außerdem die
von Stabius gemeinsam mit Dürer und Heinfogel geschaffenen beiden
Sternkarten sowie die Darstellung der östlichen Erdhalbkugel; alles aus
dem Jahr 1515. Das in einer eigenen Projektion, der orthographischen
Horizontalprojektion entworfene, kugelförmig wirkende Erdbild zeigt
die Alte Welt. Wie GÜNTHER HAMANN nachweisen konnte, basiert das
Kartenbild auf der *Geographie* des Ptolemäus, der Weltkarte des Henricus Martellus Germanus (ca. 1489) und dem Globus des Martin Behaim
(1492)[36]. Eine von Stabius angeblich gezeichnete Karte Kärntens ist
hingegen nicht mehr nachweisbar.

So entstand anfangs des 16. Jahrhunderts eine Zweite mathematisch-astronomische Schule, als deren Leitfigur der angesehene Arzt
und Naturwissenschafter Georg Tannstetter (Collimitius, 1482–1535)
aus Bayern anzusehen ist[37]. Er beschäftigte sich mit der Kartographie
Österreichs und war außerdem an der Entstehung der Ungarn-Karte be-
teiligt. Als Hauptverantwortlicher daran muß jedoch ein gewisser Lazarus, Sekretär des Bischofs von Esztergom (Gran)[38], ein Schüler Tann-
stetters an der Wiener Universität, gelten. Weitere Mitarbeiter waren

---

[35] HELMUTH GRÖSSING, Johannes Stabius. Ein Oberösterreicher im Kreis
der Humanisten um Kaiser Maximilian I. *Mitteilungen des Oberösterreichischen
Landesarchivs* 9 (1968), 239–264.
[36] GÜNTHER HAMANN, Der Behaim-Globus als Vorbild der Stabius-Dürer-
Karte von 1515. *Der Globusfreund* 25–27 (1978), 135–147.
[37] GRÖSSING, *Naturwissenschaft*, 320–323.
[38] LAJOS STEGENA (Hrsg.), *Lazarus secretarius. The first Hungarian map-
maker and his work.* Budapest 1982 (Faksimile-Ausgabe).

Jacob Ziegler[39], ein Studienkollege des Lazarus, und noch Peter Apian, beide aus Bayern und beide ebenfalls Hörer von Tannstetter. Apian veröffentlichte die Karte aus Anlaß der Krönung Ferdinands I. zum ungarischen König in seiner in Ingolstadt eröffneten Druckerei. Die Vermessungsarbeiten und die Zeichnung müssen aber schon um 1514 entstanden sein. Obwohl dies die erste Karte Ungarns war (und eine der frühesten eines ganzen Landes überhaupt), muß sie als eine (gemessen an gleichzeitigen Produkten) Meisterleistung angesehen werden. Von Peter Apian gibt es außer der schon erwähnten Weltkarte in der Stabius-Werner-Projektion noch eine in Zusammenarbeit mit dem elsässischen Kartographen Lorenz Fries (Laurentius Frisius) angefertigte verkleinerte und vereinfachte Nachzeichnung der bedeutsamen Weltkarte von Martin Waldseemüller aus dem Jahr 1507. Apians Kopie diente zur Illustrierung der in Wien 1520 von Johannes Camers gestalteten Ausgabe von Solinus' *Polyhistor Enarratio*[40] (Abb. 3).

Vom späteren Wiener Professor Jacob Ziegler (1470—1549) kennen wir ein Werk über den Nahen Osten, das er 1532 in Straßburg publizierte und in dem neben sieben die Heilige Schrift erläuternde Darstellungen jener Region überraschend auch eine Karte Skandinaviens, Islands und Grönlands vorkommt[41].

In Wien studierte und unterrichtete auch der Siebenbürger Sachse Johannes Honter (Grass, 1498—1549)[42]. Er fertigte 1532 eine Karte Siebenbürgens an, auf der er die von Deutschen bewohnten Siedlungen besonders hervorhob. Deswegen kritisiert, überarbeitete er die Darstellung und publizierte sie daraufhin nochmals[43]. Sie wurde zum Vorbild

---

[39] SIEGMUND GÜNTHER, *Jacob Ziegler, ein bayerischer Geograph und Mathematiker*. Ansbach 1896; (Forschungen zur Kultur- und Literaturgeschichte Bayerns 4).

[40] FERNAND GRATIEN VAN ORTROY, *Bibliographie de l'œuvre de Pierre Apian*. Bruxelles 1902. Repr. Amsterdam 1963. — SIEGMUND GÜNTHER, *Peter und Philip Apian, zwei deutsche Mathematiker und Kartographen. Ein Beitrag zur Gelehrten-Geschichte des 16. Jahrhunderts*. Prag 1882; (Abhandlungen der Königlich Böhmischen Gesellschaft der Wissenschaften 6. F, 11/4).

[41] JACOB ZIEGLER, *Syria, Palestina, Arabia, Aegyptus, Schondia, Holmiae etc.* Argentorati 1532.

[42] GERHARD ENGELMANN, *Johannes Honter als Geograph*. Köln, Wien 1982; (Studia Transylvanica 7).

[43] KARL KURT KLEIN, *Zur Basler Sachsenlandkarte des Johannes Honterus vom Jahre 1532. Textheft zum Neudruck der Karte Chronographia Transylvania, Basel 1532*. München 1960 (mit Faksimile).

für die Karten des Sebastian Münster und des Johannes Sambucus.
Honters wichtigste Leistung waren die *Rudimenta cosmographica*, ein
geographisches Lehrbuch, das 1530 in Krakau erstmals publiziert wurde. 1542 erschien es stark vermehrt in Kronstadt mit 13 kleinen Holz-
schnittafeln und einem zum besseren Auswendiglernen in Hexametern
verfaßten Text (Abb. 4). Von diesem ältesten Schulatlas gelangten bis
1602 nicht weniger als 39 Auflagen zum Verkauf[44].

Nicht aus dem universitären Bereich stammte Augustin
Hirsvogel[45], der die früheste Karte eines österreichischen Kronlandes,
nämlich Oberösterreichs, anfertigte. Der Sohn eines Nürnberger Glas-
malers besaß selbst weitgespannte Interessen; er tat sich als Formen-
schneider, Radierer und Autor mathematischer Abhandlungen hervor.
Eine 1539 erstellte Karte (sie ist allerdings verschollen) der österrei-
chisch-türkischen Grenze festigte obendrein seinen Ruf als ausgezeich-
neter Kartograph. Seine 1542 gezeichnete Oberösterreich-Karte, ein
Meisterwerk jener Zeit, diente lange anderen Kartenherstellern als Vorbild[46]. Das Original ist leider verlorengegangen, bekannt blieb nur ein
Nachstich, den der Antwerpener Karten- und Atlasproduzent Gerard de
Jode 1583 als Einzelblatt herstellte und den sein Sohn Cornelius zehn
Jahre später in die zweite Auflage des Kartenwerks *Speculum Orbis Terrarum* aufnahm. Die Karte beruhte auf keinerlei Vermessung, weist
demnach auch kein Gradnetz und keinen Maßstab auf. Nichtsdesto-
weniger gibt sie ein einigermaßen exaktes Bild Oberösterreichs wieder.
Ungenau erscheint allerdings der geradlinige Donaulauf und die Größe
der Salzkammergutseen. Von Hirsvogel stammt schließlich ein Plan
Wiens aus dem Jahr 1547, der bereits auf einem der Trigonometrie an-
genäherten Verfahren beruhte[47]. Der Nürnberger hatte dafür eigens ein
Gerät entwickelt, mit dem er sowohl Horizontal- als auch Vertikal-
winkel messen konnte. Der Rundplan Wiens war vor allem für die
Neuerrichtung sowie die Modernisierung der Befestigungsanlagen gedacht, nachdem die Stadt seit der Schlacht von Mohács (1526) unmittelbar von den osmanischen Truppen bedroht wurde.

---

[44] GERHARD ENGELMANN, Die Kosmographie des Johannes Honter in
ihrer Krakauer Erstfassung 1530. *Studia z dziejów geografii i kartografii. Etudes
d'histoire de la géographie et de la cartographie.* Wrócław, Warszawa 1973, 319–
333.
    [45] LEO BAGROW, A. *Ortelii Catalogus Cartographorum,* 1. Gotha 1928;
(Petermanns Geographische Mitteilungen, Erg. H. 199) 106–110.
    [46] DÖRFLINGER, WAGNER, WAWRIK, *Descriptio,* 66–67, Taf. 12.
    [47] DÖRFLINGER, WAGNER, WAWRIK, *Descriptio,* 68–69, Taf. 13.

Von europaweitem Interesse war die Karte Rußlands, die Hirsvogel für die Beschreibung des Zarenreichs *Rerum Moscoviticarum commentarii* des aus Krain gebürtigen österreichischen Adeligen und Gesandten Maximilians, Sigismund von Herberstein, gestaltete und in Kupfer stach (Abb. 5). Die Arbeit beruhte auf der Karte von Anton Wied aus Danzig, wofür diesem wieder Angaben des aus seiner Heimat geflüchteten Bojaren Ivan Vasilevic Ljackij zur Verfügung standen; dazu kamen Herbersteins eigene Beobachtungen. Zuerst 1548 als Einblattdruck erschienen, war das Blatt im Reisebericht enthalten, der in Wien 1549 publiziert wurde. Weitere Ausgaben folgten 1551 und 1556 bei Oporinus in Basel. Sebastian Münster übernahm die Karte schließlich in seine berühmte *Kosmographie*[48].

Als Professor an der Wiener Universität wirkte seit 1553 Paulus Fabricius aus Lauban (1519/1529—1588), der die erste Karte Mährens anfertigte[49]. Die aus sechs Blatt zusammengesetzte Wandkarte, ein Holzschnitt, bedeckt fast einen Quadratmeter. Einen verkleinerten Nachstich nahm Abraham Ortelius ab 1573 in sein in zahlreichen Auflagen publiziertes Kartenwerk *Theatrum Orbis Terrarum* auf. Hier sei noch kurz die früheste Darstellung des Landes Salzburg angeführt, die Marcus Secznagel 1551 schuf[50]. Über den Autor ist nur bekannt, daß er eine Zeitlang als Ratsmitglied der Stadt Salzburg fungierte. Seine Karte, von der nur Exemplare eines Nachstichs aus dem Jahr 1650 erhalten blieben, ist in erster Linie nur von verkleinerten Kopien in den Atlanten von Ortelius und De Jode, ferner — in bearbeiteter Form — in jenem von Gerard Mercator, dem wohl bedeutendsten Kartographen des 16. Jahrhunderts, erhalten.

Zum Abschluß möchte ich noch jene beiden Kartenzeichner erwähnen, an die man wohl am ehesten denkt, wenn man von der frühen österreichischen Kartographie spricht: Wolfgang Lazius[51] und Johannes

---

[48] CHRISTINE HARRAUER, Die zeitgenössischen lateinischen Drucke der Moscovia Herbersteins und ihre Entstehungsgeschichte. *Humanistica Lovaniensia. Journal of neo-latin studies* 31 (1982) 141—163

[49] ZINNER, *Instrumente*, 312.

[50] KARL FLESCH, *Geschichte der Kartographie, Entwicklung des Kartenbildes des Landes Salzburg.* (Ungedruckte Diss.) Wien 1926, 34—57. — ERNST BERNLEITHNER, Salzburg im Kartenbild der Zeiten. *Mitteilungen der Gesellschaft für Salzburger Landeskunde* 105 (1965), 15—19.

[51] ERNST TRENKLER, Wolfgang Lazius. Humanist und Büchersammler. *Biblos* 27/2 (1978), 186—203.

Sambucus[52]; beides Ärzte, beides Hofhistoriographen. Der Ruhm der beiden als Kartenzeichner wurde zweifellos in der Vergangenheit überschätzt. Die Arbeiten des Lazius stellen (rein vom Standpunkt des Kartographen her gesehen) verglichen mit denen seiner Zeitgenossen arge Stümpereien dar, etwa die 1561 in Wien veröffentlichten *Typi chorographici* mit ihren elf Regionalkarten Süddeutschlands und Österreichs[53]. Die achtblättrige Ungarn-Karte von 1556 war ja bloß eine verschlechterte Kopie der Tafel des Lazarus. Die Werke des Sambucus hingegen stellen ja überhaupt nur Nachahmungen älterer Arbeiten dar; z. B. Ungarn nach Lazius, Siebenbürgen nach Honter. Unverdienterweise und in Ermangelung besserer Vorlagen fanden die Karten von Lazius und Sambucus Eingang in die wichtigen Atlanten der niederländischen Verleger − Steiermark und Kärnten des Lazius in der hübschen Renaissance-Karte von De Jode sowie Illyrien im *Theatrum* des Ortelius. Sie blieben zum Teil fast hundert Jahre in den großen Kartenwerken, wie etwa die von Lazius 1563 gezeichnete Karte des Erzherzogtums Österreich, die sogar noch 1662 im *Atlas Maior* des Joan Blaeu ihren festen Platz hatte.

---

[52] ELEONORE NOVOTNY, *Johannes Sambucus (1531−1584). Leben und Werk*. (Ungedruckte Diss.) Wien 1978.

[53] EUGEN OBERHUMMER, FRANZ VON WIESER, *Wolfgang Lazius. Karten der österreichischen Lande und des Königreichs Ungarn aus den Jahren 1545−1563*. Innsbruck 1906 (mit Faksimiles). − ERNST BERNLEITHNER, *Einführung zu Wolfgang Lazius' Typi chorographici provin: Austriae, Vienna 1561*. Amsterdam 1972; (Theatrum Orbis Terrarum 6, 2 mit Faksimile).

BEOBACHTUNGEN ZUM VERHÄLTNIS VON HUMANISMUS UND NATURWISSENSCHAFT IM DEUTSCHSPRACHIGEN RAUM

Von DIETER WUTTKE

Ende Februar 1496 erschien in Köln als Universitätslehrbuch für den Unterricht der Artisten der Laurentius-Burse ein umfangreiches Kompendium der Naturphilosophie, sprich Naturwissenschaft, in Auszügen. Als Autor benennt es Gerardus de Harderwijk, einen Theologen der Laurentius-Burse. Im Gedicht an den Leser bezeichnet dieser sein Werk als neu und verkündet, man werde sagen, mit dem Werk sei der große Aristoteles wiedererstanden. In der Schlußschrift hebt er hervor, das Kompendium stimme mit den Schriften des Albertus Magnus überein und es sei erarbeitet worden für alle diejenigen, die den Text des Aristoteles zu verstehen wünschten. Für viele Studenten der Artes Liberales zurückliegender Zeiten sei dies Werk ein Desiderat gewesen. Diese Angaben machen uns verständlich, daß der Autor sein Werk nicht nur *Epitomata* = Auszüge, sondern auch *Reparationes* = Erneuerungen nennt. Das an den dafür in Frage kommenden Buchteilen, nämlich Titelbereich und Schlußschrift, verwendete Vokabular verrät also Renaissance-Bewußtsein des Autors. Als gewollter Ausdruck von Modernität ist auch zu werten, daß das Werk im Titelbereich mit einem Gedicht an den Leser beginnt und am Schluß nicht mit dem zum lateinischen Kontext passenden Wort *finis* schließt, sondern mit dem griechischen *Telos*. Wenn auch nicht in humanistischer Antiqua gedruckt, wenn auch z. B. mit dem im Schluß begegnenden Wort *retro temporibus* (= in zurückliegenden Zeiten) noch dem lebendigen Mittelalter-Latein, um nicht zu sagen Küchenlatein, verhaftet, zeigt das Kompendium durch die angeführten Eigentümlichkeiten eine gewisse humanistische Stilisierung[1].

---

[1] Gerardus de Harderwijk, *In epitomata totius naturalis philosophie que trito sermone reparationes appellantur Albertocentonas continentia. in bursa Laurentiana florentissimi Agrippinensis gymnasii castigatissime edita epigramma ad lectorem.* Coloniae: Henricus Quentell 29. Februar 1496 (Exemplar SB Bamberg: Inc. typ. H. IV. 8). Vgl. *Der Buchdruck Kölns bis zum Ende des fünfzehnten Jahrhunderts.* Von ERNST VOULLIÉME. Nachwort von SEVERIN CORSTEN. Nachdruck der Ausgabe Bonn 1903. Düsseldorf 1978, Nr. 441; *Die Matrikel der Universität Köln.* Bearbeitet von HERMANN KEUSSEN. Bd. 1: 1389–1475. Bonn 1928. Hier

Auf den ersten Blick wird man sich kaum wundern, daß gerade in Köln eine Wiederbelebung von Aristoteles und Albertus Magnus betrieben wird, auf den zweiten Blick könnten sich jedoch wenigstens alle diejenigen unserer Zeitgenossen wundern, die immer noch einseitig Renaissance und Humanismus mit strikter Trennung vom Mittelalter identifizieren und mit der ausschließlichen Wiederbelebung von Platon und Pythagoras[2]. Denn was sich hier im Heiligen Köln tut und in Gefahr steht, als einfallslose Fortdauer von Scholastik angesehen zu werden, ist durchaus verallgemeinerungsfähig. Aber nicht dies Problemfeld, sondern eine weitere Beobachtung an diesem Werk möchte ich der Aufmerksamkeit empfehlen.

Die Erneuerungen des zweiten Buches der Physik sind der Frage gewidmet, aus welcher Ursache (causa) Naturwunder (monstra in natura) entstehen. Vier Ursachen werden genannt, darunter diejenige: Wunder entstehen aus Überfluß an Materie. Dazu werden drei vergangene Beobachtungen zusammengestellt aus Augustinus, Albertus Magnus und Nicolaus de Lyra und eine aus der Gegenwart, und diese wird sogar ganz besonders hervorgehoben. Es wird nämlich hingewiesen auf die siamesischen Zwillinge, die am 10. September 1495 in der Nähe von Worms geboren wurden. König Maximilian I. und andere Teilnehmer des gerade in Worms tagenden Reichstages fanden dies Wunder so aufregend, daß sie es persönlich besichtigten. Unser Autor fährt fort, ein gewisser Mann habe an den Kanzler des Königs in dieser Sache

---

S. 771 zu 1468 über G. de Harderwijk. Für gern gewährten Rat habe ich SEVE-RIN CORSTEN, Köln, zu danken. Zu *Telos als explicit* siehe DIETER WUTTKE, in: FRITZ KRAFFT - DIETER WUTTKE [Hrsg.], *Das Verhältnis der Humanisten zum Buch.* Boppard 1977, 47—62.

    [2] CHARLES B. SCHMITT, Towards a reassessment of Renaissance Aristotelism. *History of Science* 11 (1973) 159—193; DERS., Philosophy and science in sixteenth-century Italian universities. *The Renaissance. Essays in interpretation.* London-New York 1982, 297—336 (hier besonders S. 317 ff. zum Aristotelismus des 16. Jahrhunderts und zu den Schwierigkeiten, die sich für die angemessene Erkenntnis vergangener Wissenschaft aus der modernen Fächertrennung ergeben); DIETER WUTTKE, *Humanismus als integrative Kraft. Die philosophia des deutschen „Erzhumanisten" Conrad Celtis. Eine ikonologische Studie zu programmatischer Graphik Dürers und Burgkmairs.* Nürnberg 1985 (zur Einbeziehung mittelalterlicher Denker passim und S. 13 mit Anm. 29 zur Albertus-Magnus-Rezeption). Die von mir gemeinte, Antike, Mittelalter und Renaissance verbindende Kraft des Humanismus kommt auch eindrucksvoll in Cristofero Landinos Camaldolensischen Gesprächen zum Ausdruck. EUGEN WOLF hat als Vorwort zu seiner Übersetzung (Jena 1927) eine vorzügliche, von Humanismus-Klischees freie Charakteristik des Werkes verfaßt.

folgende Versspielerei gerichtet. Es werden dann vier Distichen zitiert, die das Aussehen des Wunders schildern[3]. Bei dem Kanzler handelt es sich um Conrad Stürzel, bei dem *quidam* um den Doktor beider Rechte, damaligen Professor der Universität Basel, späteren Kanzler der Reichsstadt Straßburg, um den Verfasser des *Narrenschiffs*, also um den berühmten Humanisten Sebastian Brant. Brants Gedicht über die Wormser Zwillinge ist in verschiedenen Drucken erhalten; es schildert nicht nur den Befund, sondern gibt auch eine reichspolitische Ausdeutung des Wunders[4].

Diese Beobachtung im Kölner Naturwissenschafts-Kompendium veranlaßt mich, einige Fragen zu stellen und Feststellungen zu machen: Wie paßt es zu unserem heutigen Begriff von Naturwissenschaft, wenn ein Theologe ein Kompendium der Naturwissenschaft verfaßt und wenn dieser Beobachtungsbeispiele gleichzeitig aus dem Kirchenvater Augustinus, dem Theologen und Naturwissenschaftler Albertus Magnus, dem franziskanischen Theologen und Bibelkommentator Nicolaus de Lyra und dem Humanisten und Juristen Sebastian Brant nimmt? Wie verhält sich dazu unsere auf Trennung ausgehende Begrifflichkeit? Hier Theologie, hier Naturwissenschaft, hier Geisteswissenschaft, hier auf einen Teil geisteswissenschaftlicher Fächer festgelegter Humanismus?

---

[3] *Epitomata seu reparationes totius philosophiae naturalis Aristotelis* (wie Anm. 1), fol. eiiij[r]–ev[r]. Die Darstellung des Wunders erfolgt fol. ev[r]: *Et notissime hac tempestate. Anno Mcccc.xcv. Quarto ydus septembris presidente regno romano illustrissimo archiduce austrie Maximiliano et cum principibus totius alemanie et fere totius nationis christiane in wormatia causas reipublicae vtiliter tractante natum est simile monstrum de quo quidam ad cancellarium eiusdem his ludit versibus.*

> *Nam prope vangionum vicina. bicorporis ortus*
> *Est puer. hic vno vertice fronte patet*
> *Cuius membra quidem distincta et plena seorsum*
> *Officium peragunt singula queque suum.*
> *Sed qua parte solet frons esse adiuncta cerebro*
> *Innexum capiti hic heret vtrumque caput*
> *Atque ita bina licet sint corpora. sed tamen vnum*
> *Coniunctum que caput corpora bina gerunt.*

[4] DIETER WUTTKE, Wunderdeutung und Politik. Zu den Auslegungen der sogenannten Wormser Zwillinge des Jahres 1495. In: *Landesgeschichte und Geistesgeschichte*. Festschrift für Otto Herding zum 65. Geburtstag. Hrsg. von KASPAR ELM, EBERHARD GÖNNER und EUGEN HILLENBRAND. Stuttgart 1977, 217–244. Harderwijk zitiert die Verse 77–84 des Brant-Gedichtes, vgl. Wunderdeutung, 242 f. Dies Zeugnis zeitgenössischer Rezeption war mir bisher entgangen.

Wir stellen nicht ohne Verwunderung fest, daß ein an der Wiederbelebung der Naturwissenschaftler Aristoteles und Albertus Magnus
interessierter Theologe und Naturwissenschaftler während des tradi-
tionszugewandten Geschäftes für die Gegenwart offen ist und so eine bis
in die Gegenwart, bis in die allerjüngste sogar, reichende Beobach-
tungskette herstellt. Und er übernimmt diesen jüngsten Befund aus dem
Bericht eines Humanisten, dessen Deutung er offenbar nicht besonders
schätzt, so daß er von Versspielerei redet, eines Humanisten, der nach
einer weitverbreiteten Meinung der modernen Forschung des 19./
20. Jahrhunderts in puncto Begriffsinhalt von Humanist höchstens ein
Verhältnis zur Naturwissenschaft haben darf, und zwar ein kritisches
oder die Naturwissenschaften am Rande seiner Interessen duldendes
oder eine Verbindung aus Kritik und Duldung, der aber als solcher nicht
zentral und wesensmäßig Naturwissenschaftler sein kann.

Bei dem Humanisten Sebastian Brant wollen wir noch etwas ver-
weilen. Wegen seiner Neigung zu moralischer Lehre hat er den Stempel
„konservativ" erhalten, wegen seines deutsch gedichteten *Narrenschiffs*,
in dem er überwiegend ex negativo lehrt, hat man ihn zum Anwalt der
Verzweiflung des ausgehenden Mittelalters gemacht[5], zum Nörgler und
Misepeter, der selbst so epochemachenden Entdeckungen wie Buchdruck und Amerika weiter nichts als Verweigerung und Memento mori
abzugewinnen wußte, aber seine lateinischen Schriften hat man selten
oder nie gelesen und selbst das *Narrenschiff* nicht mit der interpretatori-
schen Sorgfalt, die Philologie an sich nahelegt. CHARLES SCHMIDT,
Verfasser einer verdienstvollen, 1879 erschienenen elsässischen Literaturgeschichte, gehört zu den wenigen Lesern der lateinischen Schriften
Brants. Doch zweien seiner Gedichte konnte er sich nur mit größter Ab-
scheu widmen; SCHMIDT schreibt dazu: *Er hat seine Fähigkeit in unver-
zeihbarer Weise mißbraucht, indem er eine damals herrschende Epidemie beschrieb* [gemeint ist die von SCHMIDT nicht genannte Syphilis] *und die
Krankheit, an der die Frau des straßburgischen Senators Ludwig Sturm litt.
Die Einzelheiten, die er preisgibt, sind so abscheulich, daß diese allein ge-
nügen, ihm den Titel Dichter im höheren Sinne des Wortes zu verweigern*[6].

---

[5] DIETER WUTTKE, *Deutsche Germanistik und Renaissanceforschung*. Bad
Homburg v. d. H. 1968; DERS., [Artikel] Brant, Sebastian. In: *Lexikon des Mittelalters*. Bd. 2 (1982) Sp. 574–576.

[6] CHARLES SCHMIDT, *Histoire Littéraire de l'Alsace a la fin du XVe et au
commencement du XVIe siècle*. Bd. 1. Paris 1879, 263: *Il a abusé de sa facilité d'une
manière impardonnable en décrivant une épidémie qui régnait alors, ainsi qu'un mal*

Zugegebenermaßen kann es einem bei der Lektüre des zweiten Gedichtes wirklich schlecht werden, aber es ist im Hinblick auf die Fragestellung dieses Beitrages das mit Abstand interessanteste im gesamten Œuvre Brants[7].

Das Gedicht kann auf den Zeitraum zwischen dem 1. März und dem 15. April 1496 datiert werden. Worum geht es? Die Straßburgerin leidet seit etwa acht Jahren an einer Blut- und Wurmkrankheit. Diese äußert sich darin, daß sie regelmäßig große Mengen Blutes verliert, in dem sich Würmer in erheblicher Zahl befinden. Begleitet ist dieser Blutverlust von schrecklichen und schmerzhaften Blähungen. Wird sie an den Beinvenen nicht ungewöhnlich häufig zur Ader gelassen, quillt Blut auch aus den Venen. Trotz der Krankheit hat die Frau eine gesunde Hautfarbe, und trotz der Krankheit sieht sie sich nicht veranlaßt, ungewöhnliche Mengen von Speisen und Trank zu sich zu nehmen, im Gegenteil, es wird betont, sie lebe besonders mäßig, sei keineswegs dem Rausch und der Schlemmerei ergeben. Brant hat die Frau offensichtlich besucht, genauso wie es der Leibarzt Maximilians I., Georgius Oliverus, tat. Brant kümmert sich um die Lebensweise der Frau mit dem Ergebnis, daß keine Auffälligkeiten festzustellen sind. Auch Sünde als Krankheitsursache scheidet aus. Brant sucht bei den Ärzten der Vergangenheit und Gegenwart, ob diese Krankheit von einem beschrieben wird. Das Ergebnis ist negativ. Seine Nachforschungen ergeben auch, daß mit so hohem regelmäßigem Blutverlust an sich kein Mensch am Leben bleiben kann.

Brant reagiert auf diesen Befund nun folgendermaßen: Er verfaßt eine poetische Erkundigung in Distichen, die er an den genannten Arzt richtet. Die Darstellung des Sachverhaltes begleitet er mit Fragen, die den für uns so interessanten Teil des Gedichtes ausmachen. Er fragt

a) nach der natürlichen Ursache und einem Beweisgang, diese befriedigend zu erklären;

---

dont souffrait la femme du sénateur strasbourgois Louis Sturm. Les détails qu'il donne sont si dégoûtants, qu'ils suffisent à eux seuls pour lui refuser le titre de poète dans le sens élevé du mot.

[7] Sebastian Brant, *Varia Carmina.* Basel: Iohannes Bergmann de Olpe 1498 (GW 5068; Exemplar StuUB Köln), fol. li^v–lii^v: *Ad accuratissimum medicinarum doctorem Georgium oluierii ⟨!⟩: Serenissimi domini nostri regis Romanorum physicum: de admiranda quadam vermium et sanguinis scaturigine nobilis cuiusdam matronę domine Annę de Endingen / vxoris validi Ludouici Sturm Argentinensis elegiaca percunctatio Sebastiani Brant.*

b) woher die vielen Würmer und die ungewöhnliche Menge des Blutes kämen und warum der Abgang nicht nur durch den Stuhl, sondern auch durch Erbrechen erfolge;

c) wieso die Frau trotz mäßiger Nahrungsaufnahme am Leben bleiben könne.

Damit erweist sich das Gedicht als eine quaestio medicinalis. Brants Zutat dazu ist lediglich, daß er bekennt, er sehe vorerst keinen andern Weg als den, die Krankheit als ein Wunder anzusehen. Ganz im Gegensatz aber zu allen andern Wunderberichten, die es aus Brants Feder in großer Zahl gibt[8], fehlt hier jeder Versuch einer Ausdeutung in eine bestimmte Richtung. Von einer Antwort des Oliverus ist bis heute nichts bekannt. Es ist auch zu bezweifeln, daß er eine Erklärung hätte bieten und daß er andere, „wissenschaftlichere" Fragen als Brant hätte stellen können. Unsere Zuteilung des Gedichtes zur Gattung quaestio medicinalis[9] wird durch den zeitgenössischen Leser desjenigen Exemplars der gesammelten Gedichte Brants bestätigt, das heute die StuUB Köln aufbewahrt. Hier gibt es am Ende den handschriftlichen Zusatz τελος *questionis phisici de muliere paciente fluxum sangvinis.* Das wissenschaftsgeschichtlich Relevante an Brants Gedicht ist, daß er das Fragen im Sinne des Aristoteles und Albertus Magnus auf einen Fall der allerjüngsten Gegenwart anwendet und daß dieses Fragen als offenes stehen bleibt. Brant stellt sich damit aus meiner Sicht in die vorderste Reihe medizinisch-naturwissenschaftlichen Fragens seiner Zeit. Der Humanist i s t hier Naturwissenschaftler; e r stellt die Fragen; e r sucht den Gedankenaustausch mit dem Experten; e r hält den Fall literarisch in der neuen, an klassischen Vorbildern geschulten Sprache fest; e r schöpft dabei aus dem Leben der Gegenwart und fragt dann erst die

---

[8] Dieter Wuttke, Sebastian Brants Verhältnis zu Wunderdeutung und Astrologie. In: *Studien zur deutschen Sprache und Literatur des Mittelalters.* Festschrift für Hugo Moser zum 65. Geburtstag. Hrsg. von Werner Besch, Günther Jungbluth, Gerhard Meissburger, Eberhard Nellmann. Berlin 1974, 272—286; ders., wie Anm. 4; ders., Sebastian Brant und Maximilian I. Eine Studie zu Brants Donnerstein-Flugblatt des Jahres 1492. In: Otto Herding - Robert Stupperich [Hrsg.], *Die Humanisten in ihrer politischen und sozialen Umwelt.* Boppard 1976, 141—176; ders., Sebastian Brants Sintflutprognose für Februar 1524. In: *Literatur, Sprache, Unterricht.* Festschrift für Jakob Lehmann zum 65. Geburtstag. Bamberg 1984, 41—46.

[9] Brian Lawn, *The Salernitan questions. An introduction to the history of Medieval and Renaissance problem literature.* Oxford 1963; ders., *The prose Salernitan questions edited from a Bodleian manuscript.* London 1979.

Literatur, was sie dazu sagt, und da sie dazu nichts sagt, hält er durch
die literarische Fixierung den Fall offen für künftige Befragung, sprich
Forschung. Diese Befragung geschah durchaus, und zwar durch den
brandenburgischen Arzt Leonard Thurneisser, der sich 1576 in einem
Buch über Krankheitsursachen damit beschäftigte[10]. Das Gedicht ist
also ein Dokument aus der Geschichte des Entstehens einer auf Beobachtung gegenwärtiger Begebnisse und Erfahrungen aufbauenden
Naturwissenschaft, die Schritt für Schritt und mit zunehmender Beschleunigung das Schatzhaus überlieferten Wissens im Kontakt mit
den alten Autoritäten ergänzt.

Wir sind heute geneigt, solche Fälle, vor allem die zahlreichen Berichte von Wundergeburten und von atmosphärischen Wundererschei-
nungen, in das Kuriositätenkabinett der Geschichte des Aberglaubens
abzudrängen. Diese Fälle gehören aber in die Wissenschaftsgeschichte;
denn sie waren samt und sonders ernsthafte Herausforderungen der
traditionsverhafteten Schulnaturwissenschaft. Sie besonders haben das
Fragen angeregt. Von Brant gibt es zu zwanzig Ereignissen, die zwischen 1480 und 1521 eintraten, 32 Beschreibungen und Deutungen. Zu
fünfzehn Ereignissen findet man literarische Zeugnisse in seinen *Varia
Carmina,* seinen Gesammelten Gedichten von 1498, die damit die größte
Folge bzw. Beobachtungsreihe entsprechender Vorkommnisse der Gegenwart in einem in Deutschland gedruckten Buch der Zeit um 1500 bieten. Die Zeichenbeschreibung und -deutung war, auch wenn sie theologische, ethische und politische Dimensionen hatte, im Sinne der Zeit
Naturwissenschaft, und gerade bei Brant ist das Ringen um Rationali-
tät in diesem Bereich spürbar. Der erste von ihm behandelte größere
Fall, der Donnerstein von Ensisheim, der erste beglaubigte Meteorit
der neueren Geschichte, der am 10. November 1492 bei Ensisheim im
Elsaß niederging, von dem Fragmente sich bis heute in den Natur-
kundemuseen der Welt und in Ensisheim erhalten haben, dieser Beob-
achtungsfall hat die Naturwissenschaftler 300 Jahre lang in Unruhe gehalten, bis um 1800 — und noch gegen die Meinung Goethes — die Gewißheit sich festigte, es müsse sich um Gestein von einem andern Stern
handeln. Der Humanist Sebastian Brant war also u. a. auch ein Natur-

---

[10] Leonhart Thurneisser, Βεβαίωσις ἀγωνίσμου ⟨!⟩. *Das ist Confirmatio
Concertationis / oder ein Bestettigung daß Jenigen so Streittig / Häderig / oder
Zenckisch ist /* ⟨. . .⟩. Berlin 1576 (Exemplar Herzog August Bibliothek Wolfenbüttel), fol. 49ʳ–55ʳ. Thurneisser überliefert an der Stelle auch Brants sonst
nicht belegte deutsche Fassung des Gedichtes.

wissenschaftler; keine Frage, daß er in den Annalen der Wissenschaftsgeschichte als ein solcher bis heute nicht verzeichnet ist[11].

Wir wechseln den Schauplatz und das Personal. Bei Johannes
Regiomontanus gibt es auch aus heutiger Sicht keine Frage, daß er
Mathematiker und Naturwissenschaftler war. 1471 zog er nach Nürnberg, weil es nach seinem eigenen Wort im Hinblick auf die Handels-
wege sozusagen das Zentrum Europas sei. In der eigenen Druckerei ließ
er dort 1472 das aus der ersten Hälfte des ersten nachchristlichen Jahrhunderts stammende fragmentarische Lehrbuch der Astrologie, das
Astronomicon, des Marcus Manilius erscheinen. Es wird in einer
Antiqua-Type gedruckt, deren humanistischer Charakter der Type der
in Nürnberg 1501 und 1502 gedruckten Celtis-Werke in nichts
nachsteht[12]. Aber darf uns in diesem Zusammenhang überhaupt die
Charakteristik „humanistisch" einfallen? Es geht doch um ein naturwis-
senschaftliches Werk. Humanistisch, so haben wir gelernt, hat mit
Grammatik, Rhetorik, Poesie, Geschichte und Moralphilosophie zu tun.
Also wer eine Grammatik, eine Rhetorik und Poetik, wer Horaz, Livius
und Seneca herausgibt, kommentiert und in diesem Rahmen Neues
schafft, ist ein Humanist. Folglich kann die Bemühung um den Naturwissenschaftler Manilius, ihn in kritisch gereinigtem Text nach langer
Vergessenheit der Mitwelt vorzustellen, als ein Renaissancevorgang be-
griffen werden: Wiederbelebung der Antike ja, aber keine humanistische. Humanismus kann nur als Voraussetzung akzeptiert werden, insofern Regiomontan in klassischer Grammatik, Rhetorik-Stilistik und
Verslehre geschult sein mußte, um die Aufgabe zu erfüllen. Der Gegenstand der Bemühung ist nicht humanistisch.

Die Manilius-Ausgabe schließt mit einem Gedicht an den Leser,
drei Distichen, mit Sicherheit von Regiomontan selbst verfaßt. Der
Wortlaut ist folgender[13]:

---

[11] Vgl. WUTTKE, wie Anm. 8.

[12] Johannes Regiomontanus [Hrsg.], *M. Manilii Astronomicon.* Nurember-
gae: Johannes Regiomontanus [1472] (Exemplar SB Bamberg: Inc. typ. N. II. 18
Beibd. 7).

[13] *Ridetur merito sciolorum insana caterua*
      Vulgo qui uatum nomina surripiunt.
      Heus quicumque uelis latia perdiscere musa
      Sydereos nutus fallere difficiles.
      Manilium sectare grauem: qui tempore diui
      Floruit Augusti. Lector amice uale;
Faksimile bei ERNST ZINNER, *Leben und Wirken des Johannes Müller von
Königsberg genannt Regiomontanus.* München 1938, Taf. 28, Abb. 50.

Man verlacht mit Recht den törichten Haufen der Halbwisser
die sich gewöhnlich den Titel Seher anmaßen.
Hört, wer durch römische Dichtung vollkommen lernen will
die schwer abzuschätzenden Gestirneinflüsse auszuschalten,
der folge dem bedeutenden Manilius, der im Zeitalter des Göttlichen
Augustus gelebt hat. Freundlicher Leser, leb' wohl!

Das Epigramm, dem die Kürze und Prägnanz klassischer römischer
Dichtung eignet, zeigt, daß Regiomontan nicht nur mit der Wahl seiner
Drucktype vornliegt, sondern daß er die zeitgenössische geistige Situation durchschaut, die maßgebliche Diskussion kennt und daß es ihn verlangt, einen eigenen Beitrag dazu zu leisten. Die Situation ist die der
Wiederbelebung klassischer Literatur, um dem Leben der Gegenwart
neue fruchtbare Energien zuzuführen mit dem Hauptziel, eine neue Stufe der Veredelung des Menschen zu erreichen, die seiner Würde als eines
Ebenbildes Gottes angemessen ist. In dieser Situation entbrennt not-
wendigerweise eine Diskussion um das richtige Wissen und um die
richtigen Wissensvermittler: Es ist also die Frage, ob Poesie und, wenn
ja, welche dazugehören soll. Regiomontan sagt, Vorsicht vor den Halb-
wissern, die sich besonders gern als Seher ausgeben. Sie weisen nicht
unbedingt den Weg in die ethische Erneuerung. Aber darum soll Poesie
nicht abgelehnt sein, nicht das Programm der Wiedererweckung der
Musen: Er spricht von der römischen Dichtung als *latia musa*. Doch
sollte Dichtung Beachtung finden, die ihre Sache gründlich lehrt. Er
bricht daher, indem er Manilius für die Gegenwart entdeckt, eine Lanze
für Lehrdichtung. Mit anderen erkennt er, daß eine besondere Gefähr-
dung für die moralische Natur des Menschen in der Astrologie stets gegeben ist und daß von daher alle ethischen Erneuerungsbestrebungen
danach trachten müssen, dies Problem in den Griff zu bekommen. Seine

---

Petrus Gassendus, *Tychonis Brahei* ⟨...⟩ *vita. Accessit Nicolai Copernici,*
Georgii Peurbachii, et Joannis Regiomontani ⟨...⟩ *vita.* Hagae-Comitum ²1665,
357 (Exemplar SB Bamberg: Bg. q. 5.), überliefert die Nachricht, den Bürgern
Nürnbergs sei es so vorgekommen, als bringe Regiomontan die Musen mit sich,
d. h. die Vollendung der Wissenschaft *(Caeterùm, cum illius fama eò usque jam*
percrebuisset, non minuit eam sane ipsius praesentia, sed ita adauxit, ut visus fuerit
civibus Musas secum adducere, hoc est omnem ingenuae litteraturae consummatio-
nem). Da Gassendus keinerlei Distanz zu dieser Nachricht erkennen läßt, ist die
Stelle zugleich wichtig für dessen Humanismus-Verständnis. Im Kontakt mit
Gassendus hat bereits MAX HERRMANN, *Die Reception des Humanismus in Nürn-*
berg. Berlin 1898, 41, Regiomontan als den ersten großen, in Nürnberg wirkenden Humanisten gewürdigt.

Meinung ist: nur gründliche Aufklärung hilft, wie man sie bei Manilius findet. Er erweitert daher ganz konsequent die zeitgenössische Programmatik um diesen antiken Lehrdichter, indem er sich sicher ist, daß dies Werk der Wiederbelebung klassischer Sprachkultur — auch der poetischen — dient und gleichzeitig vom Gehalt her dem zentralen Anliegen ethischer Erneuerung[14]. Was hindert uns nun eigentlich noch außer der Humanismusideologie eines Teils der modernen Forschung, dies als eine humanistische Tat des Regiomontan anzusehen?

Ein anderer Teil moderner Forschung erkennt durchaus an: Wer einen antiken naturwissenschaftlichen Text herausgibt und/oder Naturwissenschaft literarisch auf der Grundlage alter Texte betreibt, ist ein Humanist. Schließlich bekennen sich die Humanisten zur sapientia bzw. philosophia, und diese erfordere seit alters entsprechend der ihr mitgegebenen Definition das Verlangen nach enzyklopädischem Wissen und damit auch nach mathematisch-naturwissenschaftlichem. Aber der Humanist betrachte das literarisch gewonnene Wissen lediglich als Grundlagenwissen für eigene literarische Produktionen, als Humanist gehe er den Weg in die auf eigenen neuen Berechnungen und/oder Erfahrungen beruhende Forschung nicht[15]. Das trifft, wie gezeigt, nicht für Sebastian Brant zu; es trifft nicht zu für Conrad Celtis, über den gleich noch gesprochen werden soll. Und Regiomontan hatte, was hier nicht bewiesen werden muß, nichts Eiligeres zu tun als eben dies: zu eigenen, neuen Berechnungen und Beobachtungen vorzustoßen.

---

[14] DIETER WUTTKE, Vorwort zu: WALTER RÜEGG und DIETER WUTTKE [Hrsg.], *Ethik im Humanismus*. Boppard 1979; DERS., Dürer und Celtis. Von der Bedeutung des Jahres 1500 für den deutschen Humanismus um 1500. *The Journal of Medieval and Renaissance Studies* 10 (1980) 73—129; DERS., *Humanismus als integrative Kraft* (wie Anm. 2).

[15] Vgl. z. B. CHARLES TRINKAUS, Humanism and science. Humanist critiques of natural philosophy. In: CH. T., *The scope of Renaissance humanism*. Ann Arbor 1983, 140—168, hier S. 141. Vgl. demgegenüber SARAH ST. GRAVELLE, Humanist attitudes to convention and innovation. *The Journal of Medieval and Renaissance Studies* 11 (1981) 193—209. GRAVELLE beschränkt Humanismus, wie gewohnt, auf den sprachlich-rhetorischen Bereich, arbeitet aber für diesen Bereich jene Haltung heraus, die ich am naturwissenschaftlichen Humanismus hervorhebe: *They accepted and approved innovation. ⟨. . .⟩ Therefore they accepted freedom in invention. The revival of antiquity was meant to profit the contemporary world, not to inhibit it. The models of antiquity were to be renovated, adapted, and certainly superseded if no longer relevant. The moderns were not constrained by inferiority to follow ancient authority* (209).

Ist Regiomontan nun ein Humanist, der zum Naturwissenschaftler wurde, oder ein Naturwissenschaftler mit humanistischen Neigungen? Oder ist er ganz schlicht ein Humanist, der die Wahl getroffen hat, sich vorwiegend mit Mathematik und Astronomie zu beschäftigen, weil das sein Beitrag zur Erneuerung der Wissenschaft und damit des Menschen sein sollte[16]? PAUL LAWRENCE ROSE weist mit Recht darauf hin, daß Regiomontan der Meinung war, die Reform müsse bei den Wissenschaften beginnen, deren Prinzipien die sichersten seien[17]. Dahinter steht die Meinung, ob wir sie nun naiv finden oder nicht, von den Fehlern der Überlieferung gereinigte Mathematik verbürge das richtige Fundament für alles weitere Wissen, also auch für das Wissen vom rechten Handeln des Menschen.

Wenn wir nach dieser Erörterung auf das erhaltene nürnbergische Verlagsprogramm Regiomontans blicken, wundern wir uns kaum mehr, daß in der Menge mathematischer und naturwissenschaftlicher Werke auch eine bildliche Überblickstafel zur Rhetorik Ciceros vermerkt ist[18]. Außerdem hat er in Nürnberg 1474 in zwei Auflagen das seit dem 15. Jahrhundert wieder außerordentlich beachtete Werk des Kirchenvaters Basilius Magnus *Welche alten Bücher gelesen werden sollten* herausgebracht, das den ethischen Erneuerungsgedanken völlig in den Vordergrund treten läßt[19]. Wer von der engen Definition der studia humanitatis herkommt, wundert sich, wie geschehen, natürlich sehr und muß Zuflucht zu der Hilfskonstruktion nehmen, Regiomontan sei in diesem

---

[16] Für die weitere begriffliche Klärung wichtig HELMUTH GRÖSSING, [Artikel] Humanistische Naturwissenschaft. In: *Archiv der Geschichte der Naturwissenschaften* 8/9 (1983) 397–399. Anders als GRÖSSING sehe ich das Vordringen zu eigener Beobachtung und Erfahrung als einen Vorgang an, der sich seit der 2. Hälfte des 15. Jahrhunderts bereits zunehmend beschleunigt. Er darf daher ebenfalls zu den Kennzeichen humanistischer Naturwissenschaft gerechnet werden.

[17] PAUL LAWRENCE ROSE, Universal Harmony in Regiomontanus and Copernicus. In: *Avant, avec, après Copernic*. Paris 1975, 153–158, hier S. 154. Siehe auch HELMUTH GRÖSSING, *Humanistische Naturwissenschaft*. (Saecvla Spiritalia 8, hrsg. von DIETER WUTTKE) Baden-Baden 1983, 222–229.

[18] Faksimile z. B. auf Taf. 26 bei ZINNER (wie Anm. 13). Die neueste Besprechung der Verlagsanzeige stammt von WOLFGANG VON STROMER, Hec opera fient in oppido Nuremberga Germanie ductu Ioannis de Monteregio. Regiomontan und Nürnberg 1471–1475. In: GÜNTER HAMANN [Hrsg.], *Regiomontanus-Studien*. Wien 1980, 267–289, Faksimile Taf. XXIX.

[19] LUZI SCHUCAN, *Das Nachleben von Basilius Magnus „ad adolescentes". Ein Beitrag zur Geschichte des christlichen Humanismus*. Genève 1973. Zu Regiomontan S. 141 f.

Punkt wohl geschäftlicher Überlegungen wegen von seinem sonst ausschließlich naturwissenschaftlichen Programm abgewichen[20].

Bleiben wir noch einen Augenblick in Nürnberg. Regiomontan ist längst weggezogen, ja inzwischen verstorben, als am 18. April 1487 auf der Burg der fränkische Winzersohn Conrad Celtis von Kaiser Friedrich III. als erster Deutscher den Poetenlorbeer aufs Haupt gelegt bekommt[21]. 1486 hatte dieser seit dem 19. Jahrhundert mit dem Ehrentitel „der deutsche Erzhumanist" ausgezeichnete Dichter in seiner *ars versificandi*, seiner Anleitung zum Dichten, das Amt des Dichters so definiert: *Amt des Dichters ist es, in Prosa- und Verstext, den Redefiguren und Anmut auszeichnen, Sitten, Handlungen, Kriegstaten, Örtlichkeiten, Völker, Bereiche der Erde, Flüsse, Sternläufe, Eigenheiten der Dinge sowie Affekte des Geistes und der Seele mit übertragenen Bildern nachzuschaffen und die Abbilder der Dinge mit ausgewählten Wörtern und stimmigem wie angemessenem Wortmaß auszudrücken.* Dies poetische Programm einer in Wortwahl und Rhythmik sprachlich anspruchsvollen Nachschaffung alles Wirklichen hält die Tore weit auf für eine sprachlich anspruchsvolle, thematisch in keiner Weise eingegrenzte Literatur wissensvermittelnder Art. Es ist aufschlußreich zu sehen, welche Fähigkeiten man außer der, daß er als ein neuer Orpheus die Dichter nördlich und südlich der Alpen vollkommen übertreffe, wenige Monate später aus Anlaß der Dichterkrönung an Celtis hervorhebt: Von fernen, exotischen Weltgegenden zu singen und von den Gestirnen, die seiner Geburt leuchteten. Auf einen Begriff gebracht, man feiert ihn als einen Lehrdichter, dessen Feld die Kosmographie ist. Welt- und Himmelsbeschreibung wird auch künftig von ihm erwartet. Paßt diese historisch beglaubigte Erwartung eigentlich zu der Erwartung, die wir heute haben, wenn wir uns jemanden und speziell Celtis als humanistischen Dichter vorstellen? Mit einem Gast der Dichterkrönung schloß er spontan Freundschaft: Es war der Arzt, Geograph, Weltreisende und Büchersammler Dr. Hieronymus Münzer. In einem Epigramm, das damals entstand, hält Celtis fest, was er seinerseits an Münzer so sehr bewundert: die Kenntnisse in der Himmels- und Weltkunde und in der Medizin. Ihm, der gelehrt, lie-

---

[20] Schucan (wie Anm. 19) 142.
[21] Alle Belege zum Folgenden bei Wuttke, *Humanismus als integrative Kraft* (wie Anm. 2). Ich übernehme von dort auch z. T. die Formulierungen. Vgl. auch Wuttke, *Conradus Celtis Protucius (1459–1508). Ein Lebensbild aus dem Zeitalter der deutschen Renaissance.* In: *Philologie als Kulturwissenschaft.* Hrsg. von Ludger Grenzmann, Hubert Herkommer, Dieter Wuttke. Göttingen 1987, 270–286.

bevoll die Gelehrten aufnehme, widmete er seine Jugendgedichte. Sechs Jahre später, 1493, kam in Nürnberg auf Latein und auf Deutsch nicht nur die berühmte Weltchronik des Hartmann Schedel heraus, sondern es wurde gleichzeitig zwischen dem Hauptgeldgeber für das Projekt, Sebald Schreyer, und keinem anderen als Conrad Celtis ein Vertrag über eine von Celtis zu erstellende, völlig neu zu bearbeitende zweite Auflage abgeschlossen. Es heißt da, Celtis solle das Werk *in ainen anndern form prynngen mit sampt ainer Newen Europa vnd anderm darczu gehorig.* Celtis hat diesen Vertrag nie erfüllt, aber in dem Themenbereich hat er intensiv weitergearbeitet: Die Geographie, speziell die Kulturgeographie Deutschlands blieb eines seiner Hauptarbeitsgebiete. In der ersten und einzigen zu seinen Lebzeiten gedruckten Repräsentativausgabe seiner Arbeiten von 1502 erschienen nicht weniger als drei einschlägige Werke von ihm, die den bei weitem größten Raum in dem Band einnehmen: 1. sein poetischer Reisebericht über seine Reisen in den vier Himmelsgegenden Deutschlands verbunden mit einer Schilderung von vier Stadien der Liebe, die den vier Lebensaltern eigen sind, 2. seine poetische allgemeine Beschreibung Deutschlands und 3. in Prosa seine Beschreibung Nürnbergs. Dies waren Vorarbeiten und Nebenprodukte zu einem umfassenden Werk über Deutschland, das Celtis unter dem Titel *Germania illustrata,* in Vers und Prosa abgefaßt, 1502 als in Kürze fertig meldet, 1507 unter seine Hauptwerke einreihen läßt, von dem sich der Nachwelt jedoch nichts erhalten zu haben scheint. Es war das ausdrückliche Ziel, mit diesen Bemühungen die Lücken zu schließen, die sämtliche vorausgegangenen Kosmographen im Hinblick auf Deutschland gelassen hatten. Celtis bekannte sich zum Prinzip der eigenen Anschauung, Beobachtung und Erfahrung, und dazu schien ihm das Reisen unentbehrlich, schließlich hatten ja schon Moses, Platon und Pythagoras ihre Weisheit wesentlich auf Reisen gewonnen.

Was Celtis nicht ausgeführt oder unvollendet liegen gelassen hatte, wurde unmittelbar nach ihm aufgegriffen. Man denke nur an die *Brevis Germanie descriptio* von 1512 des Johannes Cochlaeus[22] und an Johann Schöners[23] *Luculentissima quaedam terrae totius descriptio* von

---

[22] Johannes Cochlaeus, *Brevis Germanie Descriptio* (1512). Hrsg., übersetzt und kommentiert von KARL LANGOSCH. Darmstadt 1960; FRANZ MACHILEK, Johannes Cochlaeus. In: *Fränkische Lebensbilder* 8 (1978) 51—69.

[23] Johannes Schöner, *Luculentissima quaedam terrae totius descriptio: cum multis vtilissimis Cosmographiae iniciis. Nouaque et quam ante fuit verior Europae nostrae formatio. Praeterea, Fluuiorum : montium : prouinciarum : Vrbium : et gentium quamplurimorum vetustissima nomina recentioribus admixta vocabulis. Multa*

1515, beide in Nürnberg erschienen. Celtis hatte laut Vertrag von 1493 eine *Newe Europa* machen sollen: Schöner verkündet in seinem Buchtitel gleichsam die Einlösung dieses Vorhabens, indem er als weiteren Inhalt seines Buches eine *Noua — et quam ante fuit verior — Europae nostrae formatio* ankündigt. Natürlich besteht ein Unterschied im Anspruchsniveau der Gestaltung zwischen Celtis und Schöner — deshalb wurde Celtis auch nicht fertig —, aber Schöner erkennt und bekennt dies und will sein Werk bewußt als Hilfsmittel verstanden wissen. Es kann kein Zweifel bestehen, daß Celtis, der auch Globen und die Tabula Peutingeriana besessen hat, u. a. ein Kosmograph gewesen ist, wie seine eigene Zeit ihn auch sah, und daß er als solcher in die Wissenschaftsgeschichte der Geographie gehört. Wenn es weiter sinnvoll sein soll, ihn als Humanisten zu bezeichnen, dann war er auch als Kosmograph Humanist und als solcher Naturwissenschaftler.

Wir haben es bei dem Problemkreis, mit dem wir uns hier beschäftigen, nicht nur mit der Frage zu tun, was bedeutet Naturwissenschaft im Sinne des 15./16. Jahrhunderts und was Humanismus, sondern sogar auch mit der, was bedeutet Renaissance. Wir werden sehen, daß auch dieser moderne Begriff nicht ausreicht, um genau zu bezeichnen, was sich wirklich abgespielt hat. Wiedergeburt der Antike, zuerst der römischen, dann der griechischen, dann der hebräischen, das sehen wir und meinen wir damit. Aber, durch die Klassiker angeregt, ist man gegen Ausgang des 15. Jahrhunderts bereits auf dem Wege zu den noch weiter zurückliegenden Ursprüngen menschlicher Weisheit, die man bei den Chaldäern und Ägyptern sieht. Gleichzeitig ist man dabei, nicht nur die Kirchenväter, sondern auch das Mittelalter neu zu entdecken. So ist es, trotz des Verdiktes von Enea Silvio von 1443[24], um 1500 durchaus kein Marotte des Heiligen Köln, wenn, wie eingangs erwähnt, Albertus Magnus neu entdeckt wird. Und Aristoteles wurde lange nicht so verachtet, wie uns die Schulbücher weismachen wollen, auch wenn Luther ihn haßte und, hätte er gekonnt, ihn wohl auf dem Scheiterhau-

---

etiam quae diligens lector noua vsuique futura inueniet. Noribergae: Johannes Stuchs 1515 (Exemplar SB Bamberg: ad Inc. typ. M.V. 1/2). Auf die bisher wenig gewürdigte Schrift macht aufmerksam FRANZ MACHILEK, Kartographie, Welt- und Landesbeschreibung in Nürnberg um 1500. In: *Landesbeschreibungen Mitteleuropas vom 15. bis 17. Jahrhundert.* Hrsg. von HANS-BERND HARDER. Köln-Wien 1983, 1—12, hier S. 6.

[24] Brief vom 5. Dezember 1443 an Herzog Sigismund von Österreich. Abdruck mit Übersetzung bei BERTHE WIDMER [Hrsg.], *Enea Silvio Piccolomini. Papst Pius II.* Basel-Stuttgart 1960, 280—289, hier S. 287.

fen verbrannt hätte. Es besteht eine weitverbreitete Meinung, kritische Leistungen der Renaissance nur in dem Bereich zu sehen, den man gewöhnlich für im engeren Sinne humanistisch ansieht: also in der Textkritik — und man denkt hier vorrangig an Valla und Erasmus und die Entlarvung von Fälschungen sowie die Herstellung des besten, weil autornahesten Textes. Vor neuen Beobachtungen aber und neuen Erkenntnissen sei die Renaissance weitgehend aus Ehrfurcht vor den antiken Autoritäten zurückgeschreckt. Ich habe diese Auffassung vorhin schon im Zusammenhang mit Celtis als Kosmographen in Frage stellen wollen, als ich sein Drängen auf Beobachtung und auf Ausfüllung von Lücken hervorhob. In der Tat ging es ihm und anderen führenden Zeitgenossen und ging es einem Künstler wie Dürer über die Wiederbelebung hinaus zugleich um jenes Mehr auf allen Gebieten, das der Begriff Renaissance nicht mehr abdeckt. Es ging um Fortführung, Weiterentwicklung, aber auch um Überrundung, Überbietung[25]. Und ich möchte die Formulierung wagen, es waren unter den Gelehrten, den Künstlern und unter den gelehrten Geistlichen und Politikern die Humanisten, die dies allererst wollten. Dies ist das eigentliche Merkmal der Renaissance-Humanisten: Sprachlich anspruchsvoll geschult mit dem Medium Sprache und/oder Musik und/oder bildende Kunst und/oder mit geräteschaffender Fertigkeit im Rückgriff auf altes, vorrangig antikes Wissen und alte Weisheit im Bewußtsein der Würde und Verpflichtung des Menschen als Ebenbild Gottes antimaterialistisch kritisch neues Wissen, auch Gerät, neues Bewußtsein und neue Weisheit schaffen und/oder verbreiten, die den Menschen ethisch reifer machen und Gott näher bringen. Friedrich Ohly sieht wie ich das Defizit des Renaissancebegriffes und schlägt vor, in diesem Falle die Typologie als eine geschichtlich wirksame Kraft zu erkennen[26].

Ich sollte den Gedankengang nicht ohne einige Konkretisierungen aus dem Bereich mathematisch-naturwissenschaftlicher Fachliteratur verlassen. 1492 gab Johannes Lucilius Santritter aus Heilbronn in Venedig die berühmten Alphonsinischen Tafeln heraus[27]. Anstelle einer

---

[25] Wuttke, Dürer und Celtis (wie Anm. 14); ders., *Humanismus als integrative Kraft* (wie Anm. 2).

[26] Friedrich Ohly, Typologie als Denkform der Geschichtsbetrachtung. In: *Natur, Religion, Sprache, Universität.* Universitätsvorträge 1982/83. Münster 1983, 68—102.

[27] Johannes Lucilius Santritter [Hrsg.], *Tabule Astronomice Alfonsi Regis.* Venetiis: Johann Hamann 31. Oktober 1492 (GW 1258, Exemplar SB Bamberg: 2 an Inc. typ. H. III. 12).

Einleitung, auch eines Gedichtes an den Leser, beginnt der Druck mit einem „Ermunterungs"-Brief des berühmten Olmützer Humanisten Augustinus Moravus an Santritter, den dieser mit einem entsprechenden Schreiben beantwortet. Augustinus Moravus darf man mit Sicherheit zu den Humanisten rechnen, die sich in die übliche Definition des Humanisten einfügen. Um so überraschter darf man sein, wenn man gewahr wird, wie er die kulturelle Situation der eigenen Zeit bewertet: Er äußert das Glück in einer Zeit leben zu dürfen, in der nach dem Niedergang beinahe a l l e Wissenschaften – er nennt sie *optimae disciplinae* – wiedererwachten und fast bessere Frucht als früher gäben. Er meint, die Alten müßten sich eigentlich im Grabe freuen, könnten sie dies bemerken. Da der Vorgang in allen Wissenschaften – in *omni disciplinarum genere* – mit unglaublicher Schnelligkeit vonstatten gegangen sei, sei es kein Wunder, da alle sich auf die eine Sache konzentrierten, daß einige sogar die Bahnen der anderen verließen und, wie man sage, auf eigene Faust an bisher Unbekanntes und Unversuchtes *(incognita et intentata)* herangingen. Dies hätten Georg Peuerbach und Johannes Regiomontanus getan, deutsche Männer, die in der lateinischen und fast ebenso in der griechischen Sprache gebildet seien[28]. Der Humanist würdigt also die eigene Zeit als eine Renaissance aller Wissenschaften und hebt hervor, daß zwei Astronomen in ihrem Feld alles bisher dagewesene Wissen übertroffen haben. Der Antwortbrief des Santritter liegt

---

[28]   *Tabule Astronomice,* fol. A 2^{r-v}: *Augustinus Morauus Olomucensis Johanni Lucilio Santritter Heilbronnensi S.P.D.*

Quum temporum nostrorum conditionem mecum ipse reputo ⟨. . .⟩ eamque ex priscorum illorum imagine diligentius expendo atque pertracto gloriari sepe non mediocriter soleo: id me potissimum etatis incidisse: in quo post defectos pene optimarum disciplinarum fructus: is demum studiorum ardor succreuerit: vt quae longa vetustatis negligentia deperierant: iam redeant iterum: ac rediuiuo quodam spiritu in meliorem propemodum frugem excitentur atque repullulent. ⟨. . .⟩ Uerum enimuero: quo magis illa tempora luctuosa fuere: quibus omnis studiorum honos conciderat: eo plus his nostris gratulandum ⟨. . .⟩ existimo: quibus preclara ingenia ad pristinum iterum calorem reuiuiscunt: Quin etiam si vllus apud inferos sensus inuenitur: gaudere etiam manes ipsos existimem: quod eorum labores: exercitia: vigilie: vna cum eis iam fere sepulte in lucem denuo prodeant: ac multiphariam disperse in vnum veluti corpus congregentur iterum atque subsidant. Id cum in omni disciplinarum genere incredibili imprimis celeritate confectum sit: vtpote vbi ad communem causam in vnum fere omnes conspirarunt: preter ceteros tamen Georgius Purbachius et Johannes ille de Regio monte: viri germani: latineque ac grece lingue iuxta eruditi: Sideralis sibi negocij partem eo usque tutati sunt: vt cum ceteri non nisi alias pertractata disquirerent: hi sibi et incognita et intentata prius: proprio vt aiunt Marte desumunt ⟨. . .⟩.

auf derselben Linie, er hebt die Renaissance der Studien aller schönen
Wissenschaften hervor — *omnium bonarum artium studia* — und meint,
man werde in allen Wissenschaften in Kürze mit jenem göttlichen Zeitalter der Römer in Wetteifer treten können[29]. Als besondere Leistungen
deutscher Erfindungskraft hebt er noch die Bombarda und die Druck-
kunst hervor. Diese Sehweise setzt sich direkt fort in der 1514 in Wien
veranstalteten Ausgabe von Peuerbachs *Tabulae Eclypsium* und Regiomontans *Tabula Primi Mobilis,* wo Andreas Stiborius in seinen Vorreden
zu beiden Teilen die Kraft des menschlichen Geistes anspricht, in vorher Unbekanntes vorzudringen und von anderen Beiträgern — u. a. von
dem Humanisten Joachim Vadian — die Astronomie als die dem Geist-
wesen Mensch besonders angemessene Wissenschaft gewürdigt wird,
weil sie zur Betrachtung der himmlischen Ursprünge seines Geistes
führt[30]. Johannes Schöner entschuldigt sich in seiner bereits oben ge-

---

[29] *Tabule Astronomice,* fol. A 3^{r-v}: *Johannes Lucilius Santritter Germanus de
Fonte salutis vulgo dictus Heilbronnensis Augusto Morauo Olomucensi S.P.D.*
   *Exultarem non minori gaudio quam tu Augustine suauissime: quod ea nos tem-
pora incidimus: quibus omnium bonarum artium studia non dico reuiuiscunt aut
florent: sed dulcissimos etiam fructus iam ediderunt: adeo vt in plerisque multis breui
cum diuino illo Romanorum seculo certaturi simus: nisi sciolorum ne dicam blatero-
num quorundam ac lucifugarum sermones me mouerent* ⟨. . .⟩.
   [30] Andreas Stiborius [Hrsg.], *Tabulae Eclypsium Magistri Georgij Peurbachij. Tabula Primi mobilis Joannis de Monte regio.* [. . .] Viennae: Johannes
Winterburg 1514 (Exemplar SB Bamberg: L. gr. f. 45/4). Hier z. B. fol. aa 1^{v}:
Joachimi Vadiani De Sancto Gallo ⟨. . .⟩ *in laudem operis epigramma.*
   Qui fragili censes morituram in corpore mentem:
      Huc ades: uerum carmen disce breui.
   ⟨. . .⟩
   Non satis est terras, et quae terrestria, nosse:
      Non satis aequoreas aereasque uices.
   ⟨. . .⟩
   Dumque tenebroso membrorum carcere clausa est
      Maxima coelestis signa uigoris habet.
   Quis neget aetherea nostras ab origine mentes?
      Quis non diuinas, astrigerasque putet?
   ⟨. . .⟩
   Fol. aa 10^{r}: *Praefatio Magistri Andreae Stiborij Boij in tabulas Eclypsium M.
Georgij peurbachij* ⟨. . .⟩. *Mirandum certe est/homines in tam penetralia summi dei
arcana descendere potuisse: ut haec miranda uentura iam certe cognoscere/et tam
longe praeuidere ualerent. Sed de hoc nemo miretur: cum ad hoc creatus sit homo: ut
ex contemplatione magnalium dei deum creatorem magnificet et benedicet.* ⟨. . .⟩
   Fol. AA 3^{v}: *Andreae Stiborij Boij In tabulam primi mobilis Praefatio.* ⟨. . .⟩
*Nondum est scientia primi mobilis exhausta. non sunt omnes circuli axes et poli
satis contemplati. semper aliquid nouae inuentioni patet* ⟨. . .⟩.

nannten *Luculentissima quaedam terrae totius descriptio,* daß er dem Ptolemaios nicht völlig gefolgt sei, sondern es gewagt habe, *noua scribere*[31].
Überhaupt ist das Wort neu, novus, das Leitwort seiner Intentionen.
Von allen Städten hebt er begreiflicherweise Nürnberg am meisten hervor, das mit Männern, die in allen Wissenschaften gebildet seien, wie
mit Edelsteinen geschmückt sei. Ihr berühmtester sei Willibald Pirckheimer *in omni ferme scibilium genere clarus* ⟨...⟩ *ac omnium insuper stu-
diosorum patronus* ⟨...⟩ [32]. Wie im vorgenannten Werk die Tafeln der
Peuerbach und Regiomontan so wird hier Schöners Globus humanistisch gepriesen[33], so daß wir sehen, wie in dieser Zeit selbst Tabellen
und Instrumente eine humanistische Dimension erhalten, etwas, was
sich ja auch in der Tradition medizinischer Anschauungsmodelle noch
mindestens bis zum ausgehenden 18. Jahrhundert zeigt.

Conrad Celtis hatte lebenslang die Vereinigung der Musen mit den
Wissenschaften propagiert und dabei die Genugtuung erleben dürfen,
daß Maximilian seinem Bestreben 1501 in der Begründung des Wiener
„collegium poetarum et mathematicorum" die erwünschte Institutio-
nalisierung gewährte. Die Auswirkungen dieses Programms könnten
wir in den eben behandelten Drucken von 1514/1515 studieren, aber
z. B. auch in des Johannes Stabius Ausgabe *Messahalah: De scientia
motus orbis* von 1504, des Stabius, der als Mathematiker und Astronom
wie Celtis poeta laureatus war[34]. Auf eine nähere Analyse sei hier
jedoch verzichtet. Statt dessen wollen wir mit einem kurzen Erkun-
dungsgang abschließen, der uns durch einige sogenannte humanistische Programmschriften führt und nach deren Bewertung der Wissenschaften fragt. Enea Silvio schreibt am 5. Dezember 1443 einen
langen Brief über sog. humanistische Fürstenerziehung an Herzog

---

[31] Schöner (wie Anm. 23) fol. Aii^r–v: *Et quamquam plerosque fore non dubi-
tem: qui hoc opusculum improbaturi: mihique insolentiae crimen objectabunt: quod
Ptolemaeum omnino non insequutus noua scribere ausim. Sed hi veniam dabunt:
dum in finem operis deuenerint. Non enim Ptholemaei solum: sed et aliorum virorum
clarissimorum opiniones conduxi* ⟨...⟩. *Ideo tabulam nouam Europae iuxta ob-
seruationes superiorum ac itinerum peragrationes: diligenti adiunxi examine. Huic
etiam descriptioni nouas regiones ad quattuor plagas mundi adieci: quae Ptholemaeo
nostro incognita permansere. Hac vero nostra tempestate: tam obseruationibus superiorum: quam etiam peragrationibus ac nauigationibus continuis inuentas accipi-
mus.*

[32] Fol. G^r–v.

[33] Fol. Lvi^r.

[34] Nürnberg: Johannes Weissenburger 1504 (Exemplar SB Bamberg: Inc.
typ. H.V. 13/1).

Sigismund von Österreich. Darin ist nicht e i n e Wissenschaft aus dem „Programm" ausgeschlossen, also keineswegs etwa die Naturwissenschaften. Und am Schluß empfiehlt Enea dem Fürsten ausdrücklich, die lebendige Lebenserfahrung zu suchen. Er sagt: *Denn ich weiß, daß es von Nutzen ist, was die Menschen aus Büchern gelernt haben, in der Ausübung zu erproben*[35]. 1476 hält Rudolf Agricola vor dem Herzog von Ferrara, Hercules Estense, eine Rede zum Lob der Philosophie und der übrigen Künste. In dies Lob ist das gesamte Quadrivium ohne jeden Abstrich einbezogen in einer Weise, die den späteren Conrad Celtis als getreuen Schüler Agricolas erkennen läßt[36]. Und die Bemühungen um das Gesamt der Wissenschaften werden von Agricola *studia humanitatis* genannt[37]. Nicht anders ist es in der Rede, die Johannes Reuchlin 1477 zum Lobe der Philosophie hält[38]. Ganz im Sinne der bisher Genannten hat Celtis immer wieder den Sachinhalt der Bildung in der Berücksichtigung a l l e r Wissenschaften gesehen und hat sich für persönliche Erfahrung mit Nachdruck ausgesprochen. Ich übergehe die Übereinstimmung, die es mit Willibald Pirckheimer und Ulrich von Hutten gibt, und hebe nur noch Philipp Melanchthon, den protestantischen Praeceptor Germaniae, hervor. Zwischen 1517 und 1549 hat er verschiedene Reden, sog. Deklamationen, gehalten, in denen er die Berücksichtigung aller Wissenschaften propagiert. Sie sind für ihn − nach altem, aus der Antike stammenden Herkommen − in dem Begriff *philosophia* zusammengefaßt, und diese *philosophia* nennt er auch *humanae disciplinae, scientia optimarum artium, honestae artes, optimae disciplinae,* und er erörtert mehrfach, warum es für einen jeden Theologen unumgänglich ist, gerade auch mit der Mathematik und der Himmelskunde sich zu befassen, wobei er letztere *illas pulcherrimas artes de motibus siderum* nennt[39]. Hören wir die Begründung, die er am Schluß seiner Rede

---

[35] Wie Anm. 24, S. 288/9.

[36] Hans Rupprich [Hrsg.], *Humanismus und Renaissance in den deutschen Städten und an den Universitäten.* Leipzig 1935, 164−183. Zu Mathematik und Naturwissenschaften S. 175−177. S. 178 legt Agricola gegenüber denen, die Naturforschung abwerten, im Sinne Regiomontans dar, daß es sich hierbei um Grundlagenwissen handelt, das für den Aufbau einer sittlichen Welt notwendig ist.

[37] A. a. O. S. 165.

[38] Ludwig Geiger [Hrsg.], *Johann Reuchlins Briefwechsel.* Stuttgart 1875, Reprint Hildesheim 1962, 340−343.

[39] *Melanchthons Werke.* III. Band: *Humanistische Schriften.* Hrsg. von Richard Nürnberger. Gütersloh ²1969, 39, 66, 67, 94 und 92. Über den Zusammenhang von Theologie bzw. Glauben, Kirche und Wissen handelt er besonders eindringlich in der Rede über die Philosophie von 1536, vgl. z. B. S. 91: *Cum*

über Aristoteles gibt: *Gott will, daß die Natur angeschaut wird, in die er bestimmte Spuren eingedrückt hat, um erkannt zu werden: Er hat die Wissenschaften gegeben, nicht nur, damit sie Lebenshilfen sind, sondern viel eher, damit sie uns an den Schöpfer jener Ordnung gemahnen, die in den Zahlen zu erblicken ist, der Himmelsbewegung, den Gestalten, sowie jener ewigen und unveränderlichen Schranke, die im Geiste des Menschen verankert ist, und z. B. Gut und Böse trennt. Wahr ist nämlich jener wunderbare Ausspruch Platons, daß Gottes willkommener Ruhm in den Wissenschaften ausgestreut liegt*[40].

Damit könnte möglicherweise deutlich geworden sein, daß ich mit der Themenstellung dieses Beitrages „Beobachtungen zum V e r h ä l t - n i s von Humanismus und Naturwissenschaft" ein Irrlicht angezündet habe und daß ich mich dafür entschuldigen muß. Im deutschen humanistischen Lager gibt es im 15./16. Jahrhundert keine Trennung von Humanismus und Naturwissenschaft. Hätte es im 16. Jahrhundert eine VCH-Verlagsgesellschaft in Weinheim gegeben, wie es sie so erfreulich tätig heute gibt, hätte diese nicht die Notwendigkeit gespürt, um Humanistisches zu publizieren, eine Verlagsabteilung *acta humaniora* zu gründen. A l l e ihre dem Neuen gegenüber aufgeschlossenen und ganz selbstverständlich vom Ethos der Verantwortung gegenüber Gott und der Würde des Menschen getragenen Verlagshandlungen wären als *acta humanitatis* verstanden worden: *Sic tempora mutata sunt!*

---

igitur tantum habeat mali inerudita theologia, facile iudicari potest, ecclesiae opus esse multis magnis artibus. Nam ad iudicandum et ad recte et dilucide explicandas res intricatas et obscuras, non satis est nosse haec vulgaria praecepta grammatices et dialectices, sed opus est multiplici doctrina; multa enim assumenda sunt ex physicis, multa ex philosophia morali conferenda sunt ad doctrinam christianam. WILHELM MAURER, Melanchthon und die Naturwissenschaft seiner Zeit. *Archiv für Kulturgeschichte* 44 (1962) 199—226, macht seine Ausführungen unter Ausschluß der „humanistischen" Schriften. Der Aufweis des inneren Zusammenhangs aller Äußerungen Melanchthons wäre daher noch zu leisten. Hilfreich ist dabei WILHELM MAURER, *Der junge Melanchthon zwischen Humanismus und Reformation.* 2 Bde. Göttingen 1967/69; vgl. jetzt auch MANFRED BÜTTNER, Philipp Melanchthon. In: M. B. [Hrsg.], *Wandlungen im geographischen Denken von Aristoteles bis Kant.* Paderborn usw. 1979, 93—110.

[40] A. O., 133 f. Die Rede stammt vom Jahre 1544.

DAS MAGISCHE WELTBILD DER RENAISSANCE

Von Wolf-Dieter Müller-Jahncke

Die Magie des morgen- wie abendländischen Kulturkreises kann
sicherlich nicht mehr unmittelbar mit jener „pensée sauvage" verglichen werden, die als Urform menschlichen Denkens und Verstehens
noch heute in bestimmten ethnischen Bereichen anzutreffen ist[1]. Doch
auch für die dem Mythos entstammende Magie der Hochkulturen gilt,
daß sie in enger Verbindung zu Glauben und Religion steht und wie
diese ein eigenes, immanentes System der Logik besitzt, das oft als
„Aberglauben" bezeichnet wird[2]. Die Abgrenzung der Magie zur Religion ist indes ebenso schwierig wie diejenige zur Wissenschaft, da beider Logik weniger auf einem wie auch immer gedachten Gleichheits-
prinzip beruht, sondern Ungleichheit im Herrschen (Götter) und Be-
herrschbaren (Natur und Mensch) erfordert[3]. Diese Herrschaftsformen
sucht die Magie dadurch zu überwinden, daß sie unter Zuhilfenahme
von Riten und Zeremonien den schicksalsbedingenden Göttern, die im
Falle der Astrologie durch die Gestirne symbolisiert werden[4], diese Bedingungen abzuringen und im Sinne des Magiers auszunützen sucht. So
muß der Magier die Natur und ihre Phänomene in seine Beherrschung
bringen, um die unmittelbaren Einwirkungen des Göttlichen so weit wie

---

[1] Vgl. grundsätzlich dazu CLAUDE LÉVI-STRAUSS, *La Pensée sauvage.*
Paris 1962.

[2] Die Definition des Aberglaubens in: *Handwörterbuch des Deutschen Aberglaubens,* Bd. 1. Berlin 1927, 64—87. Bedeutsam für den Aberglaubenbegriff des
lateinischen Mittelalters ist der Überblick bei DIETER HARMENING, *Superstitio.
Überlieferungs- und theoriegeschichtliche Untersuchungen zur kirchlich-theologi-
schen Aberglaubensliteratur des Mittelalters.* Berlin 1979.

[3] CLAUDE LÉVI-STRAUSS, *Rasse und Geschichte.* Frankfurt a. M. 1972, 27
u. MARCEL MAUSS, *Esquisse d'une Théorie générale de la Magie. Sociologie et
Anthropologie,* Bd. 1. Paris 1960, 136—137.

[4] Vgl. neben WILHELM GUNDEL, *Sterne und Sternbilder im Glauben des
Altertums und der Neuzeit.* Bonn u. Leipzig 1922, auch — mit aller Vorsicht —
ARTHUR DREWS, *Der Sternenhimmel in der Dichtung und Religion der alten Völker
und des Christentums. Eine Einführung in die Astralmythologie.* Jena 1923 sowie
ERIC ROBERTSON DODDS, *Die Griechen und das Irrationale.* Darmstadt 1970,
131—139 u. JEAN SEZNEC, *The survival of the pagan Gods.* New York 1953.

möglich auszuschalten. Magie bedeutet also die Herrschaft des Magiers sowohl über Gott als auch die Natur, wobei die Zerstörung von „Geheimnissen" durch Erkenntnisse angestrebt wird. Dennoch bleibt der Magier dem Mythos verhaftet und operiert zu seinem Nutzen in dessen System. Er vermag also Herrschaft über Gut und Böse auszuüben, wenn er zum einen die Welt im Sinne des Mythos klassifiziert, zum anderen mit dem Göttlichen durch die gleichfalls dem Mythos unterworfenen Zwischenwesen oder Medien korrespondiert.

Entscheidende Voraussetzung zur Deutung der stellaren Vorgänge am Himmelsgewölbe war das Eingebundensein auch der Astrologie in das „mythische Denken", das zum einen die Transposition gedachter göttlicher Eigenschaften weniger auf die materiellen Gestirne als deren Seelen, Geister oder Dämonen vornahm, zum anderen aber auch eine Analogie zwischen diesen und der Erde respektive dem Menschen als dem Mittelpunkt des Kosmos zuließ. Es mußten also die Gottheiten ihre Wesensmerkmale an die sie ursprünglich nur repräsentierenden Planeten, Zodiakalbilder, Dekane oder Grade gleichermaßen abtreten wie die Analogien zu diesen Wesensmerkmalen[5]. Durch die Bewegung am Firmament trat versinnbildlicht der Kampf der Götter zutage, dessen Ausgang der Mensch vorauszuberechnen imstande war. Die vorhersehbaren Siege oder Niederlagen der Gestirngötter blieben in den monotheistischen Religionen ohne Einfluß auf den Unbewegten Beweger, gleich wer immer er sein mochte. Die Auffassungen zur Astrologie schieden sich indes stets an der Frage, ob ein Einfluß der Gestirne als Stellvertreter der Götter gegeben sei oder ob sie allein die Willenserklärungen des Unbewegten Bewegers sichtbar machten[6].

In der Nachfolge Wilhelms von Ockham (um 1290/1300—1349) ging im 14. Jahrhundert von Paris eine naturphilosophische Bewegung aus, die sich zwar spekulativ, wenngleich auf Erfahrungssätzen beruhend, mit den aristotelischen Theoremen zu Kosmologie und „Naturwissenschaft" auseinandersetzte, wobei vor allem theoretische Aspekte der Himmelsmechanik und der mathematischen „Physik" in den Vorder-

---

[5] Ernst Cassirer, *Wesen und Wirkung des Symbolbegriffs*. 5. Aufl. Darmstadt 1976, 29; vgl. auch Kurt Hübner, Der Begriff des Naturgesetzes in der Antike und in der Renaissance. *Die Antike-Rezeption in den Wissenschaften während der Renaissance*. Hrsg. v. August Buck u. Klaus Heitmann (Mitteilung der Kommission für Humanismusforschung, 10). Weinheim 1983, 7—27.

[6] Vgl. Hans Blumenberg, *Die kopernikanische Wende*. Frankfurt a. M. 1965, 16—19.

grund traten[7]. Von Johannes Buridan († um 1360) über Albert von Sachsen († 1390) als erstem Rektor der Universität Wien und Marsilius von Inghen († 1396) bis zu Nicolaus Oresimus († 1382) und dem in Wien wirkenden Heinrich von Langenstein (oder von Hessen, 1325—1397) reicht die Reihe derjenigen, die im Sinne der „via moderna" die aristotelische Naturphilosophie kommentierten und durch eigene Berechnungen zu ergänzen suchten[8]. Innerhalb dieses Denkens gab es keinen Platz für astrologische Vorstellungen; vielmehr schrieben einzelne Autoren gezielt gegen die Astrologie, an die wohl vor allem gebildete Kreise glaubten. Entgegen dem Impetus der Kirchenväter verfolgten die Philosophen des 14. Jahrhunderts jedoch nicht die Absicht, die Astrologie zu dämonisieren, sondern versuchten, ihre wissenschaftlichen Grundlagen in Zweifel zu ziehen.

In seinem an Fürsten und Edelleute gerichteten *Tractatus contra astrologos* wendet sich Nicolaus Oresimus im vierten und fünften Kapitel gegen die vorhersagende Astrologie. Nach der Feststellung, daß sowohl die Kirchenväter als auch die weltlichen und kirchlichen Gesetze die Ausübung der Astrologie verboten hätten, weist Oresimus auf die Unsicherheit der astrologischen Vorhersagen hin, die nur zu oft durch die Erfahrung widerlegt würden. Dies zeige sich vor allem an den Nativitäten für Zwillinge, die bekanntlich trotz fast gleicher Geburtszeit unterschiedliche Schicksale erführen. Nach Oresimus leidet auch die Wettervorhersage unter der Unzuverlässigkeit der Astrologie, vor allem, wenn sie für mehrere Jahre prophezeit wird. Nur derjenige Teil der Astrologie, der sich mit den Bewegungen, Massen und der Natur der Himmelskörper befaßt, gilt ihm als ehrbar und nützlich[9].

Auch andere gegen die Astrologie gerichtete Traktate des Oresimus, insbesondere die 1361 entstandene Schrift *Des divinations,* halten an der Unterscheidung von „Astronomie" und „Astrologie" fest[10]. Immer wieder betont Oresimus die Unsicherheit astrologischer Vorher-

---

[7] Blumenberg (Anm. 6), 22—24.

[8] Fredecik Copleston, *A History of Philosophy.* Bd. 3, Tl. 1: *Late Medieval and Renaissance Philosophy.* Garden City, N.Y. 1963, 166—167.

[9] Hubert Pruckner, *Studien zu den astrologischen Schriften des Heinrich von Langenstein* (Studien der Bibliothek Warburg, 14). Leipzig u. Berlin 1933, 233—235; vgl. Helmuth Grössing, *Humanistische Naturwissenschaft. Zur Geschichte der Wiener mathematischen Schulen des 15. und 16. Jahrhunderts* (Saecvla spiritalia, 8). Baden-Baden 1983, 47—49.

[10] Vgl. Lynn Thorndike, *A History of Magic and Experimental Science,* Bd. 3. New York u. London 1934, 401—402.

sagen, gleich, ob sie für die Natur oder den Menschen getroffen werden. Nicht die Gestirne besitzen Einfluß im Sublunaren, sondern die Disposition der Materie und der Qualitäten. Die Wirkung eines Planeten kann erfahrungsgemäß nur bei der Sonne durch ihre Wärme und ihr Licht festgestellt werden. Dennoch kann sich Oresimus — ähnlich den Verfassern des Pariser Pestgutachtens von 1348 — nicht völlig von der Astrologie lösen und verbindet Seuchen, Kriege oder Wechselfälle mit großen Konjunktionen, bringt aber die zeitliche Abfolge dieser Ereignisse nicht mit den Vorgängen am Himmelsgewölbe in Verbindung[11].

Auch Heinrich von Langenstein, der sich in seinem 1373 verfaßten *Tractatus contra astrologos coniunctionistas* an Oresimus orientiert[12], leugnet den Einfluß der Gestirne und lehnt die „iudicia" der Astrologen ab. Die Wissenschaftlichkeit der Astrologie zweifelt er vor allem bei den Sternbildern der neunten oder zehnten Sphäre an, da deren Existenz umstritten sei. Die Gestirne an sich verkünden zwar nichts Falsches, die Interpretation ihrer Einflüsse durch die Astrologen ist jedoch unrichtig. Gott hat die Welt nicht nach den Regeln der Astrologie eingerichtet, sondern zur Erlangung des Seelenheils für jeden Menschen, dem darum auch der Blick in die Zukunft verwehrt bleiben muß[13].

Die Traktate von Oresimus und Langenstein hatten, obzwar nur in Handschriften vorliegend, eine gewisse Verbreitung erfahren[14]; unmittelbare Nachfolger wie Jean Gerson (1363—1429) geben sich indes nur vereinzelt zu erkennen[15]. Vielmehr vollzog sich seit der Mitte des 15. Jahrhunderts im Zuge der Aufarbeitung antiker Texte durch den Humanismus jene „Wiederentdeckung" neuplatonischer, hermetischer und kabbalistischer Schriften, die es erlaubte, die Welt nicht mehr nur in hierarchisch voneinander getrennt absteigenden Stufen, sondern als eine durch Seele und Geist bewirkte dynamische Verbindung von Makro- und Mikrokosmos zu begreifen. Die Stellung des Menschen begann sich aus der unabdingbaren Seinskette zu lösen, so daß er Erkenntnis der Analogien beider kosmischen Hälften erlangen konnte. Dieses Analogiedenken ließ sich durch die dem ursprünglichen Mythos teilhaftige Astrologie gewissermaßen „naturwissenschaftlich" beweisen

[11] Thorndike (Anm. 10), 414—415.
[12] Pruckner (Anm. 9), 7; vgl. Grössing (Anm. 9), 49—51.
[13] Pruckner (Anm. 9), 60—65.
[14] Vgl. Eugenio Garin, *Astrology in the Renaissance. The Zodiac of Life.* London, Boston, Melbourne and Henley 1982, 24.
[15] Thorndike (Anm. 10), Bd. 4 (1934), 114—125; vgl. Hans Blumenberg, *Der Prozeß der theoretischen Neugier.* Frankfurt 1973, 158—160.

und durch den von der Antike übernommenen „Sympathie"-Begriff untermauern. Der Mensch, der die Regeln von Astrologie und Sympathie beherrschte, konnte durch magische Operationen zu Macht gelangen.

Es ist unbestreitbar das Verdienst des Florentiners Marsilio Ficino (1433–1499), das hermetisch-neuplatonische Weltbild erschlossen und neu überdacht zu haben[16]. 1462 gab Cosimo de'Medici Ficino den Auftrag, die Schriften der antiken Philosophen, insbesondere Platons and Plotins, aus dem Griechischen zu übersetzen und zu kommentieren[17]. Zunächst legte Ficino die apokryphen *Orphischen Hymnen* in lateinischer Übertragung vor, die wie die hermetischen Schriften wohl im zweiten oder dritten nachchristlichen Jahrhundert entstanden waren. 1463 übersetzte er *Pimander* und *Asclepius* als die im zugänglichen Werke des *Corpus Hermeticum*, gefolgt von der Übertragung der für den „magia"-Begriff wegweisenden Schriften des Proklos und Jamblichos[18]. Durch diese Texte eröffnete Ficino dem gelehrten Publikum eine „prisca theologia", altehrwürdig und, entgegen den aus arabischer Tradition überkommenen hermetischen Bruchstücken[19] über jeden Zweifel erhaben, sich mit „schwarzer", also verbotener Magie zu befassen.

Das Hauptwerk Ficinos, die 1474 abgefaßte und bis zu dem im Jahre 1482 erfolgten Druck kaum überarbeitete Schrift *Theologia Platonica. De immortalitate animorum*, birgt die Früchte der vorangegangenen Übersetzungen und Kommentare. In Ficinos Kosmologie verbindet die Seele in dynamischer Weise alle Dinge des Kosmos miteinander. Unsterblich und immateriell nimmt sie eine bevorzugte Stellung im Kosmos ein, der stufenartig angeordnet ist, wobei die niedrigere Stufe von der höheren stets an jener Vollkommenheit übertroffen wird, die in der Gott allein zu eigenen absoluten Harmonie gipfelt. Die im Universum herrschende „anima mundi" oder Weltseele teilt sich, von Gott ausgehend, den Engeln mit, die ihrerseits wiederum die Sphären der Gestirne mit Seelen versehen. Diese vernunftbegabten Sphärenseelen wirken auf die sublunare Welt und prägen die einzelnen Dinge der Natur,

---

[16] Vgl. Marsilio Ficino e il Ritorno di Platone. Catalogo a cura di S. Gentile, S. Niccoli e P. Viti. Florenz 1984.

[17] Marsilio Ficino (Anm. 16), 28–31.

[18] Vgl. Brian P. Copenhaver, Scholastic Philosphy and Renaissance Magic in the De Vita of Marsilio Ficino. Renaissance Quarterly 37 (1984), 523–554.

[19] Frances A. Yates, *Giordano Bruno and the hermetic Tradition*. London 1964, 81, bezieht dies vor allem auf „Picatrix", der nach Garin (Anm. 14), 46–55, indes deutlich hermetische Züge aufweist.

deren Eigenschaften als Anlage bereits in ihnen vorhanden sind[20].
Ficino zufolge wird jede einzelne dieser Seelen durch ein „aethereum
corpusculumanimae" unter dem Einfluß der Gestirne in die Dinge des
Kosmos verbracht. Das Universum erscheint nun allbeseelt, wobei sich
die Seelen außer denjenigen Gottes und der Engel dank ihrer Vernunft-
begabung zu bewegen vermögen[21].

Diese fließende Abstufung des Kosmos ermöglicht „magia". Gott,
das Eine und Gute, teilt seine Ideen durch die Weltseele dem Universum mit, das von einer Vielzahl beseelter Zwischenkörper erfüllt ist:
den Engeln, Heroen und Dämonen, die den Sphären der Gestirne und
den Elementen beigeordnet sind. Als Vermittler zwischen den beiden
kosmischen Polen Gott und Materie oszilliert die Seele des Menschen,
die sowohl auf die Welt herabsinken als auch sich zur Erkenntnis Gottes
erheben kann[22]. In dieser von neuplatonischen, orphischen und hermetischen Einflüssen geprägten Kosmologie Ficinos gibt es zwei Arten
von „magia": eine göttliche und eine natürliche Magie, die indes nicht
auf mystischer Gottesschau, sondern auf Gotteserkenntnis beruhen[23].
Beide Genera der Magie sind bei Ficino eng mit der Astrologie verbunden, da sowohl die kosmischen Seelen als auch die Menschenseele
durch das von Gott ausgehende „aethereum corpusculum animae"
beeinflußt werden. Durch ihre Mittlerrolle zwischen den kosmischen
Hälften kann die „anima humana" die obere Hälfte des Universums und
letztlich Gott selbst erkennen. Das Wissen um diese Erkennbarkeit ver-
leiht der Menschenseele, und damit dem Menschen, Macht — seine Stellung im Kosmos verschiebt sich von der unteren Hälfte annähernd zur
Mitte[24].

---

[20] Die Philosophie Ficinos ist mustergültig dargestellt bei PAUL OSKAR
KRISTELLER, *Die Philosophie des Marsilio Ficino* (Das Abendland, N.F., 1).
Frankfurt a. M. 1972; die heute gültige Textausgabe: Marsilio Ficino [Marsilii
Ficini Florentini] *Platonica Theologia de immortalitate animorum*. [Buch I—XIV,
hrsg., übers. u. komm. v.] RAYMOND MARCEL. 3 Bde. Paris 1964—1970, hier:
Bd. 2, 61—62.

[21] KRISTELLER (Anm. 20), 366—371.

[22] Vgl. PAUL OSKAR KRISTELLER, *Humanismus und Renaissance*. Hrsg. v.
ECKARD KESSLER (Humanistische Bibliothek, Reihe 1, Abhdlg., 21, 22). 2 Bde.
München 1974—1976, hier: Bd. 2, 109—111.

[23] KRISTELLER (Anm. 20), 190; vgl. PAOLA ZAMBELLI, *Il problema della
Magia naturale nel Rinascimento. Rivista critica di Storia della Filosofia* 3 (1973),
285.

[24] Vgl. RUDOLF ALLERS, Microcosmos. From Anaximandros to Paracelsus. *Traditio* 2 (1944), 364—365.

In seiner 1486 verfaßten *Oratio* befaßte sich der junge Graf Giovanni Pico della Mirandola (1463—1494), ein enger Freund Ficinos, gleichfalls mit der Stellung des Menschen im Universum. Die in späteren — postumen — Drucken gemeinhin *Oratio de Hominis dignitate* genannte Rede bildete den Vorspann zu 900 Thesen oder *Conclusiones,* die der Graf öffentlich zu Rom disputieren lassen wollte[25]. Wie auch Ficino, dessen *Theologia Platonica* er kannte, stützt sich Pico auf die hermetischen, orphischen, platonischen und neuplatonischen Schriften als Quellen der „prisca theologia". Durch seine Freundschaft zu den hebräischen Gelehrten Elia del Medigo und Flavius Mithridates erschloß sich dem Mirandolaner zudem eine weitere Quelle angeblich „uralten" Wissens: die „Kabbala" genannte jüdische Mystik[26]. Die *Oratio* Picos verarbeitet die Gedankenwelt der Kabbala allerdings nicht so eingehend wie die auf sie folgenden *Conclusiones;* vielmehr stellt sie den Versuch dar, eine „pax philosophica" zwischen Aristotelismus, Averroismus, Neuplatonismus, hermetischen Lehren und Kabbala herbeizuführen[27]. Im Anschluß an Platon kommt Pico zu der These, daß Adam als der Mensch schlechthin den abgestuften Kosmos erkennen und sich in dieser Erkenntnis frei bestimmen kann[28]. Diesem Programm folgt seine Definition der Magie, die sich an der von Ficino vorgegebenen Unterteilung orientiert. Pico warnt jedoch vor „dämonischer" Magie, die demjenigen, der sie ausübe, nur Schmach und Schande einbringen könne, da sie weder den Namen einer „scientia" noch einer „ars" für sich in Anspruch nehmen dürfe. Das Ziel der „magia naturalis" sei es hingegen, den Kosmos beherrschen zu können[29]. Diese Ansicht findet sich gleichfalls in den *Conclusiones,* in denen Pico die . . . *Magia, quae in usu est apud modernos, . . .* verwirft und nur die aus den Schriften der „prisca theologia" gewonnenen Erkenntnisse zu einer natürlichen Magie zuläßt[30]. Ohne die Kabbala ist diese Magie jedoch weder verständlich

---

[25] Vgl. André-Jean Festugière, Studia Mirandolana. *I. Archives d'Historie doctrinale et littéraire du Moyen Age* 7 (1932), 143—184 sowie Eugenio Garin [Hrsg.], Pico della Mirandola: *De Dignitate Hominis* [Lat. u. Dtsch]. Eingel. v. Eugenio Garin (Respublica Literaria, 1). Bad Homburg, Berlin u. Zürich 1968, 7—8.

[26] Vgl. Hermann Greive: Die christliche Kabbala des Giovanni Pico della Mirandola. *Archiv für Kulturgeschichte* 57 (1975), 141—161.

[27] Garin (Anm. 25), 9.

[28] Garin (Anm. 25), 23—24.

[29] Garin (Anm. 25), 76; vgl. Yates (Anm. 19), 86.

[30] Pico della Mirandola, *Conclusiones sive Theses DCCCC Romae anno 1486 publice disputandae, sed non admissae* [Hrsg. u. komm. v.] Bohdan Kiesz-

noch ausübbar: Der Magus, der mit astralen Charakteren arbeitet, muß auch in der Lage sein, mit Buchstaben und Zahlen als den kabbalistischen Elementen zu operieren[31].

Giovanni Picos 1489 verfaßtes Werk *Heptaplus* nimmt als *Exegese des Sechstagewerkes der Genesis*[32] die in der *Oratio* vorgegebenen Äußerungen zur Stellung des Menschen im Kosmos wieder auf. Wie bei Ficino ist auch bei Pico der Kosmos von jener Dynamik beseelt, die das Obere mit dem Unteren in Verbindung treten läßt. Innerhalb dieses Kosmos stellt der Mensch das eigentliche Bindeglied dar. Er ist nicht mehr allein der „Mikrokosmos", der alle Eigenschaften des „Makrokosmos" in sich trägt, sondern vielmehr aktiv handelnd und erkennend ein — wie Pico sagt — *vinculum et nodus mundi*[33]. Während Ficino den Menschen trotz seiner Erkenntnismöglichkeit noch als im kosmischen Geschehen befangen ansieht, kann er sich bei Pico von diesem lösen, da er die grundsätzliche Freiheit der Entscheidung besitzt[34]. In diesem Punkt unterscheidet sich auch das Verständnis von „magia" bei den beiden Florentinern. Sowohl Ficino als auch der junge Pico postulieren eine „magia naturalis", die imstande ist, die durch die Schriften der „prisca theologia" tradierten magischen Phänomene zu erklären. Dieses Genus der Magie stellt als eine *emanatistische Form der Physik*[35] einen Teil der „scientia" dar, die durch Astrologie und Sympathie wirkt. Die „magia caeremonialis" hingegen bedient sich der Gesänge, der Charaktere, Zahlen und Namen, die Gott und seine hierarchisch geschaffene Zwischenwelt — Engel, Intelligenzen, Geister und Dämonen — in magischen Operationen beeinflussen. Während jedoch bei Ficino dieser Teil der Magie für den Menschen, der Kenntnis und Erkenntnis besitzt, anrufbar bleibt, lehnt ihn Pico ab, da der Mensch, der sich dieser Zwischenwelt bedient, nicht mehr frei ist. Die Kabbala soll dem Erkenntnissuchenden nicht den Weg zur Magie zeigen, sondern ihm den Zugang

KOWSKI (Travaux d'Humanisme et Renaissance, 131). Genf 1973, 78—79; vgl. FRANCES A. YATES, *The occult Philosophy in the Elisabethan Age*. London, Boston u. Henley 1979, 17—22.

[31] Pico della Mirandola (Anm. 30), 79; vgl. GARIN (Anm. 25), 23.

[32] So ENGELBERT MONNERJAHN, *Giovanni Pico della Mirandola. Ein Beitrag zur philosophischen Theologie des italienischen Humanismus* (Veröff. des Instituts für abendländische Religionsgeschichte, 20). Wiesbaden 1960, 45.

[33] KRISTELLER (Anm. 20), 106—107 u. MONNERJAHN (Anm. 32), 15—26.

[34] MONNERJAHN (Anm. 32), 26—28.

[35] So ERNST CASSIRER, *Individuum und Kosmos in der Philosophie der Renaissance*. 3. Aufl. Darmstadt 1969, 116.

zu Gott eröffnen. Auf diesem Weg erlangt der Mensch als *vinculum et nodus mundi* jene Freiheit von Magie und Astrologie, derer er bedarf, um Beherrscher des Kosmos zu werden.

Viele Philosophen und Kosmologen des 15. und frühen 16. Jahrhunderts, die sich mit den wiederaufgefundenen und zeitgemäß angepaßten Lehren der „prisca theologia" befaßten, nahmen indes zugleich eine kritische Haltung zur Astrologie wie den anderen divinatorischen Künsten ein. Der in den Schriften der „antiqui" angetroffene Sternenglaube mit seinen fatalistischen Zügen erwies sich zum einen als zu einschränkend, zu befreiend zum anderen die Machtstellung des Menschen, die die gleichen Texte verhießen. Gegen beide eng zusammenhängende Variationen des gleichen Themas richteten sich die antiastrologischen Bedenken, sei es, daß sie den freien Willen des Menschen betonten, sei es, daß sie vor der Möglichkeit der Gottesähnlichkeit warnten. So konnten fast alle Autoren sowohl für die Astrologie als Bestandteil der „prisca theologia" als auch gegen sie als Gefahr für die Menschenwürde votieren, ohne sich geistiger Unredlichkeit bezichtigen zu müssen.

Solchermaßen muß auch die von Marsilio Ficino im Jahre 1477, also nur drei Jahre nach der Entstehung der *Theologia Platonica,* verfaßte Schrift verstanden werden, die ursprünglich den Titel eines *Liber de providentia dei et humani arbitrii libertate, in quo agitur contra astrorum necessitatem fatumque astrologorum* tragen sollte[36]. Obgleich das an Graf Francesco Gazolti gerichtete Vorwort späterhin in das gedruckte Epistolar Ficinos übernommen wurde, blieb die in ihm angekündigte Abhandlung in der Folgezeit weitgehend unbekannt. Zwar hatte sich Ficino in seinem Briefwechsel hin und wieder auf diese bei der endgültigen Zusammenstellung nun *Disputatio contra iudicium astrologorum* benannte Schrift, die vielleicht auch Giovanni Pico della Mirandola kannte, bezogen, doch wird ihre Bekanntheit und Wirkmächtigkeit, da allein im autographen Konzept vorliegend, recht gering gewesen sein[37]. Zudem war sie überschattet durch die 1489 im Druck erschienenen *De vita libri tres,* in denen Ficino bekanntlich eine innige Verbindung von Philo-

---

[36] Hans Baron, Willensfreiheit und Astrologie bei Marsilio Ficino und Pico della Mirandola. *Kultur- und Universalgeschichte. Walter Goetz zu seinem 60. Geburtstag dargebracht.* Leipzig 1927, 145–170; vgl. Garin (Anm. 20), 67–68.

[37] Baron (Anm. 36), 156.

sophie mit Medizin und Astrologie im Sinne einer „medicina platonica"
herstellte[38].

Die innere Analyse der *Disputatio* Ficinos läßt ihren konzepthaften
Charakter erkennen: Sie stellt eine Materialsammlung dar, durchsetzt
von bereits in der *Theologia Platonica* bearbeiteten Textstellen der „prisca theologia"[39]. Obgleich ihr späterer Einfluß ungesichert ist, stellt sie
doch einen ersten Versuch innerhalb jener *Star crossed Renaissance*
dar, die Problematik von freiem Willen und Menschenwürde einerseits,
von Fatalismus und Sternenfurcht andererseits zu durchdenken. Im
Vorwort wendet sich Ficino gegen die Astrologie, da sie Gott der Vorsehung beraubt und den Menschen in seinem Glauben an das unwieder-
bringliche Schicksal bestärkt, so daß er schließlich selbst das Verbrechen als gegeben hinnimmt[40]. Gott aber, der über allem steht, hat
dem Menschen den freien Willen gegeben. Da jedoch nur Gott Gutes
von Bösem unterscheiden kann, bewahrt seine Vorsehung den Menschen zwar, nimmt ihm aber nicht seinen freien Willen. Entgegen dem
Sublunaren, dem der Mensch zugehört, ist das Göttliche perfekt, wobei
der freie Wille als Bewegter Bewegender nur Gott, nicht aber den willen-
losen Gestirnen unterstehen kann[41]. Diese Grundgedanken verfolgt
Ficino durchgehend in der *Disputatio* und sucht sie mit immer neuen Beweisen abzusichern. In Anlehnung an die bereits in der *Theologia Platonica* entwickelte Kosmologie beschreibt er das Oszillieren der Menschenseele zwischen dem körperlichen und dem geistigen Bereich, das
letztlich die freie Willensausübung ermöglicht[42]. In der kosmischen
Ordnung nehmen die Gestirne nach dem Plan Gottes den ihnen zu-
stehenden Platz ein. Die Sphären mit ihren neutralen und kugelförmi-
gen Planeten bewegen sich und strahlen Licht aus, das Einfluß auf das
Materielle im sublunaren Bereich nimmt. Was der Himmel in der Welt
bewegen kann, vermag er kraft seiner natürlichen Umdrehungen zu bewegen; was aber durch sie entsteht, entzieht sich seiner Macht, da die-

---

[38] Vgl. Wolf-Dieter Müller-Jahncke, *Astrologisch-Magische Theorie
und Praxis in der Heilkunde der frühen Neuzeit* (Sudhoffs Archiv, 25). Stuttgart
1985, 41–56.

[39] Baron (Anm. 36), 158–159.

[40] Marsilio Ficino, *Disputatio contra iudicium astrologorum. Supplementum
Ficinianum. Marsilii Ficini Florentini philosophi platonici opuscula inedita et
dispersa.* Hrsg. v. Paul Oskar Kristeller. 2 Bde. Florenz 1937, Bd. 2, 11–12.

[41] Ficino (Anm. 40), 15–16 u. 44–47.

[42] Ficino (Anm. 40), 23.

ser Entstehungsprozeß durch die Ideen der Engel gelenkt wird. So können die körperlichen Gestirne unter eingeschränkten Bedingungen zwar auf die Materie, nicht aber auf den Willen wirken, da diesem nichts Körperliches zu eigen ist[43]. Auch in der „Disputatio" bleibt also jener Antagonismus zwischen Materie und Geist bestehen, der durch die kosmologische Stufenordnung vorgegeben ist. Daraus ergibt sich Ficinos Ablehnung der Astrologie, die sich mit Hilfe der materiellen Gestirne des im Bereich seiner Willensfreiheit geistig frei handelnden Menschen zu bemächtigen sucht[44].

In den *Conclusiones* hatte Giovanni Pico della Mirandola ausgeführt, daß sowohl die „magia naturalis" als auch die Astrologie Teil jener Wissenschaft sei, die dem Menschen Kenntnis vom Aufbau des Universums vermittelt[45]. Doch bereits im *Heptaplus,* wohl schon unter dem Einfluß des seit 1489 in Florenz wirkenden Girolamo Savonarola (1452–1498) stehend, wird die Astrologie als eine *occupatissima vanitas* bezeichnet[46]. Zur völligen Ablehnung jeglicher Art von Astrologie, befasse sie sich mit den Einflüssen der Gestirne oder mit Horoskopen, kam Pico in seinen *Disputationes adversus astrologiam divinatricem libri XII,* die er als einzigen Teil eines breit angelegten Werkes gegen jegliche Art von Aberglauben fertigzustellen vermochte. Die *Disputationes,* 1496 von Gianfrancesco Pico della Mirandola (1469–1533) nach dem Tod des Onkels herausgebracht[47], zeugen von einer überragenden Belesenheit sowohl in der älteren als auch in der zeitgenössischen astronomisch-astrologischen Literatur, die sie in der Folgezeit zu einer Fundgrube für jeden Kritiker an der Astrologie werden lassen sollte.

Auch für Giovanni Pico ist das Problem des freien Willens des Menschen in den Grenzen einer durch Nativitätenstellerei deterministisch gefärbten Astrologie entscheidend. In dieser Frage knüpft er an die Darstellung des eigenverantwortlichen Menschen an, wie er sie in den Werken *Oratio* und *Heptaplus* niedergelegt hatte. Pico erneuert in den *Disputationes* seine Forderung, daß der Geist frei von materiellen Einflüssen sein müsse, da Gott unmittelbar auf den Menschen wirke und

---

[43] Ficino (Anm. 40), 29 u. 73–74.

[44] Ficino (Anm. 40), 72.

[45] Pico della Mirandola (Anm. 30), 90; vgl. Garin (Anm. 14), 85.

[46] Henri de Lubac, *Pic de la Mirandole.* Paris 1974, 318–319; vgl. Garin (Anm. 14), 79: *Pico, at the time of the Heptaplus, ... is undoubtedly not the same Pico of the earlier writings ...*

[47] Lubac (Anm. 46), 308.

nicht der Gestirne als Vermittler seines Willens bedürfe[48]. Jegliche
Astrologie, die nicht rein mathematische Astronomie ist, sieht Pico als
ein Mittel der Herrschaft von Materie über den Geist an, die den Menschen der eigenen Verantwortung beraubt und ihn zu einem Mikrokosmos degradiert, der in allem vom Makrokosmos abhängt[49].

Demzufolge bestehen die Eigenschaften der Gestirne nur in ihrem
Lauf, dem Licht, das sie ausstrahlen und der daraus resultierenden
Wärme, die sie der den Generations- und Korruptionsprozessen unterworfenen sublunaren Welt mitteilen[50]. Diese Eigenschaften kommen
letzlich jedoch allein der Sonne und dem von ihr beschienenen Mond zu
– alle anderen Gestirne, seien es die Planeten oder die Zodiakalbilder,
vermögen ihr Licht und ihre Wärme wegen der zu weiten Entfernung
nicht mehr auf der Erde zur Wirkung kommen zu lassen[51]. Die Sonne
wirkt nach Pico auf die meisten irdischen Vorgänge ein, wohingegen die
Kräfte des Mondes so schwach sind, daß sie nicht einmal die Bewegung
der Gezeiten hervorrufen können[52]. Sonne und Mond sind es auch, die
durch ihre Qualitäten trocken und feucht die irdischen Qualitäten je
nach ihrer durch den Umlauf bedingten Stellung zu lenken vermögen.
Dies bedeutet, daß beispielsweise die Eigenschaft des Magneten, Eisen
anzuziehen, oder diejenige der Pfingstrose, die Fallsucht zu heilen,
nicht durch von den Gestirnen ausgehende Emanationen vermittelt
wird, sondern nur durch die Wärme der Sonne[53]. Die Dinge der sublunaren Welt enthalten also alle Eigenschaften von Anfang an in sich,
ohne sie von den Gestirnen empfangen zu haben. Wenn auch der Himmel einen ursprünglichen Grund für alles Leben darstellt, so ist er doch
nicht für dessen verschiedene Eigenschaften verantwortlich, wie es die
Astrologen behaupten[54].

Giovanni Pico della Mirandolas Kritik an der Astrologie blieb
fundamental, auch wenn sich in der Folgezeit die Zahl der Anhänger

---

[48] Pico della Mirandola, *Disputationes adversus astrologiam divinatricem
libri XII* [Hrsg. u. übers. v.] EUGENIO GARIN (Edizione nazionale dei classici del
pensiero italiano, 2, 3). 2 Bde. Florenz 1946–1952, Bd. 1, 416; vgl. ERNST CAS-
SIRER: Giovanni Pico della Mirandola. A Study in the History of Renaissance
Ideas. *Journal of the History of Ideas* 3 (1942), 343.
[49] Vgl. CASSIRER (Anm. 35), 125.
[50] Pico della Mirandola (Anm. 48), 196.
[51] Pico della Mirandola (Anm. 48), 242–244.
[52] Pico della Mirandola (Anm. 48), 304–320.
[53] Pico della Mirandola (Anm. 48), 388.
[54] Pico della Mirandola (Anm. 48), 390 u. 492.

dieser Wissenschaft wieder deutlich vermehren sollte. Die Nachfolger
Picos verfolgten zudem meist andere, religiöse, philosophische oder
literarische Ziele, wobei sie indes alle bestrebt waren, den Menschen
von der Herrschaft der Gestirne zu befreien[55]. Der Glaube an die Astrologie und das „magische Weltbild" war auch durch Giovanni Picos Werk
nicht gebrochen worden; ein bitterer Tropfen Zweifel an der Gültigkeit
astrologischer Lehren fand sich jedoch seitdem im einschlägigen
Schrifttum.

---

[55] Müller-Jahncke (Anm. 38), 221—226.

CONRAD GESNER UND SEINE BEDEUTUNG FÜR DAS NATURVERSTÄNDNIS DER NEUZEIT

Von FRIEDRICH SCHALLER

Da dieses Referat im Rahmen eines Symposions über Johannes von Gmunden gehalten wird, ist eingangs daran zu erinnern, daß Conrad Gesner fast drei Generationen nach Johannes von Gmunden geboren wurde. Gesner ist also schon im vollen Sinne des Wortes Humanist, ein Sohn der Renaissance und der Reformation — mit Begeisterung der Antike zugewandt —, der das Wissensinventar seiner Zeit seinen Zeitgenossen nahebringen will, wobei er dem schon akzeptierten Reich des Geistes jenes der Natur gegenüberstellt. Folgerichtig bildet er sich selber universell in Theologie, in den klassischen Sprachen, als Arzt und Naturforscher und beginnt seine immens fruchtbare literarische und editorische Tätigkeit mit der Herausgabe einer Bibliotheca Universalis (Universalbibliographie), bevor er die gigantisch angelegten naturgeschichtlichen Sammelwerke, die naturgemäß Torsi bleiben müssen, folgen läßt. Auf den Gebieten der Botanik und Zoologie kommt er dabei zu Anschauungen und Schlußfolgerungen, die ihn als Wegbereiter unseres sogenannten modernen Naturverständnisses ausweisen.

Gesner wurde am 26. März 1516 als Sohn eines Kürschners in Zürich geboren. Die Familie war kinderreich, aber arm, so daß der kleine Conrad vom mütterlichen Oheim, Kaplan Hans Frick, aufgezogen wird. Der Vater Ursus Gesner fällt mit Zwingli in der Schlacht bei Kappel (1531). Conrad Gesner bleibt zeitlebens ein treuer Anhänger des Zwinglischen Reformationsgeistes und Glaubens.

Schon Kaplan Frick vermittelt dem Kinde die Liebe zur Pflanzenwelt, speziell zu den Heilkräutern. An der Lateinschule des Zürcher Frauenmünsters lernt der Knabe dann bei Myconius Latein und Griechisch. Dieser Lehrer empfiehlt den 16jährigen Waisen nach Straßburg (zu Capito), von wo der Jüngling aber schon 1533 zurückkehrt, um nun mit der Empfehlung des Capito von verschiedenen Zürcher Gönnern ein Reise- u. Studienstipendium nach Frankreich zu erhalten. Dort beginnt er in Bourges zu studieren. Allerdings muß er dazu durch Privatunterricht noch Geld verdienen. 1534 setzt er seine vielseitigen Studien in

Paris fort, muß die Stadt aber wegen der akuten Reformierten-Verfolgungen (durch Franz I.) fluchtartig verlassen und kommt über Straßburg wieder nach Zürich zurück.

Hier heiratet er — zur Mißbilligung seiner Gönner — ein mittelloses Mädchen, was ihn zwingt, für einen Hungerlohn in den Schuldienst zu gehen. Er rechtfertigt die „Liebesheirat" in einem Brief an Myconius: *Findet es sich, daß meine Frau böse ist, so werde ich zu Hause Geduld lernen, um in dieser Hinsicht den Ruhm des Sokrates zu verdienen. Ist sie gut, so habe ich nichts Tadelnswertes begangen.*

Neben dem Dienst in der Schule bildet er sich intensiv weiter; vor allem liest er die Werke der alten griechischen Ärzte. Außerdem lernt er aus freiem Antrieb mehrere weitere Sprachen, so daß er schließlich Deutsch, Latein, Griechisch, Hebräisch, Französisch, Italienisch, Holländisch und etwas Englisch spricht. Zudem lernt er noch etwas Arabisch. Es gelingt ihm schon in dieser Frühzeit die Herausgabe seines ersten griechisch-lateinischen Wörterbuchs, und obwohl dieses nur in verstümmelter Form erscheint, erhält er — vor allem auf Empfehlung von Myconius — eine Griechisch-Professur in Lausanne. Sein Leben bleibt zwar auch weiterhin ärmlich; aber auf Bade-Reisen in der Schweiz beginnt er nun mit intensiven botanischen Studien.

Allerdings muß er, um beruflich weiterkommen zu können, erst noch einen ordnungsgemäßen Studienabschluß absolvieren. Dazu geht er nach Montpellier, wo er Medizin mit starkem zoologischen Einschlag (vor allem bei dem Ichthyologen Rondelet) studiert. Schon nach 4 Monaten kann er das Studium in Basel mit der Disputation über die Frage, ob Herz oder Hirn Sitz des Geistes seien, beenden. Nun erhält er in der Vaterstadt Zürich das Lektorat für Physik am Carolineum (Großmünsterschule) mit der Lehrverpflichtung für Naturwissenschaften und Philosophie. Jetzt arbeitet er — hauptsächlich nachts — an seinem 1. Hauptwerk, das seinen Ruhm begründen sollte, an der *Bibliotheca Universalis*, einem Schriftsteller- und Schriftenverzeichnis aller damals bekannten, in Griechisch, Latein und Hebräisch verfaßten Werke, in 19 Bänden. Diesem gewaltigen Sammelwerk, das 1545 erschienen ist, läßt er rasch die *Pandectae* folgen, ein Verzeichnis von 30.000 Literaturhinweisen. Wie er selber im Vorwort sagt, geht es ihm um die Erhaltung und Verbreitung der geistigen Reichtümer der Menschheit — wobei er auf den Brand der Bibliothek von Alexandria verweist.

Mit Recht bezeichnen wir Conrad Gesner noch heute als den „Vater der Bibliographie". Schon seine Zeitgenossen bewunderten die Fleißarbeit. Für Gesner ist aber diese zurückschauende Synopsis nur Basis eines viel umfassenderen, zukunftsorientierten Planes: Er will humanistische Bildung als universelle Bildung vermitteln, indem er dem literarischen Geistesgut eine ebenso komplette Sammlung aller naturkundlichen Kenntnisse hinzufügt. Die gewaltige Erweiterung des Wissenshorizontes seiner Zeit nach außen (Columbus!) und nach innen (Vesalius!) will er vermitteln durch eine gewaltige Enzyklopädie der gesamten „Naturgeschichte" in ihren drei „Reichen". Zwei davon, das der Botanik und das der Zoologie, überblickt er ja bereits durch seine jahrelange literarische und praktische Sammelarbeit. Wohl weil er dabei erkannt hat, daß der zoologische Wissensstand seiner Zeit erst wenig über Aristoteles und Plinius hinausgekommen ist, daß über viele Tiere mehr Fabeln als konkrete Kenntnisse vorliegen, wendet er sich zunächst der Tierwelt zu, um sie so komplett wie möglich in rasch aufeinanderfolgenden Monographien darzustellen. Sein primär literarischer Impetus verführt ihn allerdings dazu, alles, was er über die jeweils behandelte Tierart findet, zu referieren, auch wenn er selber erkennt, daß es tradiert Fabulöses ist. So kommen aus bibliographischer Motivation vielerlei „Geschichten" in seine zoologische Naturgeschichte. Allerdings ist er dabei viel kritischer als alle seine Vorläufer seit Plinius. Auch dort, wo er „klassisches" Wissensgut referiert, äußert er vielfach seine Zweifel.

In 7 Jahren (1551–1558) kommen 4 Foliobände seiner *Historia Animalium* heraus. Ein 5. Band erscheint unvollständig posthum 1587. Das Material eines weiteren Bandes geht in Fragmenten noch später (1634) in Mouffets *Theatrum Insectorum* ein. Von seiner Hand geschrieben bzw. redigiert sind 4500 Folioseiten und rund 1200 Holzschnitt-Abbildungen. Das Material dieser Tierbücher ist nicht systematisch, sondern alphabetisch geordnet, allerdings getrennt nach Klassen (in Anlehnung an Aristoteles) wenigstens bei den Wirbeltieren. Noch heute beruht der Wert des Werkes auf den Abbildungen, deren Fertigung und Druck er persönlich besonders intensiv überwacht hat. Viele Vorlagen besorgt er sich durch eine umfangreiche Korrespondenz mit Fachleuten in aller Welt.

Trotz seiner primär philologischen Motivation ist Gesner wesentlich mehr als nur Kompilator. Das geht deutlich aus dem Gliederungsschema hervor, nach dem er die jeweilige Tiergeschichte einteilt:

A. Benennung und Synonymie in verschiedenen Sprachen.

B. Geographische Verbreitung, Eidonomie, Morphologie, Anatomie, Beschreibung verschiedener Rassen und Formen.

C. Lebensraum, Lebensweise, Physiologie, Gesundheit und Krankheiten, Fortpflanzung, Aufzucht, Lebensdauer.

D. Verhalten („Sitten" und Gefühlsleben), Instinkte, Unarten, Zu- und Abneigungen.

E. Nutzen durch Jagd, Fang und Zähmung. Bei Vieh: Hirten, Her- den, Ställe, Saumzeug, Transportleistungen usw.; Wettrennen, Zirkus, Pelzwerk, Leder, Dünger usw.

F. Tiere als Nahrungsmittel-Lieferanten; Hinweise zu Kochrezep- ten.

G. Tiere als Arzneimittel-Lieferanten.

H. Philologische Fragen; Etymologie der Tiernamen, Tiernamen in der Geographie, frühere Abbildungen und ihre Zuordnung usw.

Vor allem die richtige Deutung von Tiernamen im antiken Schrift- tum beschäftigt Gesner sehr. Naturgemäß sind die einzelnen Gruppen und Arten sehr unterschiedlich behandelt. Das zeigt sich schon rein quantitativ: So z. B. kommen 157 Folioseiten auf das Pferd, 97 auf den Hund; auf Elefanten 33 und auf Delphine 16.

Neben der Arbeit an der *Historia Animalium* befaßt sich Gesner die letzten Jahre seines Lebens immer mehr mit dem nächsten großen Reich der Naturgeschichte, mit dem Werk über die *Historia Plantarum*. Er sammelt auch dazu unermüdlich Material. Dabei kann er wesentlich mehr eigene Befunde katalogisieren; denn in der Pflanzenkunde hat er sich ja von Jugend an auf Exkursionen praktisch betätigt. Die Bilder und Notizen zu den 1500 Pflanzenabbildungen sind uns glücklicher- weise in der Universitätsbibliothek von Erlangen erhalten geblieben. Es ist aber schade, daß dieses Werk ein Torso blieb; denn es hätte wohl noch deutlicher als die *Historia Animalium* gezeigt, wie „modern" Ges- ner gedacht hat. Die Bildtafeln enthalten nämlich vielfach Skizzen von Pflanzenteilen, wie Blüten oder Früchten, die offensichtlich als syste- matische Ordnungsbehelfe gedacht sind. D. h., Gesner ist bereits auf dem Wege, der erst 200 Jahre später Linné zu brauchbaren analyti- schen Ordnungsprinzipien für die Pflanzensystematik gebracht hat.

Leider noch unvollständiger sind die Vorarbeiten für das geplante 3. Werk über die Gesteine und Fossilien *(De rerum fossilium, lapidum et gemmarum genere)* geblieben. Damit ist nun aber ein Überblick über Gesners Schaffen noch lange nicht abgeschlossen. Vergessen wir nicht, daß er seit seiner Promotion hauptberuflich Arzt ist, der vor allem in Seuchenzeiten (bei Pest, Flecktyphus, Malaria) für seine rund 7000 Zürcher Mitbürger im Einsatz steht. Obwohl er zeitbedingt seine Medizin hippokratisch-galenisch betrieben hat, zeigt er auch da erstaunlich fortschrittliche Züge. Mehrfach macht er Eigenversuche mit Arzneipflanzen, deren Verlauf er mit allen Symptomen genau festhält. Unter anderem experimentiert er auch mit dem eben eingeführten Tabakkraut. Wo er Bedenken hat, wählt er Hunde als Versuchsobjekte, so z. B. im Falle der sog. Brechnuß, die Strychnin enthält. Dabei setzt er nach tödlichem Ausgang eines ersten Versuchs im zweiten nach Eintreten bestimmter Symptome ein Gegenmittel (Einbeere) ein und beschreibt den positiven Erfolg dieses Experiments, nicht ohne genaue Angaben über Dosen und Zeitverlauf zu machen. Solche Berichte finden wir allerdings nicht in seinen naturkundlichen Werken, sondern in dem ausgedehnten Schriftwechsel, den er mit vielen Gelehrten seiner Zeit führt.

Kennzeichnend für Gesners Geisteshaltung sind übrigens auch seine Urteile über Vorläufer und Zeitgenossen. Die antiken und arabischen Naturphilosophen und Ärzte haben sein stärkstes Vertrauen, sofern sie — im Gegensatz zu den mittelalterlichen Autoren — meist erkennen lassen, was sie selber beobachteten. Die gleiche kritische Differenzierung bestimmt auch seine Haltung gegenüber kongenialen Zeitgenossen. Das zeigt gut ein Vergleich seiner Meinungen über Vesalius (1515—1564) und Paracelsus (1493—1541). Während er den ersteren wegen seiner analytischen Arbeits- und Denkweise hoch schätzt, hält er von Paracelsus nichts, weil der zu mystisch sei und auch weil er die Schriften des Altertums und der Araber abgelehnt habe.

Die phänomenale Vielseitigkeit Gesners wird schließlich noch unterstrichen durch den Hinweis, daß er sogar einen Aufsatz über die „Seele" geschrieben hat (1563), in dem er bemerkenswerterweise verschiedene sinnesphysiologische Beobachtungen behandelt. So schimmert bei ihm immer wieder eine Denkweise durch, die für uns die geistige Grundlage unserer neuzeitlichen Naturwissenschaft ist: Faktenwissen und Beobachtung rangieren vor Autorität und Verläßlichkeit der Überlieferung. Natürlich bleibt Gesner daneben in vielem ein Kind seiner Zeit, die ja mehr Übergang als Neubeginn ist. Am augenfälligsten wird dies in seinen berühmten Tierbüchern, wo er — vor allem unter dem Autoritätendruck der antiken Schriftsteller — oft noch Fabelwesen ins zoologische System mischt, etwa bei den Affenartigen, bei denen er noch die *Geißmännlein, Forstteufel* und *Jungfrauaffen* = Sphingen mitbehandelt; oder bei den Huftieren, wo er das Einhorn eingehend behandelt, obgleich er selber kritisch darauf hinweist, daß selbst im Altertum kein Autor es jemals lebend gesehen habe.

Gesner hat durch seine extreme, hektische Arbeitswut seine Gesundheit früh untergraben. Die ersten beiden Drittel seines Berufslebens sind allerdings vom bitteren Zwang des Geldverdienens bestimmt gewesen. Erst 1558 (also mit 42 Jahren) erhält er — hauptsächlich auf Betreiben seines Freundes Bullinger — eine gut dotierte Anstellung als *Canonicus* (Stadtphysikus) von Zürich. Auch Ehrungen und ehrenvolle Einladungen, so etwa durch Kaiser Ferdinand zum Reichstag nach Augsburg, bereichern sein rastloses Leben. 1564 erhält er sogar einen Wappenbrief des Kaisers aus Wien mit einer Gedenkmünze dazu, die Gesners Brustbild zeigt.

Die letzten Jahre ist er unermüdlich mit dem Sammeln und Katalogisieren botanischer und gesteinskundlicher Daten beschäftigt. Ein alphabetisches Verzeichnis aller Gartenpflanzen erscheint. Desgleichen die 2. Auflage der *Pandekten*. Die botanische Korrespondenz schwillt mächtig an. Vor allem entstehen die vielen Abbildungen zum Pflanzenbuch. Da bricht im Jahre 1565 erneut die Pest in Zürich aus. Sie befällt auch ihn. Er verkauft noch seine Sammlungen und stirbt, 49 Jahre 9 Monate alt; viel zu früh, gemessen an seinen Plänen; ein großer Bewahrer und Mehrer menschlichen Wissensgutes aus unserer Sicht.

Was hat nun Conrad Gesner tatsächlich beigetragen zur Entwicklung unseres neuzeitlichen Naturverständnisses? Um diese Frage gerecht beantworten zu können, müssen wir das von ihm Berichtete erst nochmals kurz rekapitulieren:

1. Gesner ist ein Humanist im vollen Sinne dieses Wortes gewesen, indem er in seinem Wirken die sog. Geistes- (oder Human-)Wissenschaften gleichwertig mit den sog. Naturwissenschaften verbunden hat.

2. Als Kind seiner Zeit ist er freilich noch mehr Philologe als Naturforscher gewesen. Die Ordnung literarischer Fakten hat bei ihm Vorrang. So zitiert er z. B. allein zu Dürers Nashorn 38 Autoren; 25 aus der Antike, 2 mittelalterliche und 11 zeitgenössische. Wo es aber möglich ist, fügt er Beobachtetes hinzu und wertet es höher.

3. Im Gegensatz zu seiner Zeit stellt er die Naturobjekte um ihrer selbst willen dar. Das Wissen von ihnen dient primär nicht dem Nutzen der Menschheit oder der höheren Ehre Gottes, sondern ist Bildungsgut. Vor allem sei Naturkunde wichtig für die Mächtigen, sagt er.

4. Sein Arbeitsstil hat deutlich „moderne" Züge: Über das bibliographische und literarische Sammeln hinaus geht seine rastlose Fakten sammelnde Tätigkeit, vor allem in der Botanik. Er läßt zwar ungern etwas weg, fügt aber fraglichen Berichten seine kritischen Bemerkun-

gen bei. „Neuzeitlich" wirken insbesondere die folgenden Arbeitsmetho-
den: a) Er korrespondiert (wie Darwin) mit allen Gelehrten seiner Zeit.
b) Er befaßt sich detailgenau mit den bildlichen Darstellungen seiner
Naturobjekte. Oft steuert er eigenhändige Skizzen bei. An den späteren
Auflagen seiner Tier-Bände kann man eindrücklich sehen, wie weit er
mit seinem Exaktheitsbedürfnis seiner Zeit voraus gewesen ist. c) Er
begnügt sich (vor allem in der Pflanzenkunde) nicht mit Habitusbildern,
sondern fügt oft eidonomische, ja sogar anatomische Details bei. Ein
sehr gutes Beispiel dafür bieten etwa die Text- und Bildvorlagen für
Distel und Uhu. d) In der Zoologie hat er manches vorweggenommen,
was erst viel später (im 19. Jahrhundert) „aktuell" werden sollte: Die
Zusammenschau aller systematischen, morphologischen, biologischen,
ökologischen und ethologischen Aspekte; wobei bemerkenswert ist, wie
gleichwertig er alle „Merkmale" behandelt. Sein berühmter Satz über
den *Pavyon* (= Pavian) *Und wann man ihm mit einem Finger dräuet, oder
deutet, so kehret es den Hindern dar* wird noch heute in den einschlägigen
Vorlesungen über das Verhalten von Tieren zitiert als Beispiel einer
Instinktbewegung mit Imponier-Bedeutung. e) In Einzelfällen verdan-
ken wir Gesner wegen seiner korrekten Eigenbeobachtungen verläß-
liche naturgeschichtliche Daten von bleibendem Wert, wie z. B. im
Falle des Waldrapps.

Aus all dem ergibt sich:

Die wichtigste Leistung Gesners für die Entwicklung des heutigen
Naturverständnisses ist darin zu sehen, daß er naturkundliches Interesse und Wissensbedürfnis in der Breite geweckt hat. Wer von nun an
als „Gebildeter" gelten will, muß auch naturkundliche Werke in seiner
Bibliothek haben und einiges über Tiere, Pflanzen und Mineralien wissen. Allerdings sind Gesners Bücher noch lange Zeit nur Wohlhabende-
ren erschwinglich geblieben. Aber zumindest seine Tierbilder haben in
vielen späteren Werken wesentlich zur Verbreitung der Formenkennt-
nis beigetragen.

So hat Conrad Gesner einen entscheidenden Beitrag zur Emanzipation der Naturwissenschaften geleistet. Unsere moderne beobachtende,
messende und experimentierende Biologie gäbe es wohl kaum, wenn
nicht Leute wie er erst das allgemeine Interesse und Verständnis für
die lebenden Objekte der Natur geweckt hätten. Daß heute Wissen über
Tiere und Pflanzen, über ihre Lebensäußerungen und Gesetzmäßigkeiten, selbstverständlich zu dem gehört, was wir unser „Bildungsgut"
nennen, dazu hat Gesner entscheidend beigetragen. Er hat in grauer
Vorzeit unserer naturwissenschaftlichen Epoche als Wegbereiter einer

Naturbetrachtung und eines Naturverständnisses gewirkt, ohne das Linné, Cuvier und Darwin kaum denkbar wären. Cuvier (1769—1832) bestätigt übrigens diese Wertung, indem er Gesners Werk als den Beginn der modernen Zoologie bezeichnet. Diesem Urteil kann sich auch der Biologe am Ende des 20. Jahrhunderts anschließen.

Literatur:

JOSEF HANHART, *Konrad Geßner. Ein Beitrag zur Geschichte des wissenschaftlichen Strebens und der Glaubensverbesserung im 16. Jahrhundert.* Winterthur 1824.

WILLY LEY, *Konrad Gesner. Leben und Werk.* München 1929.

HANS FISCHER et al., *Conrad Gessner 1516—1565. Universitätslehrer, Naturforscher, Arzt.* Zürich 1967.

HORST GÜNTHER, *Konrad Gesner als Tierarzt.* Dissertation. Leipzig 1933.

RICHARD J. DURLING, Konrad Gessner's Briefwechsel. *Beiträge zur Humanismusforschung,* Band VI. Boppard 1980.

ARABISMUS UND RENAISSANCEMEDIZIN IN ÖSTERREICH IM 15. UND 16. JAHRHUNDERT

Von GERHARD BAADER

Periodisierungsfragen sind stets ein schwieriges und kontroverses Problem gewesen. Das gilt für die Epochengrenze vom Mittelalter zur Neuzeit für die Wissenschafts- nicht anders als für die Allgemeingeschichte. So ist das 14. Jahrhundert zwar für eine Neuorientierung in der Wissenschaft im weitesten Sinne strategisch wichtig geworden. ANNELIESE MAIER hat hier mit Recht von einem neuen Naturalismus[1] gesprochen, der sich im Rahmen der Scholastik herauszuschälen beginnt und eine der Voraussetzungen für die Scientia nova im Renaissancehumanismus wird. Doch darf man andererseits das Spannungsverhältnis zwischen diesen neuen Vertretern der Studia humaniora[2], den Humanisten, und gerade den scholastisch orientierten Vertretern der Universitäten nicht unterzubewerten versuchen. Bei der Medizin gilt es besonders noch etwas anderes zu bedenken: Das neue Naturgefühl der Renaissance, entspringend aus dem Verhältnis von Humanismus und Naturwissenschaft, läßt zwar eine Renaissancemedizin neuer Prägung entstehen, doch ist diese in der Medizin insgesamt keineswegs durchgängig vertreten. Sie ist vielmehr auf einzelne, meist theoretische Fächer wie die Anatomie[3] beschränkt, mit deren Ergebnissen die medizinische Praxis überdies zunächst wenig anzufangen

---

[1] Vgl. ANNELIESE MAIER, *Ausgehendes Mittelalter I* (Storia e letteratura 97). Rom 1964, 418.

[2] Vgl. GERHARD BAADER, Die Antikerezeption in der Entwicklung der medizinischen Wissenschaft während der Renaissance. *Humanismus und Medizin,* hrsg. von RUDOLF SCHMITZ und GUNDOLF KEIL (Mitteilung XI der Kommission für Humanismusforschung der Deutschen Forschungsgemeinschaft). Weinheim 1984, 51–53.

[3] Vgl. RICHARD TOELLNER, „Renata dissectionis ars", Vesals Stellung zu Galen in ihren wissenschaftsgeschichtlichen Voraussetzungen und Folgen. *Die Rezeption der Antike. Zum Problem der Kontinuität zwischen Mittelalter und Renaissance.* Vorträge gehalten anläßlich des ersten Kongresses des Wolfenbütteler Arbeitskreises für Renaissanceforschung in der Herzog-August-Bibliothek Wolfenbüttel vom 2.–5. September 1978 (Wolfenbütteler Abhandlungen zur Renaissanceforschung, hrsg. von AUGUST BUCK, Bd. 1). Hamburg 1981, 85–95.

wußte. Hier ist es der Arabismus, der auch nach seiner prinzipiellen Ablösung weiter dominiert. Dieses Spannungsfeld zwischen Arabismus und Renaissancemedizin, d. h. zwischen scholastisch orientierter Schulmedizin und dem von den Humanisten geprägten medizinischen Reformdenken, soll hier am Beispiel Wiens im Umkreis bzw. an der 1365 von Rudolf dem Stifter im Zuge des zielbewußten Aufbaus seiner Kirchen-, Wirtschafts- und Kulturpolitik gegründeten und seit 1384 unter Albrecht III. zügig ausgebauten Alma mater Rudolfina dargestellt werden. Hierzu ist zunächst ein Blick auf die Anfänge der Wiener Universität nötig. Ebenso wie es dem Kanzler Albrechts III., Berthold von Wehingen, gelang, mit Heinrich von Langenstein[4] und Heinrich von Oyta[5] zwei bedeutende Pariser Theologen für Wien zu gewinnen, so war 1387 der Mediziner Hermann Lurcz[6] von Paris nach Wien gekommen. Dem stand von vornherein in der Medizin eine andere Strömung gegenüber: Denn Johann Gallici[7] aus Breslau war in Padua promoviert worden, bevor er 1387 aus Paris nach Wien kam; der Tiroler Johannes Schroff[8] kam 1397 ebenfalls aus Padua nach Wien, Johannes Silber[9]

---

[4] Vgl. Joseph Aschbach, *Geschichte Wiener Universität im ersten Jahrhunderte ihres Bestehens.* Wien 1865, 30, 366—402.

[5] Vgl. Joseph Aschbach, *Geschichte I* (wie Anm. 4), 30 f., 402—407.

[6] Vgl. Joseph Aschbach, *Geschichte I* (wie Anm. 4), 31, 410; Alfred Schmarda, *Das medizinische Doctorencollegium im fünfzehnten Jahrhundert,* in: *Ein halbes Jahrtausend.* Festschrift hrsg. anläßlich des 500jährigen Bestandes der Acta facultatis medicae Vindobonensis, hrsg. von Heinrich Adler. Wien 1899, 22; Leopold Senfelder, *Öffentliche Gesundheitspflege und Heilkunde I: Die älteste Zeit bis zum Ausgange des 15. Jahrhunderts,* in: *Geschichte der Stadt Wien,* Bd. 2. Wien 1904, 1045 f.; Harry Kühnel, *Mittelalterliche Heilkunde in Wien* (Studien zur Geschichte der Universität Wien, Bd. 5). Graz-Köln 1965, 35; Richard J. Durling, An Early Manual for the Medical Student and the Newly-fledged Practitioner: Martin Stainpeis' Liber de modo studendi seu legendi in medicina ([Vienna] 1520). *Clio Medica* 5 (1970), 8; Paul Uiblein, Beziehungen der Wiener Medizin zur Universität Padua im Mittelalter. *Römische Historische Mitteilungen* 23 (1981), 273.

[7] Vgl. Joseph Aschbach, *Geschichte I* (wie Anm. 4), 31; Alfred Schmarda, Doctorencollegium (wie Anm. 6), 22; Leopold Senfelder, *Gesundheitspflege I* (wie Anm. 6), 1046 f.; Harry Kühnel, *Heilkunde* (wie Anm. 6), 35; Richard J. Durling, Manual (wie Anm. 6), 2; Paul Uiblein, Beziehungen (wie Anm. 6), 273.

[8] Vgl. Alfred Schmarda, Doctorencollegium (wie Anm. 6), 22; Leopold Senfelder, *Gesundheitspflege I* (wie Anm. 6), 1047; Harry Kühnel, *Heilkunde* (wie Anm. 6), 36 f.; Paul Uiblein, Beziehungen (wie Anm. 6), 276.

[9] Vgl. Alfred Schmarda, Doctorencollegium (wie Anm. 6), 22; Leopold Senfelder, *Gesundheitspflege I* (wie Anm. 6), 31; Harry Kühnel, *Heilkunde* (wie Anm. 6), 37 f.

aus St. Pölten war 1398 aus Pavia gekommen, und der berühmte Paduaner Magister der Medizin Galeazzo de Sancta Sophia[10] hatte sich 1398
für Wien entschieden, dem er zumindest bis 1405 treu blieb. Dies gab
der Medizin in Wien von vornherein besondere Aspekte: die Statuten
von 1389, für die Lurcz, Gallici sowie Konrad Schiverstadt[11] aus
Darmstadt verantwortlich zeichneten, tragen im Curriculum eher italienische als Pariser Züge. Denn nicht nur Schriften aus dem Bereich der
sogenannten Articella, des ersten Lehrbuchs der Medizin aus Salerno[12],
wie die Isagoge des Ḥunain und die Techne Galens, waren für das
Baccalaureat, wie auch in Paris, Grundlektüre, sondern auch Avicenna
und das 9. Buch von „Ad Almansorem" des ar-Rāzī[13], die in Paris –
anders als in Italien – 1350 noch nicht zur kurrikularen Lektüre gehörten und dort kaum vor 1390 in den Leseplan aufgenommen wurden[14].
Ebenso gehörte in Wien Avicenna zum Gegenstand der Disputation
beim Doktorat. Dazu paßt, daß Galeazzo de Sancta Sophia – auch im
Gegensatz zu Paris – bereits 1404 in Wien eine Lehrsektion alten Stils
durchführte[15]. Denn seit 1315/1316 sind diese Sektionen in Bologna als

---

[10] Vgl. ALFRED SCHMARDA, Doctorencollegium (wie Anm. 6), 22; JOSEPH
ASCHBACH, Geschichte I (wie Anm. 4), 413 f.; LEOPOLD SENFELDER, Gesund-
heitspflege I (wie Anm. 6), 1047; AUGUST HIRSCH, Santa Sofia, in: Biographisches
Lexikon der hervorragenden Ärzte aller Völker und Zeiten, hrsg. von AUGUST
HIRSCH, 2. Aufl. durchgesehen und ergänzt von WILHELM HABERLING, HEIN-
RICH VIERORDT und FRANZ HÜBOTTER, Bd. 5. Berlin-Wien 1934, 17 f.; HARRY
KÜHNEL, Heilkunde (wie Anm. 6), 38–43; ERNST GRAF, Die Mitglieder der Medizinischen Fakultät zu Wien (1399–1500) und ihre Schriften. Med. Diss. Erlangen
1970, 89–97; PAUL UIBLEIN, Beziehungen (wie Anm. 6), 274–276.
[11] Vgl. HARRY KÜHNEL, Heilkunde (wie Anm. 6), 36.
[12] Vgl. GERHARD BAADER und GUNDOLF KEIL, Einleitung zu: Medizin im
mittelalterlichen Abendland, hrsg. von GERHARD BAADER und GUNDOLF KEIL
(Wege der Forschung, Bd. 363). Darmstadt 1982, 14 f. mit weiterer Literatur in
Anm. 53 a.
[13] Statuta 2,1, in: Die älteren Statuten der Wiener medizinischen Fakultät.
Wien 1847, 51; vgl. ALFRED SCHMARDA, Doctorencollegium (wie Anm. 6), 23–
26; LEOPOLD SENFELDER, Gesundheitspflege I (wie Anm. 6), 23–25; HARRY
KÜHNEL, Heilkunde (wie Anm. 6), 43–45; RICHARD J. DURLING, Manual (wie
Anm. 6), 8 f.
[14] Vgl. EDUARD SEIDLER, Die Heilkunde des ausgehenden Mittelalters in
Paris. Studien zur Struktur der spätmittelalterlichen Medizin (Sudhoffs Archiv
Beih., H. 8). Wiesbaden 1967, 48–50.
[15] Vgl. NORBERT WÖLKART, Über die erste Leichenöffnung in Wien. Bei-
träge zur gerichtlichen Medizin 21 (1960), 74–81; HARRY KÜHNEL, Heilkunde (wie
Anm. 6), 40 f.

Teil der medizinischen Ausbildung nachweisbar, während sie in Paris erst 1478 bezeugt sind[16]. Wenn auch diese Lehrsektionen in Wien weiterhin wiederholt wurden, so darf man Galeazzos Einfluß auf die weitere Entwicklung der Wiener Medizin nicht überschätzen; denn auch sie war in vielfacher Weise — wie noch gezeigt werden wird — ebenso wie die Medizin an den italienischen Universitäten insgesamt noch im 15. Jahrhundert in Geist und Form dem Spätmittelalter verpflichtet, auch wenn sie sich seit dem 14. Jahrhundert zunehmend dem sogenannten neuen Naturalismus bereitwilliger öffnete als die Pariser Medizin, der gerade von der Pariser Artistik seinen Ausgangspunkt genommen hatte. Das auf seiner Basis gewonnene neue physikalische Weltbild, das auf einer neuen Naturerfahrung sowie insgesamt auf Erfahrung und Kritik basierte[17], für das Nicolaus Oresme und Buridan einstehen, hatte zwar in Italien auch in Matteo da Gubbio[18] und später im Paduaner Averroismus seine Vertreter. Daß für das Wien des 15. Jahrhunderts Johannes von Gmunden hier zu nennen ist, ist bereits deutlich geworden. Trotz allem: Für diese Männer bleibt das scholastische Schema verbindlich. In Paris ist die Medizin von diesem neuen Naturalismus überhaupt unbetroffen, während Italien sich zögernd seinen Vorstellungen öffnet. Anatomie, Eingliederung der Chirurgie in die Medizin und Konsilienliteratur sind äußere Zeichen davon. Von humanistischen Tendenzen im eigentlichen Sinne kann man aber auch hier nirgends sprechen; denn zu sehr waren auch diese Universitäten noch der scholastischen Methode verpflichtet. Es ist das Spannungsfeld zwischen den an dieser Methode orientierten Universitäten und den von den neuen Studia humaniora geprägten Humanisten, das dazu führt, daß selbst ärztliche Vertreter des Frühhumanismus, wie der Leibarzt des Malatesta Novello Giovanni Marco da Rimini, in ihrer Medizin den Bologneser Neoterici des 15. Jahrhunderts verpflichtet blieben[19].

---

[16] Vgl. Gerhard Baader, Zur Anatomie in Paris im 13. und 14. Jahrhundert. *Med. hist. Journal* 3 (1968), 51—53.

[17] Vgl. Anneliese Maier, *Ausgehendes Mittelalter I* (Storia e letteratura 97). Rom 1964, 418—439, 451—455.

[18] Vgl. Anneliese Maier, *Ausgehendes Mittelalter II* (Storia e letteratura 105). Rom 1967, 342—345.

[19] Vgl. Gerhard Baader, Die Bibliothek des Giovanni Marco da Rimini. Eine Quelle zur medizinischen Bildung im Humanismus, in: *Studia codicologica.* In Zusammenarbeit mit Jürgen Dummer, Johannes Irmscher und Franz Paschke, hrsg. von Kurt Treu (Texte und Untersuchungen zur Geschichte der altchristlichen Literatur, Bd. 124). Berlin 1977, 94—97.

Bevor auf diese Entwicklung in der Medizin im 15. und 16. Jahrhundert besonders in Wien eingegangen werden soll, muß in aller Kürze Funktion und Rolle dieses Arabismus, der die Medizin auch noch im Spätmittelalter und in der frühen Neuzeit an den Universitäten prägte, kurz in Erinnerung gerufen werden. Dem europäischen Abendland wurde die wissenschaftliche griechische Medizin vom Ende des 11. Jahrhunderts an im arabischen Gewande sowie ihre Weiterentwicklung im arabischen Kulturkreis wieder zugänglich, im Zuge einer universitären Ausbildung in der Medizin. Dies erfolgte in zwei Etappen: die erste fand in Italien statt, als in Salerno nicht nur der stärker praxisorientierte Teil der arabischen Medizin rezipiert und frühscholastisch interpretiert, sondern auch die Chirurgie in die Medizin integriert wurde[20]. Diesem Konzept blieben, nicht zuletzt aufgrund ihrer offeneren Universitätsstruktur als in Frankreich, die italienischen Universitäten stets treu, auch als ein hochscholastischer Vorlesungsstil, wenn auch andersartiger Prägung als in Paris, ihre Kommentare bestimmte. In der zweiten Etappe der Rezeption arabischer Medizin wurden vor allem bereits im Arabischen stärker theoretisch orientierte Werke, wie der Canon des Avicenna, in der Übersetzerschule von Toledo[21] oft ohne Sachverstand übersetzt und als Material sowohl den stärker wissentheoretisch und zugleich theologisch orientierten französischen Universitäten wie Paris als auch den italienischen hohen Schulen mit ihrer andersartigen Grundausrichtung zur Verfügung gestellt. Diese Dominanz der theoretischen Komponente an den französischen Universitäten bedeutet zugleich eine Tendenz zu scholastischer Erstarrung, besonders wenn man sie mit den neuen Tendenzen aufgeschlosseneren norditalienischen Universitäten vergleicht, auch was den Arabismus betrifft. Trotzdem waren auch letztere noch weit vom neuen Wissenschaftsverständnis der Renaissance entfernt, wie es sich im Humanismus des 15. und 16. Jahrhunderts besonders in Italien manifestiert. Diese Humanisten, die sich den wieder zugänglich gewordenen griechischen und lateinischen Autoren zuwenden wollen, für die nur der Weg zu den Quellen den Weg zur richtigen Erkenntnis ebnet, lehnen ihre zeitgenössischen arabistischen Autoren kompromißlos ab, weil sie ihnen durch ihre Vernachlässigung der Studien des Lateinischen und besonders des Griechischen den Weg

---

[20] Vgl. GERHARD BAADER und GUNDOLF KEIL, Einleitung (wie Anm. 12), 14–16.

[21] Vgl. GERHARD BAADER und GUNDOLF KEIL, Einleitung, 17–22.

zur wahren Erkenntnis verbauen. Männer wie Ermolao Barbaro[22] und Niccolò Leoniceno[23] versprechen sich von ihrem Studium des Plinius und des Dioskurides mehr als von dem aller arabischen und besonders arabistischen Autoren. In gleicher Weise legen sie jedoch auch Wert auf die Gewinnung eigener Beobachtung. Soweit es sich um Mediziner, wie Leoniceno, handelt, so wird bei ihnen jedoch ein Konflikt offenkundig. Denn bei aller humanistischen Konzeption ihrer Ausrichtung auf die Antike können diese humanistischen Ärzte auf weite Strecken auf den Wissenszuwachs, der während des Arabismus erfolgt war, nicht verzichten, und das ist das Dilemma, das für sie stets gegeben ist. Zwar hat die Hinwendung von Symphorien Champier zum Humanismus in der Hochburg des Arabismus[24], nämlich in Paris, 1533 eine gewisse Signalwirkung, wie sich auch 1535 in Tübingen an Leonhart Fuchs[25] ablesen läßt. In Wien ist diese Entwicklung, wie noch zu zeigen sein wird, ruhiger verlaufen. Denn dort dominierte in der Medizin nicht die Scholastik strenger Pariser Prägung, sondern von Anfang an die Neuerungen offenere italienische Universitätsmedizin mit ihrer Rezeption des neuen Naturalismus und gemäßigteren scholastischen Formen, vergleicht man sie mit Paris. Das hat insofern Folgen für Wien, als mit Galeazzo de Sancta Sophia einer ihrer Vertreter 1398 nach Wien kommt und die dortige Universitätsmedizin entscheidend prägt.

Galeazzo gehörte seit 1386 dem Collegium medicum von Padua an, ab 1389 als Magister der Medizin. So ist er, als er 1398 nach Wien kommt, bereits ein erfahrener Universitätsmediziner. Nach 1405 kehrt er wieder nach Padua zurück, nach dem Tode Herzog Albrechts IV. 1404, dessen Leibarzt er gewesen war. Altes und Neues verbindet sich bei ihm auch bei seiner Wiener Tätigkeit in der für die italienische Universitätsmedizin dieser Zeit typischen Weise. Er hat Avicenna[26] und die hippokratischen Aphorismen[27] wie alle Magistri dieser Zeit in Vorlesungen gemäß den Curricula der jeweiligen Universitäten

---

[22] Vgl. Gerhard Baader, Medizinisches Reformdenken und Arabismus im Deutschland des 16. Jahrhunderts. *Sudhoffs Archiv* 63 (1979), 271.

[23] Vgl. Gerhard Baader, Reformdenken (wie Anm. 22), 271–273.

[24] Vgl. Heinrich Schipperges, *Ideologie und Historiographie des Arabismus* (Sudhoffs Archiv Beih., H. 1). Wiesbaden 1961, 20 f.; Gerhard Baader, Reformdenken (wie Anm. 22), 276 f.

[25] Vgl. Gerhard Baader, Reformdenken, 276–282.

[26] Vgl. August Hirsch, Santa Sofia (wie Anm. 10), 18; Ernst Graf, *Mitglieder* (wie Anm. 10), 90.

[27] Vgl. August Hirsch, Santa Sofia, 18; Ernst Graf, *Mitglieder*, 90.

kommentiert. Sein Kommentar zum 9. Buch des *Liber ad Almansorem*
des ar-Rāzī, das zum Curriculum auch in Wien gehörte, ist nichts anderes als der Versuch einer großangelegten Practica[28]. Hier steht er ganz
in arabistischer Tradition. Auffällig ist, daß er bisweilen Alternativ-
therapien für die pauperes angibt, anstelle der teuren Antidota[29].
Spricht daraus bereits ein Teil des neuen Geistes der norditalienischen
Medizin des Spätmittelalters, so gilt das in noch größerem Maße für seine anderen Werke. Er hat wie viele andere norditalienische Magistri
Consilia verfaßt, die den neuen Naturalismus dieser Zeit ankündigen,
in denen eigene Beobachtung mit scholastischer Methode eine untrenn-
bare Verbindung eingeht. Jedoch gerade sein Pestconsilium[30], noch in
Padua für Albrecht IV. verfaßt, geht kaum über Bekanntes hinaus,
wenn er auch eine gute, praxisbezogene Auswahl der Vorschriften aufgrund der Pestconsilia seit Gentile da Foligno und besonders aufgrund
des Pariser Pestgutachtens von 1348 trifft[31]. Seine beiden bedeutendsten Werke sind seine Simplicienkunde und seine Fieberlehre, beide in
Wien entstanden. Gerade sie zeigen in ihrer Thematik den neuen Geist
dieser Zeit; denn Naturbeobachtung neuer Prägung im Zuge des neuen
Naturalismus ließ den Blick sich wieder stärker auf die einfachen Heilmittel, nicht auf die Polypharmaka richten, ebenso wie Practicae — und
solche sind auch Fieberschriften[32] — einen größeren Umfang annehmen. In ihrer Ausführung bleiben sie jedoch meist hinter dem gestellten
Anspruch zurück, und das gilt auch von Galeazzo. Zwar ist seine
Simplicienkunde eine eingehende Darstellung der einfachen Heilmittel
aus allen drei Naturbereichen[33]. Bei den Pflanzen folgt einer genauen

---

[28] Vgl. Albrecht von Haller, *Bibliotheca medicinae practicae*, Bd. 1.
Bern und Basel 1776, 452.

[29] *Opus medicinae practicae saluberrimum, antehac nusquam impressum,*
Galeazzi de Sancta Sophia *in nonum tractatum libri Rhasis ad regem Almansorem,
de curatione morborum particularium.* Haganoae, Valentin Kobian, 1533, f. 1ᵛ: *Et
hoc pro divitibus. Pro pauperibus fiat tale solutivum* . . . und öfter.

[30] Vgl. Karl Sudhoff, Pestschriften aus den ersten 150 Jahren nach der
Epidemie des „schwarzen Todes" 1348 V. *Archiv für Geschichte der Medizin* 6
(1913), 357—361; Ernst Graf, *Mitglieder* (wie Anm. 10), 90 f.

[31] Vgl. Gerhard Baader, Die Pestschriften des Johann Lang(e) aus
Wetzlar (1412—1430). *Deutsche Apotheker-Zeitung* 119 (1979), 718 f.

[32] Vgl. Ernst Graf, *Mitglieder* (wie Anm. 10), 94—97; Harry Kühnel,
Heilkunde (wie Anm. 6), 42.

[33] Dieses Werk ist nur handschriftlich erhalten, wie im Codex Vindobonensis Palatinus 5396, f. 1ʳ—182ʳ; zum selben Thema hat er in Padua später
Vorlesungen gehalten, wie die Kollegnachschrift des berühmten Nürnberger

Beschreibung jeweils die Angabe ihrer Komplexion und ihre medizinische Anwendung. Seine Gewährsleute sind jedoch arabistische Autoren, wie Dyascorides, Avicenna, Serapio, Rhazes bzw. Pseude-Mesue, die er oft ausdrücklich angibt. Selten beruft er sich auf eigene Beobachtung, wie wenn er z. B. angibt, Oleanderbäume in den Gärten am unteren Werd gefunden zu haben[34]. Dieses Spannungsverhältnis — neue Ansätze, aber arabistisch-scholastische Ausführung — kennzeichnet auch seine Fieberlehre. Galen, und zwar der arabo-lateinische, ist methodisch hier sein Lehrmeister, der ihm empfiehlt, vom Allgemeinen zum Besonderen voranzuschreiten[35], und in diesem Besonderen ist es die eigene Beobachtung, die im Zuge dieses Werks für Galeazzo eine immer größere Bedeutung gewinnt. Andererseits wägt er die einzelnen arabischen Autoritäten und ihre Lehrmeinungen stets genau gegeneinander ab und disputiert sie scholastisch. Seine ausgleichende Tendenz erinnert nicht selten an Pietro d'Abanos Conciliator aus seiner Pariser Zeit. Bei der Diskussion um die richtige Diät bei Kopfschmerzen stellt er z. B. für die Verwendung von Gerstenwasser Avicenna, 'Alī ibn al-'Abbās, Isḥāq al-Isra'īlī, Ibn Rušd, Pseudo-Mesue und Galen einander gegenüber und versucht, ihre diätetischen Vorschriften mit denen der heutigen Ärzte in Übereinstimmung zu bringen[36]. Trotz all dieser Begrenzung hat Galeazzo in Wien den Boden für die italienische Medizin des 15. Jahrhunderts geebnet, für die Rezeption dieser italienischen Magistri des 15. Jahrhunderts, die man nördlich der Alpen noch im 16. Jahrhundert als die Neoterici bezeichnen wird und die auch von humanistischen Ärzten wie Otto Brunfels hochgeschätzt werden[37]. Diese Tatsache des Übergewichts der italienischen Medizin in Wien im Vergleich mit der französischen wird deutlich im hodogenetischen Werk des Magisters Martin Stainpeis[38] noch von 1520, dem *Liber de*

Humanisten Hartmann Schedel zeigt (Clm 252, f. 3ʳ—82ᵛ); vgl. dazu ERNST GRAF, *Mitglieder* (wie Anm. 10), wobei 93 (= 6) und 97 (= 9) zu vereinen sind; HARRY KÜHNEL, *Heilkunde* (wie Anm. 6), 41 f.

[34] Galeazzo da Santa Sofia, *Simplicia secundum ordinem alphabeti*. Codex Vindobonensis Palatinus 5396, f. 110ʳᵃ: *et de isto oleandro multum habetur hic ut in insula [circa] litus (lutus cod.) Danubii.*

[35] Galeazzo da Santa Sofia, *De febrium curatione tractatus*. Codex Vindobonensis Palatinus 5298, f. 1ʳᵃ/ᵇ.

[36] Vgl. Galeazzo da Santa Sofia, *De febrium curatione tractatus*, f. 3ᵛᵇ—4ʳᵇ.

[37] Vgl. GERHARD BAADER, Reformdenken (wie Anm. 22), 289—293.

[38] Vgl. RICHARD J. DURLING, Manual (wie Anm. 6), 8 f.; HANS-JÖRG BRAUN, *Personalbibliographie der Mitglieder der Medizinischen Fakultät Wien in der Zeit von 1500—1670*. Med. Diss. Erlangen 1971, 31—33.

modo studendi seu legendi in medicina. Stainpeis ist so recht ein Vertreter des Arabismus an der Wiener Universität, obzwar er mit dem
humanistischen Arzt Bartholomaeus Steber eng befreundet war. Stainpeis' Karriere entsprach der damals normalen: 1476 Beginn des
Studiums der Medizin in Wien, 1488 Baccalaureat, 1490 Lizentiat und
noch im selben Jahr Doktorat, achtmal Dekan zwischen 1496 und 1510.
Ein Streit mit der Fakultät, deren Mitgliedern er vorwarf, bei der Pestepidemie von 1511 die Stadt verlassen zu haben, führte zum Ausschluß
aus der Fakultät. 1527 ist er gestorben. Unter den Schriften, die er in
seinem hodogenetischen Werk Studenten zur Lektüre und seinen frühe-
ren Kollegen zur Grundlage ihrer Vorlesungen im Rahmen des noch im-
mer an der Articella[39], dem Canon des Avicenna[40] und dem 9. Buch des
Liber ad Almansorem[41] des ar-Rāzī orientierten medizinischen Wiener
Curriculum empfiehlt, dominieren eindeutig die der norditalienischen
Magistri des 14. und 15. Jahrhunderts: Kommentare zum 9. Buch des
Liber ad Almansorem des ar-Rāzī wie die des Bologneser Niccolò
Bertrucci[42], des Syllanus de Nigris aus Pavia[43] und des Giovanni
Matteo da Gradi[43]. Der Kommentar zum Canon des Avicenna des
Jacopo da Forlì[44]. Die Aphorismenkommentare des Jacopo da Forlì[45]
und des Marsiglio de Sancta Sophia[45]. Pietro Torrigiano de' Torrigiani
aus Bologna mit seinem *Plusquam commentum*[46]. Das medizinische
Wörterbuch des Mattaeus Sylvaticus, die *Pandectae medicinae*[47].

---

[39] Martin Stainpeis, *Liber de modo studendi seu legendi in medicina.* (Wien)
1520, f. VII^r, XII^{r/v}; vgl. RICHARD J. DURLING, Manual (wie Anm. 6), 16; LEO-
POLD SENFELDER, *Gesundheitspflege I* (wie Anm. 6), 1052 f.

[40] Martin Stainpeis, *Liber* (wie Anm. 39), f. VII^r–XII^r; vgl. RICHARD J.
DURLING, Manual, 16; LEOPOLD SENFELDER, *Gesundheitspflege I*, 1052 f.

[41] Martin Stainpeis, *Liber*, f. VII^r, XIII^r, XV^r; vgl. RICHARD J. DURLING,
Manual, 16.

[42] Martin Stainpeis, *Liber*, f. VII^r, XVI^r, XVII^v; vgl. RICHARD J. DUR-
LING, Manual, 16; LEOPOLD SENFELDER, *Gesundheitspflege I*, 1053.

[43] Martin Stainpeis, *Liber*, f. VII^r, XIII^r; vgl. RICHARD J. DURLING,
Manual, 16; LEOPOLD SENFELDER, *Gesundheitspflege I*, 1953.

[44] Martin Stainpeis, *Liber*, f. VII^r; vgl. RICHARD J. DURLING, Manual, 16;
LEOPOLD SENFELDER, *Gesundheitspflege I*, 1053.

[45] Martin Stainpeis, *Liber*, f. VII^r, XII^{r/v}; vgl. RICHARD J. DURLING,
Manual, 16; LEOPOLD SENFELDER, *Gesundheitspflege I*, 1052 f.

[46] Martin Stainpeis, *Liber*, f. VII^v, XII^v; vgl. RICHARD J. DURLING,
Manual, 17; LEOPOLD SENFELDER, *Gesundheitspflege I*, 1053.

[47] Martin Stainpeis, *Liber*, f. VII^r, XIIII^r; vgl. RICHARD J. DURLING,
Manual, 16; LEOPOLD SENFELDER, *Gesundheitspflege I*, 1053.

Michele Savanarolas Fieberschrift[48], um nur die wichtigsten zu nennen.

Französische Autoren wie Jacques Desparts mit seinem Kanonkommentar[49] oder der Kommentar zum 9. Buch des *Liber ad Almansorem* des ar-Rāzī des Magisters von Montpellier Gerald de Solo[50] spielen eine untergeordnete Rolle. Ausnahmen bilden nur Grundwerke dieser Zeit wie Gilles de Corbeils[51] Lehrgedichte zum Urin und zum Puls, Guy de Chauliacs Chirurgie[52] und der aus seiner Pariser Zeit stammende Conciliator des Pietro d'Abano[53]. Das heißt nichts anderes, als daß sich die Medizin in Wien bis zum Beginn des 16. Jahrhunderts von ihrer Struktur her nicht geändert hatte. Dies alles bezeichnet Stainpeis als die alte Wiener Methode, der er sich verpflichtet fühlt. Dem Vorwurf, daß in ihr den Kommentaren vor den Originalen der Vorzug gegeben werde, entgegnet er, daß er das Studium der Kommentare nur dort befürworte, wo sie etwas zur Aufhellung der Texte beitrügen[54].

Dieses Festhalten an der italienischen Tradition hatte für Wien jedoch auch durchaus positive Folgen. Denn es gab einzelne Bereiche, in denen diese norditalienischen Neoterici Paris weit voraus waren, und das waren vor allem die Simplicienkunde und die Anatomie gewesen. In Wien war es Michael Puff von Schrick[55], der die von Galeazzo de Sancta Sophia begründete pharmakologische Tradition in seinem *Buch von den ausgebrannten Wassern* fortsetzte; zahlreich sind darin seine Hinweise auf die Substitution teurer Arzneimittel durch einfachere für die Armen[56].

---

[48] Martin Stainpeis, *Liber*, f. VII^r; vgl. RICHARD J. DURLING, Manual, 16; LEOPOLD SENFELDER, *Gesundheitspflege I*, 1053.

[49] Martin Stainpeis, *Liber*, f. VII^r; vgl. RICHARD J. DURLING, Manual, 16; LEOPOLD SENFELDER, *Gesundheitspflege I*, 1053.

[50] Martin Stainpeis, *Liber*, f. VII^r, XIII^r; vgl. RICHARD J. DURLING, Manual, 16; LEOPOLD SENFELDER, *Gesundheitspflege I*, 1053.

[51] Martin Stainpeis, *Liber*, f. VII^r, VIII^r, XV^v; vgl. RICHARD J. DURLING, Manual, 16; LEOPOLD SENFELDER, *Gesundheitspflege I*, 1052.

[52] Martin Stainpeis, *Liber*, f. VII^r, XVI^v; vgl. RICHARD J. DURLING, Manual, 17; LEOPOLD SENFELDER, *Gesundheitspflege I*, 1053.

[53] Martin Stainpeis, *Liber*, f. VII^r; vgl. RICHARD J. DURLING, Manual, 17; LEOPOLD SENFELDER, *Gesundheitspflege I*, 1053.

[54] Martin Stainpeis, *Liber*, f. CXXXV^r–CXXXVI^v.

[55] Vgl. JOSEPH ASCHBACH, *Geschichte I* (wie Anm. 4), 533–535; LEOPOLD SENFELDER, Michael Puff aus Schrick 1400–1473. *Wiener klinische Rundschau* 1898, 334–336, 350 f., 381–383, 397–399, 414 f., 443–445, 460–462, 477–479, 494 f.; HARRY KÜHNEL, *Heilkunde* (wie Anm. 6), 72–75; ERNST GRAF, *Mitglieder* (wie Anm. 10), 102–105.

[56] Vgl. LEOPOLD SENFELDER, Puff (wie Anm. 55), 335 f.

Zwar setzt er damit eine bereits mit Galeazzo begonnene Tradition fort, aber sowohl die Abfassung dieses Werkes in der Volkssprache als auch seine Hinwendung zum gemeinen Mann[57] lassen bereits etwas vom medizinischen Reformdenken des 16. Jahrhunderts vorausahnen. Denn es ist eine Diätetik im weitesten Sinne, auf die er Wert legt.

In der Anatomie ist es die Lehrsektion, die schon Galeazzo durchgeführt hatte und die in der Folgezeit meist auf Verlangen der Studenten immer wieder vorgenommen wurde. Die Schwierigkeit der Beschaffung der Leichen — es handelt sich meist um die von Justifizierten — war besonders infolge der häufigen Spannungen zwischen Fakultät und Rat der Stadt nicht einfach[58], doch sind für das 15. Jahrhundert durch die Universitätsakten, in denen stets darüber berichtet wurde, solche Sektionen für 1418[59], 1444[60], 1447[61], 1452[62] — die erste Sektion einer weiblichen Leiche —, 1455[63] und 1459[64], vielleicht auch schon für 1436[65]

---

[57] Vgl. Gerhard Baader, Reformdenken (wie Anm. 22), 278 f.; siehe auch den Katalog der Ausstellung der Herzog-August-Bibliothek Wolfenbüttel in der Halle des Zeughauses vom 23. August 1982 bis März 1983: *Pharmazie und der gemeine Mann. Hausarznei und Apotheke in deutschen Schriften der frühen Neuzeit,* hrsg. von Joachim Telle (Ausstellungskataloge der Herzog-August-Bibliothek Nr. 36). Wolfenbüttel 1982, mit Beiträgen von Erika Hickel, Irmgard Müller, Wolf-Dieter Müller-Jahncke, Rudolf Schenda und Joachim Telle.

[58] Vgl. Ignaz Schwarz, Zur älteren Geschichte des anatomischen Unterrichts an der Wiener Universität. *Wiener klinische Wochenschrift* 8 (1895), 454 f.

[59] *Acta facultatis medicae universitatis Vindobonensis I. 1399–1435,* hrsg. von Karl Schrauf. Wien 1894, 38; vgl. Leopold Senfelder, *Gesundheitspflege I* (wie Anm. 6), 1057.

[60] *Acta facultatis medicae universitatis Vindobonensis II. 1436–1501,* hrsg. von Karl Schrauf. Wien 1899, 29–31; vgl. Alfred Schmarda, Doctorencollegium (wie Anm. 6), 37.

[61] *Acta facultatis II* (wie Anm. 60), 40.

[62] *Acta facultatis II,* 55–57; vgl. Joseph Aschbach, *Geschichte I* (wie Anm. 4), 325 f.; Ignaz Schwarz, Geschichte (wie Anm. 58), 454; Alfred Schmarda, Doctorencollegium (wie Anm. 6), 37 f.; Leopold Senfelder, *Gesundheitspflege I* (wie Anm. 6), 1057.

[63] *Acta facultatis II* (wie Anm. 60), 76 f.; vgl. Alfred Schmarda, Doctorencollegium, 38; Leopold Senfelder, *Gesundheitspflege I,* 1057.

[64] *Acta facultatis II* (wie Anm. 60), 97 f.; Joseph Aschbach, *Geschichte I* (wie Anm. 4), 326; Ignaz Schwarz, Geschichte (wie Anm. 58), 454; Alfred Schmarda, Doctorencollegium (wie Anm. 6), 38; Leopold Senfelder, *Gesundheitspflege I,* 1057.

[65] *Acta facultatis I* (wie Anm. 59), 92; *Acta facultatis II* (wie Anm. 60), 2; vgl. Alfred Schmarda, Doctorencollegium, 36.

bezeugt. Die Sektion von 1441[66] — wie auch später von 1492[67] — mußte ausfallen, weil sich der Delinquent als scheintot erwies. Nach einer längeren Pause, in der 1492[68] sogar mangels einer Leiche zur Schweineanatomie Zuflucht genommen wurde, werden diese Übungen ab 1493[69] häufiger[70]. Wichtig ist an dieser Gesamtentwicklung, daß an der bisher gebräuchlichen Regelung, daß nämlich der handwerkliche Teil der Sektion von handwerklich ausgebildeten Chirurgen, den sogenannten incisores[71], durchgeführt wurde, während die Magistri die Texte vorlasen, noch 1536 festgehalten wurde. Erst 1558 ist der Professor der Medizin Johann Aicholz als Prosektor belegt[72]. Trotzdem waren diese in norditalienischer Tradition stehenden Sektionen alten Stils ein gewaltiger Fortschritt im Vergleich zur Pariser Buchtradition in der Anatomie bis 1478.

Die großen Epidemien sind es gewesen, auf die ebenso wie auf neue Krankheiten die arabistisch orientierte Schulmedizin keine Antwort wußte. So hat die Pest seit 1349 Wien periodisch heimgesucht[73]. Auch hier hat Galeazzo de Sancta Sophia das erste Pestregimen, das für Wien bestimmt war, verfaßt, wohl für die Pest von 1399[30]. Doch dies ist neben

---

[66] *Acta facultatis II* (wie Anm. 60), 18 f., 21; vgl. ALFRED SCHMARDA, Doctorencollegium, 36; IGNAZ SCHWARZ, Geschichte (wie Anm. 58), 454; LEOPOLD SENFELDER, *Gesundheitspflege I* (wie Anm. 6), 1957.

[67] *Acta facultatis medicae universitatis Vindobonensis III. 1490–1558*, hrsg. von KARL SCHRAUF. Wien 1904, 12–14 (vgl. dazu XVII f.); vgl. ALFRED SCHMARDA, Doctorencollegium, 38 f.; IGNAZ SCHWARZ, Geschichte, 454.

[68] *Acta facultatis III* (wie Anm. 67), 12; vgl. IGNAZ SCHWARZ, Geschichte, 454 f.

[69] *Acta facultatis III* (wie Anm. 67), 22 (vgl. dazu auch XVIII f.).

[70] Vgl. *Acta facultatis III* (wie Anm. 67), XVIII f.; LEOPOLD SENFELDER, *Öffentliche Gesundheitspflege und Heilkunde II: Von Maximilian I. bis zum Tode Karl VI. (1493–1740)*, in: *Geschichte der Stadt Wien*, Bd. 6. Wien 1916, 210.

[71] Vgl. *Acta facultatis III* (wie Anm. 67), 211 f., wo von incisores noch die Rede ist; siehe auch IGNAZ SCHWARZ, Geschichte (wie Anm. 58), 455 f.

[72] *Acta facultatis III* (wie Anm. 67), XIX; JOSEPH ASCHBACH, *Geschichte der Wiener Universität, 3. Bd.: Die Wiener Universität und ihre Gelehrten 1520–1565*. Wien 1888, 119–125; WENZEL HARTL und KARL SCHRAUF, *Nachträge zum dritten Bande von Joseph Ritter von Aschbach's Geschichte der Wiener Universität: Die Wiener Universität und ihre Gelehrten 1520–1565*, Bd. I, 1. Hälfte. Wien 1898, 5; IGNAZ SCHWARZ, Geschichte, 455; LEOPOLD SENFELDER, *Gesundheitspflege II* (wie Anm. 70), 212, 216; HANS-JÖRG BRAUN, *Personalbibliographie* (wie Anm. 38), 116–118.

[73] Vgl. RICHARD FRH. VON KRAFFT-EBING, *Zur Geschichte der Pest in Wien 1349–1898*. Leipzig und Wien 1899, 9–15.

der sehr stark vom Pariser Pestgutachten abhängigen Pestschrift des Leibarztes Herzog Albrechts III. Nicolaus von Udine[74], dessen Zusammenhang zur Fakultät unklar ist, der einzige bedeutendere Pesttraktat aus dem Umkreis der Wiener Medizin im 15. Jahrhundert. Alles andere bleibt zweitrangig, ja es handelt sich nicht selten nur um kurze Pestrezepte, die von den Doctores Johannes Aygel aus Korneuburg[75], Johannes Rokk de Hamborch[76], Jacobus von Stockstall[77], Michael Puff von Schrick[78], Pancratius Kreuzer[78 a] aus Traismauer, Sebaldus Müller aus Nürnberg[79], Johannes Krull von Seligenstadt[80] und von Jacobus de Castro Romano[81] stammen.

Nicht anders ist die Situation bei der Syphilis. Wie man mit dieser neuen Krankheit seitens der Wiener Fakultät umging, die von den Seeleuten des Christoph Columbus 1493 aus Westindien eingeschleppt worden war und die ab 1495 zunächst von Italien, und zwar vom spanischen und französischen Heer, vor Neapel ausgehend in ganz Europa

---

[74] Vgl. KARL SUDHOFF, *Pestschriften V* (wie Anm. 30), 361–369; PAUL UIBLEIN, Beziehungen (wie Anm. 6), 272.

[75] Vgl. LEOPOLD SENFELDER, Die ältesten Pesttraktate der Wiener Schule. Sonderabdruck aus der *Wiener klinischen Rundschau* 1898, Nr. 1, 2 und 4, 5–7, 9–16; LEOPOLD SENFELDER, *Gesundheitspflege I* (wie Anm. 6), 1061; KARL SUDHOFF, *Pestschriften V* (wie Anm. 30), 369–373; ERNST GRAF, *Mitglieder* (wie Anm. 10), 99; HARRY KÜHNEL, *Heilkunde* (wie Anm. 6), 63–66.

[76] LEOPOLD SENFELDER, Pesttraktate (wie Anm. 75), 3–5; LEOPOLD SENFELDER, *Gesundheitspflege I* (wie Anm. 6), 1061; KARL SUDHOFF, *Pestschriften V* (wie Anm. 30), 375–378; ERNST GRAF, *Mitglieder* (wie Anm. 10), 100; HARRY KÜHNEL, *Heilkunde* (wie Anm. 6), 68 f.

[77] LEOPOLD SENFELDER, Pesttraktate (wie Anm. 75), 8, 16–19; LEOPOLD SENFELDER, *Gesundheitspflege I* (wie Anm. 6), 1061; KARL SUDHOFF, Pestschriften V (wie Anm. 30), 373 f.; ERNST GRAF, Mitglieder, 101; HARRY KÜHNEL, *Heilkunde*, 67 f.

[78] Vgl. LEOPOLD SENFELDER, Puff (wie Anm. 55), 494 f.; ERNST GRAF, *Mitglieder*, 104.

[78 a] Vgl. LEOPOLD SENFELDER, Pesttraktate (wie Anm. 75), 8, 20–22; LEOPOLD SENFELDER, *Gesundheitspflege I* (wie Anm. 6), 1062; KARL SUDHOFF, Pestschriften V (wie Anm. 30), 374 f.; ERNST GRAF, *Mitglieder*, 106; HARRY KÜHNEL, *Heilkunde* (wie Anm. 6), 76 f.

[79] Vgl. LEOPOLD SENFELDER, *Gesundheitspflege I*, 1063; ERNST GRAF, *Mitglieder*, 114.

[80] LEOPOLD SENFELDER, *Gesundheitspflege I* (wie Anm. 6), 1063 f.; ERNST GRAF, *Mitglieder*, 121; HARRY KÜHNEL, *Heilkunde* (wie Anm. 6), 78 f.

[81] LEOPOLD SENFELDER, *Gesundheitspflege I*, 1064; ERNST GRAF, *Mitglieder* (wie Anm. 10), 126; HARRY KÜHNEL, *Heilkunde* (wie Anm. 6), 96 f.

rasch epidemisch wurde[82], zeigt eine frühe Syphilisschrift von 1497/98 des Wiener Magisters Bartholomaeus Steber[83] „A malafranczos morbo Gallorum preservatio et cura". Steber, der in seiner Vorrede erklärt, daß er ursprünglich nicht die Absicht gehabt hätte, eine Schrift zu diesem noch unsicheren Gegenstand zu verfassen, motiviert die Abfassung dieser Schrift mit der Tatsache, daß es viele Ärzte gäbe, die behaupten, ein wirksames Heilmittel gegen diese Krankheit zu besitzen, aber durch diese ihre Scharlatanerie den Kranken nur Schaden zufügen[84]. So geht es Steber um die Darstellung des damals Bekannten. Er zeigt zunächst auf, wie sich die Syphilis differentialdiagnostisch von allen bisher bekannten Hautkrankheiten unterscheidet[85]; seine Gewährsleute dafür sind jedoch arabistische Autoren, vor allem Avicenna, aber auch der arabo-lateinische Galen und Rabi Moses. Seine Erklärung der neuen Krankheit ist humoralpathologisch: Überschuß von schwarzer Galle oder eher noch von Schleim ist für ihre Entstehung verantwortlich[86]. Sein Verbot des Bades gründet sich nicht auf seuchenhygienischen Gesichtspunkten, sondern vielmehr auf der Zuträglichkeit der Trockenheit für sie[87]. Dazwischen steht die genaue Beschreibung der Symptome dieser Krankheit: hohes Fieber, unerträgliche Gelenkschmerzen, schwere sekundäre Affektionen der Haut, die sogenannten syphilitischen Pocken, oder Krätze werden in gleicher Weise erwähnt[88]. Die Ursache der Syphilis ist ebenso wie die der Pest siderisch: für 1494 war es die Konjunktion des Jupiter und Saturn in den Fischen gewesen, wobei der Saturn im Zeichen der Fische das Haus des Jupiter in Mitleiden-

---

[82] Vgl. Volker Zimmermann, *Rezeption und Rolle der Heilkunde in landessprachigen handschriftlichen Kompendien des Spätmittelalters* (Ars Medica. Texte und Untersuchungen zur Quellenkunde der Alten Medizin. Schriftenreihe des Instituts für Geschichte der Medizin der Freien Universität Berlin, 4. Abt. hrsg. von Gerhard Baader, Gundolf Keil, Richard Toellner, Bd. 2). Berlin-New York 1986, 89—91.

[83] Vgl. Joseph Aschbach, *Geschichte der Wiener Universität, 2. Bd.: Die Wiener Universität und ihre Humanisten im Zeitalter Kaiser Maximilians I.* Wien 1897, 354—356; Ernst Graf, *Mitglieder* (wie Anm. 10), 127 f.; Harry Kühnel, *Heilkunde* (wie Anm. 6), 82 f.

[84] Vgl. Bartholomeus Steber, *A Malafranczos morbo gallorum preservatio ac cura*. Vienna, Jo(hannes) W(interburg 1497/98), f. II[r/v].

[85] Vgl. Bartholomeus Steber, *Malafranczos* (wie Anm. 84), f. II[v]—III[v].

[86] Vgl. Bartholomeus Steber, *Malafranczos*, f. IIII[v].

[87] Vgl. Bartholomeus Steber, *Malafranczos*, f. (V[r]).

[88] Vgl. Bartholomeus Steber, *Malafranczos*, f. IIII[r], (V[v]).

schaft gezogen hatte[89]. Für die Kur der Syphilis hat Steber wenig Neues
zu bieten. Er rekurriert auf die sex res non naturales, aer, cibus, potus,
somnus et vigilia, motus et quies, inanitio et repletio. Aderlaß, Dampf-
bad[90], Dekokte[91] werden empfohlen, um zunächst die schlechten Säfte
auszutreiben. Lokal soll man ätzende oder zumindest austrocknende
Umschläge benutzen. Das können natürliche Mittel sein, wie in Salz-
wasser getunkte Schafwolle mit Rosenöl vermengt, wie sie schon der
berühmte Bologneser Chirurg des 13. Jahrhunderts, Wilhelm von Sali-
ceto[91 a], gegen gewöhnlichen Schorf empfohlen hatte, worauf Steber
ausdrücklich hinweist. Doch schließlich empfiehlt er auch das, was am
Titelholzschnitt dargestellt ist, nämlich die Schmierkur mit
Quecksilber[92]. Akute Quecksilbervergiftungen mit Stomatitis, Psellis-
mus, Tremor, Anurie und Erethismus waren die unausweichliche Folge
davon. So gehen auch hier bei Steber Humoralpathologie, Astrologie
und empirisches Wissen fragwürdiger Prägung eine Einheit ein, wobei
die traditionelle Theorie in Italien entwickelte Rezepte und Kurpläne
begründen hilft. So verwundert uns auch die Position des Wiener
Humanisten Stabius[93] nicht, wenn er nicht viel später Maximilian be-
schwört, die Syphilis zu vertreiben. Man soll dabei vor allem Dinge ver-
meiden, die den Zorn Gottes hervorrufen. Doch es sind nicht hygieni-
sche Maßnahmen, sondern es ist eine Verbesserung der Sitten, die er
fordert[94]. Es ist Hilflosigkeit gegenüber dieser Krankheit, die sowohl
aus ärztlichem wie aus nichtärztlichem Munde spricht.

So verbleibt die Schulmedizin auch hier in Wien im gewohnten
Rahmen des Arabismus. Auch Steber macht hier keine Ausnahme, und
das ist derselbe Steber, den man ansonsten als Humanisten reinsten
Wassers bezeichnen kann. Denn der Humanismus hatte in Wien schon
früh außerhalb der Universität bzw. im Gegensatz zu ihr Wurzeln ge-
faßt. Hier wird mit Enea Silvio Piccolomini Humanismus zum Ereignis.
Kaiser Friedrich III. hatte diesen Mann 1443 als Sekretär für die
Reichskanzlei gewonnen; in seinen Reden vor der Wiener Universität

[89] Vgl. Bartholomeus Steber, *Malafranczos*, f. (V^v–VI^v).
[90] Vgl. Bartholomeus Steber, *Malafranczos*, f. (VI^v–VII^r).
[91] Vgl. Bartholomeus Steber, *Malafranczos*, f. VII^r.
[91 a] Vgl. Bartholomeus Steber, *Malafranczos*, f. VIII^r.
[92] Vgl. Bartholomeus Steber, *Malafranczos*, f. VIII^r; siehe dazu ERNA
LESKY, Von Schmier- und Räucherkuren zur modernen Syphilistherapie. *Ciba
Zschr.* 8 (Wehr 1957–1959), 3177–3179.
[93] Vgl. JOSEPH ASCHBACH, *Geschichte II* (wie Anm. 83), 363–373.
[94] Diesen Hinweis verdanke ich AUGUST BUCK.

ab 1445 hat er das humanistische Lebensideal entworfen, wie es im
Kreis um Kaiser Maximilian I. mit Konrad Celtis Modellcharakter erhalten sollte. Obzwar Konrad Celtis der Artistenfakultät als Lehrer der
Poetik und der Rhetorik angehörte, hatte er sein eigentliches Tätig-
keitsfeld in der 1497 gegründeten Sodalitas Litteraria Danubiana und
seit 1501 im Collegium poetarum et mathematicorum[95]. Letzterem gehörte Johannes Stabius ebenso an wie Georg Tannstetter, wenn auch
letzterer Leibarzt der Kinder Ferdinands I. gewesen ist[96]. Trotzdem
liegt seine Bedeutung mehr auf mathematisch-astronomischem als auf
medizinischem Gebiet. Doch auch andere Ärzte sind im Umkreis des
Celtis zu finden: Johannes Tichtl[97] und Bartholomaeus Steber, die sich
schon um die Berufung von Celtis nach Wien bemüht hatten[98], Johannes Cuspinianus[99] und Joachim von Watt, genannt Vadianus. Für alle
diese Ärzte gilt jedoch — und dies ist am Syphilistraktat Stebers schon
deutlich geworden —, daß anders als in Italien ihre humanistischen Tendenzen mit der von ihnen repräsentierten medizinischen Theorie, aber
auch mit ihrer praktischen ärztlichen Tätigkeit wenig Gemeinsames
aufweisen. Doch hat andererseits dieses humanistische Klima in Wien
um 1500 selbst Vertreter der sogenannten alten Wiener Medizin wie

---

[95] Vgl. JOSEPH ASCHBACH, *Geschichte II* (wie Anm. 83), 61—82; GUSTAV
BAUCH, *Die Reception des Humanismus in Wien. Eine litterarische Studie zur
deutschen Universitätsgeschichte.* Breslau 1903, 117—156; HANS ANKWICZ-KLEE-
HOVEN, *Der Wiener Humanist Johannes Cuspinian. Gelehrter und Diplomat zur
Zeit Kaiser Maximilians I.* Graz-Köln 1959, 18 f.; HANS RUPPRICH, *Die deutsche
Literatur vom späten Mittelalter bis zum Barock, 1. Teil: Das ausgehende Mittelalter,
Humanismus und Renaissance 1370—1520* (Geschichte der deutschen Literatur
von den Anfängen bis zur Gegenwart, hrsg. von HELMUT DE BOOR und
RICHARD NEWALD, Bd. 4, 1. Teil). München 1970, 471 f., 504 f.
[96] Vgl. JOSEPH ASCHBACH, *Geschichte II*, 271—277; LEOPOLD SENFEL-
DER, *Gesundheitspflege II* (wie Anm. 70), 212; WERNER NÄF, *Vadian und seine
Stadt St. Gallen, 1. Bd.: Humanist in Wien.* St. Gallen 1944, 177—182; HANS-JÖRG
BRAUN, *Personalbibliographie* (wie Anm. 38), 47—52; FRANZ STUHLHOFER,
*Georg Tannstetter Collimitius. Ein Wiener Humanist und Naturwissenschaftler des
beginnenden 16. Jahrhunderts.* Phil. Diss. Wien 1979 (masch.), 32 f.
[97] Vgl. LEOPOLD SENFELDER, *Gesundheitspflege II,* 212; GUSTAV BAUCH,
Reception (wie Anm. 95), 29.
[98] Vgl. WERNER NÄF, *Vadian I* (wie Anm. 96), 151; GUSTAV BAUCH,
Reception (wie Anm. 95), 29.
[99] Vgl. neben der Monographie von HANS ANKWICZ-KLEEHOVEN (Anm.
95) noch immer JOSEPH ASCHBACH, *Geschichte II* (wie Anm. 83), 284—309,
sowie die Biographie von FRANZ GALL im Universitätsarchiv (masch.) und
HANS-JÖRG BRAUN, *Personalbibliographie* (wie Anm. 38), 34—42.

Stainpeis beeinflußt. Auch er hat den Studenten der Medizin die Lektüre von Terenz, den Briefen des Enea Silvio Piccolomini, von Aesops
Fabeln sowie von den Facetiae des Poggio Bracciolini empfohlen[100], um
ihre sprachliche Eleganz zu schulen. Trotzdem bleibt im Gegensatz zu
den Naturwissenschaften die Bedeutung dieses Wiener Humanismus
um Celtis für die Medizin gering. Es ist eher das literarisch-politische
Interesse, das Ärzte wie Steber, Tichtl, besonders aber Cuspinian und
Vadian zusammenführte und in dem sich der humanistisch-emanzipato-
rische Ansatz dieser Männer niederschlägt.

Cuspinian wurde 1493 von Maximilian zum Dichter gekrönt[101], bevor er sich 1494 an der Wiener Medizinischen Fakultät inskribieren
ließ. Neben seinem Medizinstudium hielt er als Magister artium bereits
Vorlesungen an der Artistenfakultät, mit scharfen Angriffen gegen die
herrschende scholastische Lehrmethode. Dem medizinischen Doktor-
grad 1500 folgte sogleich seine Wahl zum Rektor. Doch es ist die philo-
sophisch-editorische Tätigkeit, die bei Cuspinian in humanistischer
Weise weiter im Vordergrund steht. Das gilt auch für seine medizinischen Interessen. So bittet er 1502 Aldus Manutius um eine Ausgabe
des griechischen Dioscorides, die 1499 erschienen war, und um die
Aphorismen des Hippokrates[102] und zeigt damit seine Nähe zum
medizinischen Humanismus Italiens dieser Zeit. Dazu paßt auch seine
nach 1506 gehaltene Vorlesung über die hippokratische *Epistula de
microcosmo,* der er eine neue Biographie des Hippokrates hinzufügte[103].
Hier können wir den medizinischen Humanisten Cuspinian ebenso
greifen wie bei der Übersetzung eines Epitaphs auf Hippokrates aus
der Anthologie des Maximos Planudes aus dem 14. Jahrhundert aufgrund der Aldine von 1503, die er in sein Tagebuch im Januar 1506 aufgenommen hatte[104]. Seit 1515 ist es jedoch in immer größerem Maße die
diplomatische Tätigkeit gewesen, die sein Leben bestimmte.

Auch der Schüler von Celtis und Cuspinian, Vadian, ist in Wien
mehr Humanist als Arzt gewesen. Der gebürtige St. Galler Joachim von

---

[100] MARTIN STAINPEIS, *Liber* (wie Anm. 39), f. VII[v], XIII[v], XVI[v]–XVII[r];
vgl. RICHARD J. DURLING, Manual (wie Anm. 6), 17; LEOPOLD SENFELDER,
Gesundheitspflege I (wie Anm. 6), 1053.

[101] Vgl. HANS ANKWICZ-KLEEHOVEN, *Cuspinian* (wie Anm. 95), 11 f.

[102] Vgl. HANS ANKWICZ-KLEEHOVEN, *Cuspinian,* 26.

[103] Vgl. HANS ANKWICZ-KLEEHOVEN, *Cuspinian,* 45.

[104] Vgl. HANS ANKWICZ-KLEEHOVEN, Das Tagebuch Cuspinians. *Mitteilungen des Instituts für österreichische Geschichtsforschung* 30 (1909), 296.

Watt[105] traf 1501 in Wien ein. Für alle diese Ärzte und Naturwissenschaftler um Celtis ist es entscheidend, daß in dessen humanistischem Programm auch Astronomie, Naturkunde und Geographie ihren Platz hatten[106]. Als Celtis 1508 starb, fand er nicht nur in Cuspinian einen Nachfolger gleicher Ausrichtung, sondern auch die Artistenfakultät erhielt durch die Tatsache, daß nun das Poetenkolleg in sie durch den letzten Willen von Celtis aufging, ein neues humanistisches Gepräge[107]. In dieses paßt 1508 der neue Magister der Artistik Vadian mit seinem an philologischen Interessen orientierten Humanismus. 1514 wird er schließlich von Maximilian I. in Linz zum Poeta laureatus gekrönt, 1516/17 war er Rektor der Wiener Universität. 1512 hat er mit seinem medizinischen Studium begonnen, das er 1517 mit der Promotion abschließen sollte. Trotzdem: Sein Bildungsideal bleibt der Dichter als Künder der Weisheit. Der Arzt ist auf diese Weise darin integriert, als Dichtern und Ärzten derselbe Gott Apoll gewogen ist. Die Tatsache, daß in griechischen und lateinischen Versen die Heilkraft der Pflanzen und der Gang der Naturforschung dargestellt worden sei, läßt in Vadians Selbstverständnis den Humanisten und den Arzt nahe zusammenrücken[108]. Dazu paßt, daß er mit dieser für einen medizinischen Humanisten typischen Motivation 1510 das mediko-botanische Gedicht aus der Karolingerzeit, den *Hortulus* des Walahfrid Strabo aus der Reichenau, aufgrund einer St. Galler Handschrift zum ersten Mal herausgibt; eine zweite Auflage erfolgte 1512[109]. Zu diesen Ansätzen eines medizinischen Humanismus bei Vadian, der dann auch in Wien den Arabismus Zug um Zug zurückdrängen wird, gehören seine Interessen für führende medizinische Humanisten Italiens seiner Zeit. Nicht nur finden sich in seiner Bibliothek die Übersetzungen griechischer medizinischer Autoren durch Giorgio Valla[110], sondern es paßt in dieses Gesamtbild, daß Vadian vor dem Ende seiner Wiener Zeit, bevor er 1518 — zuerst in ärztlicher Tätigkeit — nach St. Gallen zurückkehrt, mit einem

---

[105] Vgl. JOSEPH ASCHBACH, *Geschichte II* (wie Anm. 83), 391–409; WERNER NÄF, *Vadian I* (wie Anm. 96), 148; HANS-JÖRG BRAUN, *Personalbibliographie* (wie Anm. 38), 55–69.

[106] Vgl. HELMUTH GRÖSSING, Humanismus und Naturwissenschaften in Wien zu Beginn des 16. Jahrhunderts. *Jahrbuch des Vereins für Geschichte der Stadt Wien* 35 (1979), 125.

[107] Vgl. GUSTAV BAUCH, *Reception* (wie Anm. 95), 157–170.

[108] Vgl. WERNER NÄF, *Vadian I* (wie Anm. 96), 148.

[109] Vgl. WERNER NÄF, *Vadian I*, 148; BERNHARD MILT, *Vadian als Arzt* (Vadian-Studien, hrsg. von WERNER NÄF, 6). St. Gallen 1959, 22.

der Vorkämpfer des medizinischen Humanismus in Italien, nämlich mit
Leoniceno, Kontakt aufnimmt[110].

Beziehungen dieser Art sind allerdings für die Medizin in Wien erst
in den nächsten Jahrzehnten fruchtbar geworden. Denn erst bei Männern wie Ulrich Fabri[111], Wolfgang Lazius[112], Johann Aicholz[72], Franz
Emerich[113] oder Matthias Cornax[114] kann man davon sprechen, daß humanistische und ärztliche Tätigkeit eine Synthese eingehen, wie sie für
die Renaissancemedizin insgesamt typisch ist. Deshalb sei hier Franz
Emerich[113] abschließend näher behandelt. Emerich, der in Padua seine
medizinische Ausbildung erhalten hatte, ist seit 1535 an der Wiener
Universität tätig, 1536 als Lektor der Chirurgie, 1542 als Professor
primarius medicinae practicae. Seine Wiener Tätigkeit fällt in die Zeit
der Reform der Universität von 1533, 1537 und 1554[114]. Diese Reform
erschöpft sich nicht nur in einer Rekatholisierung, sondern bedeutet
zugleich eine Zuwendung zu neuen Inhalten[114 a]. In der Medizin wurden
1554 drei Professoren der Medizin bestellt, von denen einer die An-
fangsgründe der Medizin, der zweite die theoretische, der dritte die
praktische Heilkunde mit Demonstrationen am Krankenbett nach den
Grundsätzen der hippokratischen und galenischen Lehre vortragen
sollte. Alljährlich sollte eine Sektion stattfinden; ebenso waren drei
Herbulationen, d. h. botanische Ausflüge, vorgesehen. Daß Simplicienkunde mit Naturbeobachtung, Sektion und Hippokratismus ohne den
Einfluß des an den norditalienischen Universitäten vertretenen medizi-

---

[110] Vgl. BERNHARD MILT, *Vadian*, 122 f.

[111] Vgl. JOSEPH ASCHBACH, *Geschichte II* (wie Anm. 83), 313—315; LEO-
POLD SENFELDER, *Gesundheitspflege II* (wie Anm. 70), 211; HANS-JÖRG BRAUN,
Personalbibliographie (wie Anm. 38), 70—72.

[112] Vgl. JOSEPH ASCHBACH, *Geschichte III* (wie Anm. 72), 205—233; LEO-
POLD SENFELDER, *Gesundheitspflege II*, 211; HANS-JÖRG BRAUN, *Personalbibliographie*, 81—92.

[113] Vgl. JOSEPH ASCHBACH, *Geschichte III*, 183—187; LEOPOLD SENFEL-
DER, *Gesundheitspflege II*, 209 f.; LEOPOLD SENFELDER, Franz Emerich, 1496—
1560. Ein Reformator des medizinischen Unterrichts in Wien. *Die Kultur* 8
(1907), 61—74; HANS-JÖRG BRAUN, *Personalbibliographie* (wie Anm. 38), 74—78;
MANFRED SKOPEC, Straßennamen — Zeugen berühmter Ärzte: Franz Emerich
(1496—1560). *Arzt, Presse, Medizin*, Wien 1978, Nr. 9, 4—6.

[114] Vgl. JOSEPH ASCHBACH, *Geschichte III* (wie Anm. 72), 155—158; LEO-
POLD SENFELDER, *Gesundheitspflege II*, 211 f.; WENZEL HARTL und KARL
SCHRAUF, *Nachträge* (wie Anm. 72), 295—313; HANS-JÖRG BRAUN, *Personal-
bibliographie*, 93—96.

[114 a] Vgl. JOSEPH ASCHBACH, *Geschichte III* (wie Anm. 72), 22—25, 66—68.

nischen Humanismus undenkbar gewesen wäre, versteht sich von selbst[115]. Alles in allem bedeutet das nichts anderes als das Eingehen der Renaissancemedizin in das Curriculum der Wiener Medizin. Es waren nun die antiken Originale bzw. deren lateinische Übersetzungen, Galen *De tuenda sanitate, Methodus medendi, De arte curativa ad Glauconem* und *De crisibus* sowie Hippocrates *De ratione victus in morbis acutis* und die *Praesagia,* die 1537 neben Avicenna und das 9. Buch des *Liber ad Almansorem* des ar-Rāzī traten[116]. Emerich hat aus diesem Anlaß — nicht anders als 1535 Leonhart Fuchs in Tübingen[117] — seine dem Arabismus huldigenden Wiener Kollegen scharf angegriffen. *Viele, o glaube mir, lassen sich in unserem Zeitalter aus Trägheit und in Unkenntnis der wahren Kunst von der galenischen Heilmethode abhalten. Sie ziehen die vor, sie richten sich nur nach denen, deren geschmacklose Bücher vor Rezeptformeln strotzen. Darum verfallen sie nicht auf die rationelle Heilmethode des Galenus*[118]. 1554 kann Emerich den nächsten Schritt wagen. Es werden als verbindliche Autoren in das Curriculum noch weitere antike Autoritäten eingefügt. Neben Galens *Therapeutica methodus* und *De differentiis febrium* sind es die Werke des Paulus von Aegina und des Alexander von Tralles[119]. Dies alles bedeutet in klinischer Medizin und in Chirurgie Rückgriff auf die antiken Autoritäten, gemäß dem humanistischen Leitspruch *Ad fontes,* und das ist zunächst nichts anderes als ein Galenismus neuer Prägung. Gerade der hat aber in Paris zu neuerlicher Erstarrung geführt[120]. Prinzipiell Neues hatte sich jedoch in der Anatomie angebahnt. Im Rahmen einer typisch humanistischen Aufgabe, nämlich der lateinischen Übersetzung des griechischen Galen in

---

[115] 2. Reformationsgesetz Ferdinands I. für die Universität vom 15. September 1537, in: RUDOLF KINK, *Geschichte der Kaiserlichen Universität zu Wien,* Bd. 2: *Statutenbuch der Universität.* Wien 1854, 350; vgl. LEOPOLD SENFELDER, *Gesundheitspflege II* (wie Anm. 70), 208 f.

[116] 2. Reformgesetz (wie Anm. 115), 349.

[117] Vgl. GERHARD BAADER, *Reformdenken* (wie Anm. 22), 276—282; wie sie schon in Einzelfällen seit 1492 bezeugt sind (*Acta facultatis III,* 17).

[118] Franz Emerich, *Medicorum auxiliorum dexter usus ad veram Hippocratis et Galeni mentem depromptus.* Nürnberg, Johann Petreius, 1537, 18; vgl. LEOPOLD SENFELDER, Emerich (wie Anm. 113), 70.

[119] Ferdinands I. neue Reformation vom 1. Jänner 1554, in: RUDOLF KINK, *Geschichte II* (wie Anm. 116), 378.

[120] Vgl. GERHARD BAADER, Jacques Dubois as a Practitioner, in: *The Medical Renaissance of the sixteenth Century,* hrsg. von ANDREW WEAR, R. K. FRENCH und IAIN MALCOLM LONIE, Cambridge 1985, 146—154; DERS., *Antikerezeption* (wie Anm. 2), 62 f.

der Juntine von 1541, hat der große Andreas Vesal die anatomischen
Schriften bearbeitet. Seine Erkenntnis, daß die galenische Anatomie
nur Tieranatomie ist, ließ ihn seine große *Fabrica humani corporis* von
1543 schaffen, mit der die moderne Anatomie beginnt[121]. Hier geht
humanistischer Impuls mit exakter Naturbeobachtung eine großartige
Verbindung ein. Für die Wiener Entwicklung wurde es entscheidend,
daß Zug um Zug ab 1542 nicht mehr handwerklich ausgebildete Chirurgen, sondern Professoren als Prosektoren bei Sektionen tätig waren[72],
und das ist sicher nicht ohne die Sektionen neuen Stils in Norditalien im
Umkreis Vesals denkbar. 1555 schließlich tritt auf Verlangen Emerichs
neben eine verbesserte Anatomie Mondinos das neue Kompendium
Vesals, von ihm selbst aufgrund seiner Fabrica gemacht, als Sektions-
leitfaden[122]. Das bedeutet das Ende der Sektion alten Stils auch für
Wien. Daß dies alles nicht widerspruchsfrei vor sich ging, mag die
Sektion einer männlichen und weiblichen Leiche 1558 zeigen, bei der
wie stets seitdem Johann Aicholz als Prosektor tätig war[72], aber der
Physiologe Kaspar Pirchpach Galens *De usu partium*, also Tieranatomie, vorlas, wenn auch in neuer, humanistischer Übersetzung aus dem
Griechischen ins Lateinische[123], oder als Antonio Binelli, selbst katho-
lischer Priester, in alter Sitte vom Katheder aus, 1590 eine Sektion
kommentierte[124]. Trotz allem hat mit diesen Sektionen, nicht anders als
mit den Herbulationes und den 1555–1557 bei Kaiserebersdorf einge-
richteten botanischen und zoologischen Gärten, der neue, am Humanismus geschulte Blick der Naturbeobachtung in die Wiener Renaissancemedizin Eingang gefunden.

Emerich repräsentiert aber auch noch nach einer anderen Hinsicht
diese neue Medizin, die ohne den Humanismus undenkbar gewesen
wäre. Seine populäre Pestschrift, 1539 im Auftrag von Bürgermeister
und Rat verfaßt, aber erst 1550 veröffentlicht[125], diente der Aufklärung
der Bevölkerung über Pestdiät im weitesten Sinne und über Pest-
prophylaxe und steht im Rahmen der Schriften dieser Zeit für den gemeinen Mann. Dieser 1553, 1559, 1583, 1617 und auch später wieder
nachgedruckte landessprachige Pesttraktat spiegelt so recht das medi-

---

[121] Vgl. Gerhard Baader, *Antikerezeption*, 62; vgl. auch Anm. 3.
[122] *Acta facultatis III* (wie Anm. 67), 274–276; vgl. dazu Leopold
Senfelder, Emerich (wie Anm. 113), 67.
[123] Vgl. Ignaz Schwarz, *Geschichte* (wie Anm. 58), 455.
[124] Vgl. Leopold Senfelder, *Gesundheitspflege II* (wie Anm. 70), 216;
Hans-Jörg Braun, *Personalbibliographie* (wie Anm. 38), 134.
[125] Vgl. Leopold Senfelder, Emerich (wie Anm. 113), 73.

zinische Reformdenken wider, wie es in der Tradition erasmianischer Pädagogik für große Teile des medizinischen Humanismus nördlich der Alpen typisch war. Das rundet das Bild eines Mannes ab, den man mit Fug und Recht als einen der Wegbereiter der Renaissancemedizin in Wien bezeichnen kann. Denn bei ihm und seinen Zeitgenossen aus der ersten Hälfte des 16. Jahrhunderts wird das emanzipatorische Erbe des Humanismus in Wien um 1500 auch für die Medizin voll wirksam.

ASTRONOMIE ALS GOTTESDIENST

Die Erneuerung der Astronomie durch Johannes Kepler[1]

Von FRITZ KRAFFT

Aufgrund seiner körperlichen Konstitution und seiner finanziellen Verhältnisse war Johannes Kepler nie in der Lage gewesen, selber

---

[1] Die Kepler-Literatur ist systematisch erfaßt in der *Bibliographia Kepleriana*. Ein Führer durch das gedruckte Schrifttum von Johannes Kepler. Im Auftrage der Bayerischen Akademie der Wissenschaften unter Mitarbeit von L. ROTHENFELDER hrsg. von MAX CASPAR (1936). Zweite Auflage, besorgt von MARTHA LIST. München 1968. Ergänzungen von M. LIST: *Bibliographia Kepleriana, 1967–1975*. In: A. BEER – P. BEER (Eds.), *Kepler – Four Hundred Years*. Proceedings of Conferences Held in Honor of Johannes Kepler (*Vistas in Astronomy* 18), Oxford usw. 1975, 955–1003. Dieser Band enthält in englischer Übersetzung fast sämtliche Beiträge (zumindest als Zusammenfassung, falls gesondert erschienen) zum Kepler-Jahr 1971, darunter eine Sektion *Kepler's Religious and Philosophical Beliefs* (S. 315–396). Die wichtigsten Beiträge von 1971 sind enthalten in: Naturwissenschaftlicher Verein Regensburg (Hrsg.), *Kepler Festschrift 1971*. Zur Erinnerung an seinen Geburtstag vor 400 Jahren (*Acta Albertina Ratisbonensia*, Bd. 32), Regensburg 1971; *Johannes Kepler – Werk und Leistung*. Ausstellung im Steinernen Saal des Linzer Landhauses 19. Juni bis 29. August 1971 (Katalog des Oö. Landesmuseums, Nr. 74 / Katalog des Stadtmuseums Linz, Nr. 9), Linz 1971; F. KRAFFT – K. MEYER – B. STICKER (Hrsg.), *Internationales Kepler-Symposium Weil der Stadt 1971*. Referate und Diskussionen (*arbor scientiarum*, Reihe A, Bd. 1), Hildesheim 1973 (im folgenden zitiert als „*Internat. Kepler-Symposium*"). Das Kepler-Jahr 1980 erbrachte weniger neue Ergebnisse; wichtig ist vor allem RUDOLF HAASE (Hrsg.), *Kepler-Symposion*. Zu Johannes Keplers 350. Todestag, 25. bis 28. September 1980 im Rahmen des Internationalen Brucknerfestes '80 Linz. Bericht. Linz (Linzer Veranstaltungsgesellschaft) 1982 – nicht im Buchhandel. Die beste Gesamtbiographie ist trotz der fehlenden Beleghinweise immer noch MAX CASPAR, *Johannes Kepler*. Stuttgart 1948 (u. ö.); siehe auch die Bildbiographie von WALTER GERLACH – MARTHA LIST, *„gib schiff und segel für himmel und luft". Johannes Kepler, 1571 Weil der Stadt – 1630 Regensburg*. Dokumente zu Lebenszeit und Lebenswerk, München 1971. – Im folgenden mit *KGW*, Band- und Seitenzahl zitiert wird die kritische Gesamtausgabe, hrsg. von M. CASPAR u. a.: *Johannes Kepler, Gesammelte Werke*. Im Auftrage der Deutschen Forschungsgemeinschaft und der Bayerischen Akademie der Wissenschaften herausgegeben. Bd. 1 ff., München 1937 ff. (bisher sind erschienen die Bde. 1 bis 10 und 13 bis 19). Zur Theologie Keplers vgl. besonders JÜRGEN HÜBNER, *Die Theologie Johannes Keplers zwischen Orthodoxie und Naturwissenschaft* (Beiträge zur historischen Theologie, Bd. 50), Tübingen 1975.

messende Beobachtungen durchzuführen. Er war bei der von ihm eingeleiteten Wende[2] zur neuzeitlichen Naturwissenschaft vielmehr weitestgehend auf die Bereitstellung von neuen Beobachtungen und Messungen anderer angewiesen. Trotzdem erhielten diese neuen Beobachtungen — etwa eines Tycho Brahe und Galileo Galilei — erst unter seinen Händen ihr volles Gewicht; und zwar deshalb, *weil* er (im Gegensatz etwa zu Tycho) *mit* einem bestimmten Vorurteil, mit einer vorgefaßten Theorie an sie heranging, die vorempirisch und als Idee konzipiert war, *bevor* ihm dieses neue Beobachtungsmaterial überhaupt zugänglich wurde, vielmehr an dem Beobachtungsmaterial des Nicolaus Copernicus geprüft wurde, das letztlich das des Ptolemaios gewesen ist. Seine vorempirisch gewonnenen und auf der alten empirischen Basis geprüften Vorstellungen von der Struktur und Funktionsweise des Kosmos schienen ihm dann später durch das neue Material nur bestätigt worden zu sein.

Kepler war nämlich der erste Astronom, der die Notwendigkeit weitergehender *physikalischer* Konsequenzen aus dem heliozentrischen Planetensystem erkannte[3]. Die aristotelische Himmelsphysik mit ihren letztlich von außen gleichförmig bewegten konzentrischen Äthersphären war im heliozentrischen System mit der Erde als bewegtem Planeten nicht mehr möglich. Und nachdem Tycho Brahe durch Parallaxenmessungen an der Nova von 1572 und am Kometen von 1577 gezeigt hatte, daß die Äthersphären erstens nicht undurchdringlich und zweitens nicht unveränderlich sind[4], hatte auch die ptolemaiisch-mittelalterliche Hilfskonstruktion mit festen, nicht konzentrisch begrenzten Sphären und der strenge Dualismus zwischen irdischer und himmlischer Physik aufgegeben werden müssen.

Von der Richtigkeit des heliozentrischen Planetensystems war Kepler durch den Einfluß seines Tübinger Lehrers Michael Mästlin

---

[2] Zur „Keplerschen" statt „Copernicanischen" Wende siehe den Beitrag von JÜRGEN MITTELSTRASS, *Wissenschaftstheoretische Elemente der Keplerschen Astronomie*. In: *Intern. Kepler-Symposium* (siehe Anm. 1), 3—27; F. KRAFFT, Keplers Wissenschaftspraxis und -verständnis. *Sudhoffs Archiv* 59 (1975), 54—68.

[3] Siehe F. KRAFFT, Johannes Keplers Beitrag zur Himmelsphysik. In: *Intern. Kepler-Symposium* (siehe Anm. 1), 55—139.

[4] Siehe F. KRAFFT, Tycho Brahe. In: K. FASSMANN u. a. (Hrsg.), *Die Großen der Weltgeschichte*, Bd. 5, Zürich 1974, 296—345; wiederabgedruckt in: *Exempla historica. Epochen der Weltgeschichte in Biographien*, Bd. 27: Die Konstituierung der neuzeitlichen Welt. Naturwissenschaftler und Mathematiker (Fischer Taschenbuch 17027), Frankfurt am Main 1984, 85—142 und 283—285.

frühzeitig überzeugt gewesen. Die Umdeutung der synodischen Schlei-
fenbewegung der Planeten als nur über der jährlichen Erdbahn ent-
stehende parallaktische *Erscheinung* hatte ja bereits Copernicus erstmals ermöglicht, die Abstände der Planeten von der Erde und damit
von der Sonne genau zu bestimmen. Das war vom astronomischen
Standpunkt her auch der wesentliche Vorteil des heliozentrischen
Systems gegenüber den kinematisch gleichwertigen von Ptolemaios
und Tycho Brahe; denn den anderen Vorzug, die größere Ökonomie und
Einfachheit aufgrund von Copernicus' systematischer Zusammenfassung mehrerer Bewegungskomponenten der Planeten in der einen
Bewegung der Erde, hatte Brahe durch den Rücktausch der Stellung
von Sonne und Erde in sein *geo*zentrisches System mit übernommen.
In diesem System führt die Sonne, jetzt als Mittelpunkt sämtlicher
Planetenbahnen, wieder eine jährliche Bewegung um die ruhende Erde
aus.

Copernicus hatte selbst gesagt, daß sein System weitestgehend auf
dieselben Planetenörter führe wie das Ptolemaiische, da es in den
meisten Fällen von denselben Daten ausgehe. Empirie konnte also
nicht verifizierend oder falsifizierend zur Entscheidung zwischen diesen
beiden Systemen herangezogen werden. Und auch als Kepler von den
besseren Daten Tycho Brahes erfahren hatte, hätten diese nur eine entsprechende Modifizierung der den Exzentern und Epizykeln zugewiese-
nen Perioden in *beiden* Systemen (und zusätzlich im Braheschen
System) zur Folge haben können. Kepler beweist deshalb in der „Astronomia nova" die kinematische Gleichwertigkeit aller drei Systeme[5].

Größere Einfachheit oder Systematik ist aber noch kein Beweis für
die Richtigkeit. Diesen Beweis kann im Sinne der antiken und scholastischen Wissenschaft von der Natur nur der Nachweis der *Ursachen*
und die Herleitung der Phänomene aus diesen Ursachen liefern. Das
gilt für die heutige Naturwissenschaft natürlich ebenfalls, solange sie
sich jedenfalls nicht in positivistischem Sinne auf die Beschreibung von
Phänomenen und ihre Rückführung auf eine bloße Axiomatik beschränkt; nur unterscheiden sich die Ursachen in beiden Auffassungsweisen wesentlich voneinander. Sind es seit Kepler vorwiegend vermeintlich allein a posteriori gewonnene, also aus empirischen Daten ab-
geleitete, so waren es bis Kepler im wesentlichen a priori gesetzte oder
anderen Bereichen entnommene allgemeine Gesetzlichkeiten. Kepler

---

[5] J. Kepler, Astronomia nova, Kap. 1–6; *KGW* III.

beginnt sein Forschen mit solchen der letzteren Art und wird durch sie auf solche ersterer Art geführt. Er vollendet die alte Wissenschaft und begründet die neue — ohne allerdings selbst schon beide Auffassungsweisen säuberlich voneinander zu trennen oder auch trennen zu können und zu wollen.

Im Sinne des *apparentes salvare* (σῴζειν τὰ φαινόμενα) wären die ptolemaiische und die copernicanische Theorie gleichwertige *Hypothesen* ohne Anspruch auf physische Realität[6]. Kepler wandte sich entschieden gegen diese Anschauungsweise, und er konnte sich dazu auf briefliche Zeugnisse aus dem Umkreis von Copernicus selbst stützen. Wie dieser war er davon überzeugt, daß allein das heliozentrische System der Realität entsprechen kann. Dessen Realität kann und muß deshalb für ihn aus anderen Realitäten abgeleitet werden, und zwar notwendig aus solchen, die den Erscheinungen und damit der in ihnen sich äußernden Realität der göttlichen Schöpfung übergeordnet sind.

Eine solche der materiellen Schöpfung übergeordnete und damit letztlich auch dem Schöpfer vorgegebene Realität ist für Kepler im Anschluß an platonische und neuplatonische Vorstellungen die ausgezeichnete *Quantität*. Die Geometrie sei a priorische und archetypische Grundlage auch für die Schöpfung Gottes gewesen. Sie habe Gott als Muster für die Schöpfung gedient, und allein sie könne deshalb den Menschen als Gottes Ebenbild zur Erkenntnis des im „Buch der Natur" enthaltenen göttlichen Schöpfungsplans führen. Das Nachvollziehen und Erkennen des göttlichen Schöpfungswillens wird gleichzeitig ein Preisen Gottes. Naturwissenschaft auf quantitativer Basis, durch die Ableitung der Phänomene aus quantitativen Prinzipien, ist für Kepler damit Gotteswissenschaft und Gottesdienst in einem; und allein hierher begründet sich für ihn auch ursprünglich die Notwendigkeit, die Quantitäten exakt zu berücksichtigen (und in den Phänomenen wiederzufinden).

---

[6] Siehe F. KRAFFT (a), Der Mathematikos und der Physikos. Bemerkungen zu der angeblichen Platonischen Aufgabe, die Phänomene zu retten. In: *Alte Probleme — Neue Ansätze. Drei Vorträge von F. KRAFFT, K. GOLDAMMER und A. WETTLEY*, Würzburg 1964 *(Beiträge zur Geschichte der Wissenschaft und der Technik,* Heft 5), Wiesbaden 1965, 5—24; DERS. (b), Physikalische Realität oder mathematische Hypothese? Andreas Osiander und die physikalische Erneuerung der antiken Astronomie durch Nicolaus Copernicus. *Philosophia naturalis* 14 (1973), 243—275.

In diesem Sinne schrieb er schon aus Anlaß der vermeintlichen Entdeckung des „Mysterium cosmographicum" am 3. Oktober 1595 an Michael Mästlin[7]:

„Ich bemühe mich deshalb, dies zur Ehre Gottes, der aus dem Buche der Natur erkannt sein will, so bald wie möglich zu veröffentlichen. Je mehr andere daran weiterarbeiten, desto mehr würde ich mich freuen; ich neide es niemandem. So habe ich es Gott gelobt, so steht mein Entschluß. Ich wollte Theologe werden. Lange war ich im Ungewissen. Nun aber sehet, wie Gott durch mein Bemühen auch in der Astronomie gefeiert wird."

Und trotz des alten Topos vom Tempel der Weisheit sicherlich nicht zufällig wählt er bei der Ausschmückung des letzten von ihm selbst veröffentlichten Werkes auf dem Titelblatt der „Tabulae Rudolphinae" von 1627 als Sinnbild der von ihm abgeschlossenen Astronomie ein Gotteshaus — wenn auch, dem Geschmack des Renaissance-Humanismus entsprechend, in der Form eines römischen Rundtempels[8].

Natürlich tritt eine theologische Begründung der Naturforschung bei Kepler nicht erstmals auf. Er erhielt die Anregung dazu aus der „natürlichen Theologie" seiner Zeit, die auch von den pietistischen Theologen an der Tübinger Universität während seiner Studienjahre vertreten wurde[9]. Was ihn jedoch von der zeitgenössischen Theologie abhebt, ist die enge Verknüpfung dieser Vorstellung mit dem geometrischen Archetypos; und damit griff er eindeutig, wie sein eigenes Bekenntnis auch bestätigt, auf Platon und Neuplatoniker, insbesondere auf Proklos zurück. Wie bei Platon soll die Welt nach geometrischen Mustern geschaffen sein; und bei Platon und seinen Kommentatoren suchte Kepler deshalb auch nach den Archetypen der heliozentrischen Schöpfung, nach dem Gesetz, gemäß dem der Kosmos in der neu entdeckten Anordnung begründet ist.

Auf der Suche nach den wirklichen Archetypen bei den Alten versuchte Kepler zunächst, die Grundzahlenreihe der Platonischen Planetenharmonie (die als Λ anzuordnenden Potenzreihen von 2 und 3: 1,

---

[7] *KGW* XIII, Brief Nr. 13; siehe auch M. Caspar, *Johannes Kepler in seinen Briefen,* 2 Bde., München–Berlin 1930; hier Bd. 1, 24.

[8] Siehe dazu F. Krafft (siehe Anm. 2), 66 f.

[9] Vgl. auch J. Hübner, Naturwissenschaft als Lobpreis des Schöpfers. Theologische Aspekte der naturwissenschaftlichen Arbeit Keplers. In: *Intern. Kepler-Symposium* (siehe Anm. 1), 335–356; sowie E. W. Gerdes, Keplers theologisches Selbstverständnis. In: *Ebendort,* 357–376.

2, 3, 4, 9, 8, 27)[10] in den von Copernicus gelieferten Abständen der
sechs Planeten wiederzufinden. Die Abstände erwiesen sich jedoch als
zu groß. Auch der von älteren Pythagoreern[11] her bekannte Kunstgriff,
archetypische Zahlen und Reihen, deren Glieder sich in der sichtbaren
Welt nicht nachweisen lassen, durch prinzipiell nicht sichtbare Dinge
aufzufüllen, führte ihn zu keinem Erfolg: Zusätzliche Planeten, die
wegen der Kleinheit nicht wahrgenommen werden könnten, reichten
zur Auffüllung der erforderlichen Abstände nicht aus. Von den ganzzahligen Verhältnissen ging Kepler deshalb zu geometrisch gewonnenen *Strecken*verhältnissen, dann zu den Bahnen einbeschriebenen
*Flächen*verhältnissen über, bis er schließlich vermeintlich gerade den
Grund für die *Sechszahl* der Planeten entdeckte, der gleichzeitig deren
Abstände bestimmte: Da der Kosmos ein dreidimensionaler Körper ist,
müßten auch seine Proportionen durch ausgezeichnete dreidimensio-
nale Körper bestimmt sein. Gab es bisher sieben Planeten mit sechs
Zwischenräumen, so war ja im Copernicanischen System der Mond
Trabant der Erde, und es gab nur sechs Planeten mit fünf Zwischenräumen — mit ebensoviel Zwischenräumen, wie es ausgezeichnete geometrische Körper gibt, nämlich die fünf regulären, sogenannten Platonischen Körper (Polyeder)[12].

Die Überzeugung von einem a priorischen geometrisch-harmoni-
kalen Aufbau des Kosmos als Schöpfungsplan Gottes ließ Kepler in der
Übereinstimmung dieser beiden ausgezeichneten Sachverhalte sogleich
einen inneren Bezug erahnen — ähnlich wie es den alten Pythagoreern
bezüglich der Idee eines harmonisch-musikalischen Aufbaus der Welt
ergangen war[13]. Und mit den von Copernicus zur Verfügung gestellten
Werten für die größten und kleinsten Abstände eines jeden Planeten-
exzenters ergab sich auch mit für damalige Zeiten verblüffender
Genauigkeit eine entsprechende Zuordnung von In- und Umkugeln der

---

[10] Platon: Timaios 8, 35 B—C; vgl. dazu F. KRAFFT, *Geschichte der Naturwissenschaft I: Die Begründung einer Wissenschaft von der Natur durch die
Griechen.* Freiburg i. Br. 1971, 347 ff.

[11] So wird bei Philolaos die „Gegenerde" als zehnter kosmischer Körper
erschlossen; vgl. F. KRAFFT (siehe Anm. 10), 226 f.

[12] Man vgl. die Vorrede zu J. Kepler, Mysterium cosmographicum; *KGW* I.
Deutsche Übersetzung: J. Kepler, Mysterium Cosmographicum — Das Welt-
geheimnis. Übersetzt und eingeleitet von MAX CASPAR. Augsburg 1923 und
München 1936. Insgesamt siehe CASPARS Einleitung hier und seinen Nachbericht in *KGW* I, 403 ff.

[13] Vgl. F. KRAFFT (siehe Anm. 10), 200 ff.

Polyeder, sobald diese nach Ineinanderschachtelung der Polyeder so weit voneinander abstehen, daß die copernicanischen Exzenter in den Zwischenräumen Platz finden. Die relativ geringen verbleibenden Differenzen ließen Kepler damals nicht etwa an dem Archetypos zweifeln, sondern vielmehr an der Möglichkeit der beobachtenden Astronomie, überhaupt exakte Meßwerte erhalten zu können[14]. Die Idee des Archetypos hatte für ihn in den neunziger Jahren des 16. Jahrhunderts also noch eindeutig den Vorrang vor einer exakten Entsprechung der Empirie.

Noch in einem anderen Punkt hatte Kepler von Copernicus abweichen müssen. Für die Epizykel, die bei jenem die ptolemaiische Ausgleichsbewegung ersetzten, war in den Polyederzwischenräumen kein Platz. Sie ragten in die Begrenzungskugeln hinein, konnten also nicht gemeinsam mit dem Archetypos realiter existieren. Kepler führte daraufhin die von Copernicus überwundene ptolemaiische Ausgleichsbewegung und damit die ungleichförmige Bewegung auf dem Exzenter wieder ein[15]. − Wie aber ließ sich dieser Schritt rechtfertigen?

Eine die Sonne oder Erde umgebende sphärische Kugelschale kann und konnte im Sinne der damaligen Physik nur gleichförmig rotieren. Deshalb hatte Copernicus ja zur Wiedergewinnung der physischen Realität der Planetenbewegungen die ungleichförmige Ausgleichsbewegung bei Ptolemaios durch *gleich*förmig rotierende Sphärenbewegungen ersetzt[16]. Solche Sphären haben nun aber die Bewegungsquelle für ihre Eigenrotation in sich selbst. Kepler hatte demgegenüber bei dem Versuch, auch in den Bahngeschwindigkeiten der Planeten harmonikale Verhältnisse aufzufinden, entdeckt, daß diese Geschwindigkeiten in einem, wie er sagt, „doppelten" Verhältnis zu dem wachsenden Abstand abnehmen[17]. − Gemeint ist damit noch nicht ein umgekehrt quadratisches Verhältnis; gegen diese Vorstellung wandte Kepler sich bis an

---

[14] J. Kepler, Mysterium cosmographicum, Kap. 18; *KGW* I, 59 f.

[15] J. Kepler, Mysterium cosmographicum, Kap. 22; *KGW* I, 76.

[16] Siehe auch F. KRAFFT, Progressus retrogradis. Die „Copernicanische Wende" als Ergebnis absoluter Paradigmatreue. In: A. DIEMER (Hrsg.), *Die Struktur wissenschaftlicher Revolutionen und die Geschichte der Wissenschaften.* XIII. Symposion der Gesellschaft für Wissenschaftsgeschichte anläßlich ihres zehnjährigen Bestehens, 8.−10. Mai 1975 in Münster. Meisenheim am Glan 1977, 20−48 − gegen THOMAS S. KUHNS Thesen gerichtet.

[17] J. Kepler, Mysterium cosmographicum, Kap. 20; *KGW* I, besonders 71. Vgl. F. KRAFFT (siehe Anm. 3), 97−99.

sein Lebensende. Die Geschwindigkeit nehme vielmehr zum einen proportional zur Länge des Weges ab, über den der Planetenkörper sozusagen von derselben „Kraftmenge" bewegt werde (auf den sich die „Bewegungskraft" also verteile), zusätzlich aber auch noch proportional zur Entfernung vom Zentrum. — Und von dieser zusätzlichen Geschwindigkeitsabnahme her hatte Kepler folgerichtig auf eine zentrale Bewegungsquelle geschlossen, deren Antriebsvermögen ähnlich wie das Beleuchtungsvermögen einer Lichtquelle mit der Entfernung abnehme — allerdings nur in einem linearen Verhältnis, weshalb dieses Antriebsvermögen sich nicht wie das Licht kugelförmig, sondern in einer Ebene ausbreite, nämlich in der Ekliptikebene, in der sich deshalb auch alle zu bewegenden Planeten befänden. Gemäß den Vorstellungen seiner Zeit von der Möglichkeit einer Wirkung in die Ferne nannte er diese Bewegungsquelle die „anima motrix", die „bewegende Seele" der bei ihm ja erstmals tatsächlich zentral gelegenen Sonne[18].

Nun ergibt die ptolemaiische Ausgleichsbewegung gerade in größerer Entfernung vom Zentralgestirn, im Aphel, eine geringere, im Perihel dagegen eine größere Bahngeschwindigkeit; das heißt, nicht nur auf verschieden weit entfernte Planeten, sondern auch bei einem *einzelnen* Planeten wirkt die Bewegungskraft der Sonne in größerem Abstand schwächer. Die aus dem Verhältnis der Bahngeschwindigkeit der einzelnen Planeten erschlossene „anima motrix" erhält also durch die Notwendigkeit, die copernicanischen Epizykel wegen ihrer Unverträglichkeit mit dem Archetypos wieder aufzugeben, eine zusätzliche Bestätigung.

Hatte Copernicus jene Anomalie der Ausgleichsbewegung des Ptolemaios gerade aus *„physikalischen"* Gründen, die nur gleichförmige Rotationen der Sphären zulassen, statt durch Ausgleichsbewegungen durch Epizykel wiedergegeben und war er dadurch gezwungen gewesen, die Geozentrizität aufzugeben[19], so wird Kepler also durch seine neue Physik, die er mit Hilfe seines a priorischen Archetypos aus dem copernicanischen System gewonnen hatte, gezwungen, umgekehrt den eigentlichen Anlaß für Copernicus, ein heliozentrisches System aufzustellen, wieder aufzuheben und die ptolemaiische Ausgleichsbewegung wieder einzuführen.

---

[18] J. Kepler, Mysterium cosmographicum, Kap. 20; *KGW* I, besonders 70.
[19] Vgl. F. KRAFFT (siehe Anm. 16) sowie DENS., Die sogenannte Copernicanische Revolution. Das Entstehen einer neuen physikalischen Astronomie aus alter Astronomie und alter Physik. *Physik und Didaktik* 2 (1974), 276—290.

Die Geschichte der Wissenschaften geht schon manchmal eigenartige Wege, und keineswegs immer geradlinige, wie gerade dieses Beispiel zeigt: Der Grund für die Einführung des heliozentrischen Systems gilt für das einmal eingeführte System nicht mehr. Für Kepler tritt ein als Schöpfungsplan aufgefaßter stärkerer und älterer Archetypos als entscheidendes Kriterium für ein heliozentrisches System auf, das gleichzeitig das heliozentrische System bestätigen und das geozentrische widerlegen soll. — Wir wissen, daß diese Ausgleichsbewegung kinematisch der durch das später so genannte zweite Keplersche Gesetz der Planetenbewegungen, durch den Flächensatz, beschriebenen Anomalie entspricht; und diese Anomalie wird von Kepler mit der aus den Geschwindigkeitsverhältnissen erschlossenen „Physik" einer zentralen Bewegungsquelle auch gleichzeitig erstmals begründet.

Kepler hat damit auch erstmals wieder den Punkt erreicht, den die Astronomie seit Eudoxos verlassen hatte. Bereits Platon hatte in seinen „Nomoi" gegen diese Astronomie, welche die Bewegungen in einzelne verselbständigte mathematische Komponenten zerlegt, betont, daß die Planeten nur mehrere Kreise zu durchlaufen *scheinen*[20]: „Sie durchlaufen tatsächlich nicht viele, sondern stets nur einen." Erst hier bei Kepler durchlaufen die Planeten wieder diese eine und nur eine Kreisbahn.

Dabei ist zu beachten, daß bis zu diesem Punkt der Geschichte der Umgestaltung der Astronomie keine über Ptolemaios hinausgehenden empirischen Daten benutzt wurden: Copernicus hatte eine bloße Transformation der ptolemaiischen Elemente durchgeführt — er sagt dies immer wieder —, und Kepler war allein mittels Deduktion aus seinen a priorischen Archetypen auf der Grundlage der copernicanischen Daten dahin gekommen, einerseits die zusätzlichen Epizykel des Copernicus aufzugeben und andererseits sich von der Vorstellung von selbstbewegten Sphären, in die die Planetenkörper eingebettet sind, zu lösen. Das Ergebnis war eine ganz neuartige Himmelsphysik, gemäß der die *Planetenkörper* selbst auf exzentrischen Kreisbahnen innerhalb der durch die Polyeder bestimmten Grenzen von der einen zentralen Bewegungsquelle Sonne herumgeführt werden. Die Funktion der älteren Trägersphären übernehmen hier die geometrischen Größen des archetypischen Schöpfungsplanes.

---

[20] Platon: Nomoi VII, 22, 822 A; vgl. F. Krafft (siehe Anm. 3), 100 sowie 59 f. und zu Keplers Neuerung 103 f.

Allerdings wurden dann die exzentrischen Kreisbahnen in den Händen Keplers bald Ellipsen[21]; denn in der Absicht, neue Gewißheit für seine Entdeckung des archetypischen „Weltgeheimnisses" durch die exakteren Daten Tycho Brahes zu erhalten, folgte Kepler dessen Ruf nach Prag und wurde sein Gehilfe und nach dessen Tod 1601 sein Nachfolger als kaiserlicher Hofmathematicus. Eine erste Bestätigung erhielt Kepler bereits im Jahre 1600, indem er mit Hilfe brahescher Beobachtungsdaten nachweisen konnte, daß auch die Erde (entsprechend der Sonne bei Ptolemaios) entgegen den Theorien von Ptolemaios und Copernicus eine Ausgleichsbewegung ausführt[22], wie er bereits im „Mysterium Cosmographicum" von 1596 aufgrund der Überzeugung von der Einheitlichkeit und Allgemeingültigkeit kosmischer Gesetzmäßigkeiten im Sinne des christlichen Neuplatonismus gefordert hatte[23].

In Prag erhielt Kepler den Auftrag, auf der Basis der braheschen Beobachtungsdaten eine neue (geozentrische) Marstheorie zu erarbeiten. Nach mühsamen Rechnungen und der Durcharbeitung mehrerer Hypothesen, angefangen mit reinen exzentrischen Kreisbahnen, über ein Oval und eine pausbäckige Bahnform bis hin zur Ellipse, führte ihn schließlich die Überzeugung, daß die Planeten aufgrund der abgeleiteten neuen „Physik" nur jeweils *eine* Bahn durchlaufen können, zu der Entdeckung der ersten beiden, später so genannten Keplerschen Gesetze der Planetenbewegungen.

Zwei Voraussetzungen waren neben der archetypischen Begründung maßgeblich für diese Entdeckungen:

Zum ersten Keplers unbedingtes Vertrauen in die Beobachtungsdaten Tycho Brahes. Diese Einschätzung veranlaßte ihn, die Kreisbahn und die Ovalhypothese wieder aufzugeben, weil diese in der Berechnung der Tiefenbewegung eine Abweichung von acht Bogenminuten zu den beobachteten Werten ergab. Kepler hatte diese Tiefenbewegung beim Versuch zur Bestätigung des Archetypos überhaupt erstmals in astronomische Betrachtungen einbezogen; und die Genauigkeit bis auf acht Bogenminuten hätte für jeden anderen Astronomen − und für Kepler

---

[21] Vgl. den Nachbericht M. CASPARS zu *KGW* III sowie seine Einleitung zur deutschen Übersetzung: J. Kepler, Neue Astronomie. Übersetzt und eingeleitet von MAX CASPAR. München 1929; C. WILSON, Kepler's Derivation of the Elliptical Path. *Isis* 59 (1968), 5−25.

[22] Vgl. *KGW* XIV, Brief Nr. 168 an Herwart von Hohenburg vom 12. VII. 1600; dazu F. KRAFFT (siehe Anm. 3), 102 f.

[23] J. Kepler, Mysterium cosmographicum, Kap. 22; *KGW* I, 77 (Zeilen 35 bis 37).

ursprünglich auch — vollkommen ausgereicht. Kepler war vorher bei
der Durchrechnung der verschiedenen Hypothesen bezüglich der Bahnform und ihrer physikalischen Herleitung immer wieder auf Diskrepan-
zen zwischen den Bahnformen und dem braheschen Datenmaterial
gestoßen, ohne Entscheidungskriterien zu besitzen, wem der Vorzug
einzuräumen wäre. Er hatte deshalb seine astronomischen Untersuchungen unterbrochen und vorrangig die optischen Voraussetzungen
für das Einbringen exakter Meßdaten in der Astronomie geprüft. Das
Ergebnis war das 1604 erschienene Werk „Astronomiae pars optica", in
dem der Nachweis geführt wird, daß die Lichtausbreitung auch innerhalb einer Lochkamera geradlinig erfolgt, die braheschen Beobach-
tungsmethoden mit entsprechenden speziellen Dioptern also exakte
Daten liefern können. Die Ursache für die Diskrepanz hatte also in den
traditionellen Bahnformen liegen müssen.

Die zweite Voraussetzung war Keplers Erkenntnis, daß die neue
Astronomie mit ihren Konsequenzen auch eine neue Physik erforderte,
um die alte Diskrepanz zwischen astronomisch-mathematischer Hypothese und physischer Realität nach Ansätzen bei Copernicus überbrücken zu können.

Hier brachte ihm das im Jahre 1600 erschienene Werk „De magne-
te" William Gilberts die Bestätigung seiner früheren Spekulationen.
Gilbert hatte angenommen, daß die Erde und jeder Himmelskörper ein
großer Magnet sei. An einem kleinen äquivalenten Modell, einem deshalb „terrella" genannten Kugelmagneten, hatte er die Wirkungen des
großen Magneten Erde demonstriert und dabei festgestellt, daß ein
Magnet durch andere Stoffe hindurch auf Eisen oder einen anderen
Magneten wirkt, daß die magnetische „Kraft" also nicht an ein Medium
als Träger gebunden sein kann, vielmehr als Fernkraft unmittelbar über
den Raum hin wirkt. Kepler konnte daraufhin die ursprünglich animi-
stisch vorgestellte Wirkung seiner „*anima* motrix" der Sonne durch eine
physikalische, mit dem Magnet*körper* der Gestirne verbundene erset-
zen. Gilbert hatte aufgrund von Experimenten auch festgestellt, daß die
anziehende Wirkung eines Magneten nach allen Seiten hin gleichmäßig
abnimmt und sich nur innerhalb einer begrenzten „Wirkkugel" ausbrei-
tet, die er „orbis virtutis" nannte. Damit war gleichzeitig die keplersche
Idee einer Zentralkraft als Möglichkeit physikalisch bestätigt: Die Wirkung des Magneten entsprach der rechnerisch erschlossenen Zentral-
wirkung der „anima motrix"[24].

---

[24] Siehe F. KRAFFT (siehe Anm. 3), 84—87 und 105 ff.

Gilbert hatte allerdings aus der Tradition eine Unterscheidung zwischen magnetischer Anziehung und magnetischer Ausrichtung einer Kompaßnadel übernommen und experimentell die beträchtlich unterschiedliche Entfernung bestimmt, bis in die ein und derselbe Magnet auf die eine und auf die andere Weise wirkt[25]. Auch diese Vorstellung von zwei unterschiedlich wirkenden verschiedenen „Magnetkräften" und ihren unterschiedlich großen „orbes virtutis" übernahm Kepler; und er übertrug sie auf die als primär magnetisch gedeutete Sonne und die als sekundär magnetisch gedachten Planeten. Die gegenseitige magnetische Anziehungskraft breitet sich danach innerhalb einer begrenzten Wirkkugel, dem „orbis virtutis", vom Magneten Sonne (beziehungsweise Erde) her über den Raum hin unmittelbar aus, und zwar längs radial senkrecht zur Oberfläche verlaufender „Kraftlinien". (Wie Gilbert führt Kepler darauf das senkrechte Fallen schwerer Körper zurück[26].) Die magnetische „Richtkraft" soll sich dagegen über einen sehr viel größeren „orbis virtutis" um das Zentrum des Magneten ausbreiten. Ihre Wirkung erfolge längs konzentrischer kreisförmiger „Kraftlinien", deren Wirkfähigkeit mit der Länge dieser Kraftlinien abnehme, das heißt linear im Verhältnis der Radien. Kepler faßte daraufhin die Sonne als einen solchen riesigen Kugelmagneten mit von seinem Zentrum ausgehendem „orbis virtutis" der Richtkraft auf. Dieser Sonnenkörper drehe sich samt seiner „Kraftkugel" um eine Achse senkrecht zur Ekliptikebene. Dabei sollen die *kreis*förmigen Magnetfibern alle Planeten mit sich auf den jeweiligen konzentrischen Kreisen herumführen — wegen der Abschwächung der „Kraftwirkung" die äußeren jeweils langsamer. Zusätzlich bewirke die einpolig zu denkende radiale magnetische Anziehungskraft der Sonne, daß die zweipoligen, mit ihrer Rotations- und Magnetachse schräg zur Ekliptikebene stehenden Planeten von der Sonne einmal angezogen und einmal abgestoßen werden, je nachdem, ob der gleich- oder der ungleichnamige Pol ihr zugekehrt ist. Entsprechend der sich daraus ergebenden größeren Nähe oder Ferne des Planeten muß dieser demnach auch schneller oder langsamer von den mit der Sonne rotierenden kreisförmigen Magnetfibern herumgeführt werden[27].

Die von Kepler ausdrücklich betonte enge Verknüpfung zwischen den astronomischen Gesetzen und dieser eigenartigen kosmischen

---

[25] Vgl. F. KRAFFT, Sphaera activitatis — orbis virtutis. Das Entstehen der Vorstellung von Zentralkräften. *Sudhoffs Archiv* 54 (1970), 113—140.

[26] Siehe F. KRAFFT (siehe Anm. 3), 83—95.

[27] Siehe F. KRAFFT (siehe Anm. 3), 101—131.

194   Fritz Krafft

Magnetphysik, die keine Anerkennung finden konnte, hatte dann allerdings zur Folge, daß auch die kinematischen Planetengesetze keine Anerkennung fanden, bis sie 80 Jahre später von Isaac Newton in einen ganz neuen physikalischen Begründungszusammenhang gestellt wurden[28].

Kepler sah die Bemühungen um die Marstheorie, die diese Gesetze erbrachten, die er sogleich ohne nähere Prüfung auf alle Planeten und den Mond übertrug, allerdings nur als aufwendiges, aber notwendiges Übel an, das ihn allzu lange von der sich selbst gestellten eigentlichen Aufgabe abhalte, nämlich die im Schöpfungsplan enthaltene „Harmonie der Welt" in den Planetenabständen und -geschwindigkeiten aufzudecken. Er hatte bei Tycho Brahe gelernt, daß der Schöpfungsplan sich so einfach, wie er ihn sich im „Mysterium Cosmographicum" vorgestellt hatte, nicht verhalten könnte. Die Polyeder konnten nur annähernd die Verhältnisse bestimmen. Die Harmonien müßten, wie es Platon im „Timaios" angedeutet hatte, in den Planetenbahnen selbst verborgen sein.

1619 schließlich erschien die Keplersche „Weltharmonik", in der diese eigentliche Ordnung des Kosmos in harmonikalen Verhältnissen zwischen den Extremgeschwindigkeiten der Planeten dargestellt wird. Die Idee Platons ersteht hier neu in einer grandiosen Schau der zwischen den einzelnen Bahnelementen bestehenden Harmonien, die allerdings nur dem geistigen Ohr erklängen[29].

Kepler ist damit einen ähnlichen Weg vom relativ grob anschaulichen harmonischen Weltbild zur nur dem geistigen Ohr erkennbaren, dem gesamten Kosmos verwobenen Harmonie gegangen wie Platon. Die platonische Idee scheint hier erstmals im Detail ausgeführt, und aus dieser Harmonie leitet Kepler schließlich im Jahre 1618 auch jenes Verhältnis zwischen Umlaufzeit und Bahnradius je zweier Planeten ab, das uns als drittes Keplersches Gesetz bekannt ist und das von ihm erst nachträglich empirisch bestätigt wurde[30].

Von Anfang an war es Keplers Bemühen gewesen, die göttliche Harmonie des Kosmos als Ursache auch für Anzahl, Größe und Bewegung der Planeten aufzudecken. Deshalb erschöpfte sich für ihn diese

---

[28] Vgl. F. Krafft, Die Keplerschen Gesetze im Urteil des 17. Jahrhunderts. In: R. Haase (siehe Anm. 1), 75—98.

[29] Siehe dazu den Nachbericht M. Caspars zu *KGW* VI und seine Einleitung zur deutschen Übersetzung: J. Kepler, Weltharmonik. Übersetzt und eingeleitet von Max Caspar. München 1939 (Nachdruck Darmstadt 1967).

[30] J. Kepler, Harmonice mundi, Kap. V, 3; *KGW* VI, 302—305.

Harmonie auch nicht in mathematischen Zahlenproportionen als Ursachen für das Geschehen oder gar als das Geschehen selbst — darin
unterscheidet er sich grundlegend von seinen Vorbildern Platon, den
Pythagoreern und Neuplatonikern. Er begründete die harmonikalen
Verhältnisse auch nicht mittels der Zahlenverhältnisse der antiken
Harmonik; vielmehr begründete er sie aus den den Körpern zugrunde-
liegenden Polygonen, an denen die deshalb „kosmosbildend" genannten Proportionen abgelesen werden könnten. Die auf diese neue,
nämlich geometrische Weise begründeten harmonikalen Verhältnisse
galten Kepler dann als Ausdruck des göttlichen Schöpfungswillens, als
Ordnungsprinzipien einer natürlichen Welt, die auf *natürliche* Weise
eingehalten werden, da sie auch Gott a priori vorgegeben waren[31].

Mit anderen Worten: Kepler wollte die Astronomie sowohl wieder
zu einer Harmonik als auch wieder zu einer Physik machen und alle drei
nach Platon und bis hin zu Kepler getrennten und einander widerstrei-
tenden Disziplinen in einer Synthese auf neuer Basis zusammenfassen,
die der Wirklichkeitserkenntnis dienen sollte. Das verbindende und Erkenntnis und sinnliche Erfahrbarkeit gewährleistete Band bildet dabei
die a priorische und in gewissem Sinne vorgöttliche Geometrie, gleichsam als die „der Vernunft angepaßte Theologie".

Mit dieser bewußten Synthese war aber gleichzeitig die Genauigkeit der auf geometrischen Gesetzen beruhenden optischen Erfahrung
gewährleistet und erkenntnistheoretisch begründet. Die Beobachtungsdaten und Messungen konnten und mußten daraufhin bei der empirischen Prüfung der abgeleiteten oder a priori gesetzten physikalischen
(und harmonikalen) Sätze als Kriterien für die Richtigkeit der Erkenntnis dienen. Das hatte für den frühen Kepler noch nicht in diesem Maße
gegolten; es ermöglichte ihm dann aber die Entdeckung der ersten
quantitativen Naturgesetze.

Und mit dieser ursprünglich theologisch begründeten empirischen
Komponente und der Zuweisung ihres wissenschaftstheoretischen und
erkenntnistheoretischen Platzes innerhalb der bewußten und einheitlichen Synthese von mathematischer und natürlicher Wissenschaft
wird gleichzeitig die neuzeitliche Naturwissenschaft begründet — auch
wenn diese sich dann der harmonikalen Weltschau rasch wieder ent-

---

[31] Allein diese Proportionen gelten Kepler deshalb auch für die Aspekten-
lehre der Astrologie. Siehe Johannes Kepler, Warnung an die Gegner der Astrologie. Tertius Interveniens. Mit Einführung, Erläuterungen und Glossar, hrsg.
von Fritz Krafft (Naturwissenschaftliche Texte bei Kindler), München 1971.

halten sollte. Die Entwicklung neuzeitlicher Naturwissenschaft stellt sich jedenfalls keineswegs als ausschließlich bedingt durch den Grad ihrer Emanzipation von Theologie und Religion dar, wie aus den Traditionen des 19. Jahrhunderts heraus immer wieder einseitig behauptet wird. Vielmehr wurde Naturerkenntnis auch und nicht nur von Kepler als Nachdenken und Nachvollziehen des Schöpfungsplanes, als Gotteserkenntnis und somit auch als Gottesdienst aufgefaßt; und gerade dieses Element beinhaltete den großen Innovationsschub innerhalb der jahrtausendealten Astronomie, der ihr half, antik-mittelalterliches Denken zu überwinden[32]. Wie dieses Neue dabei im Alten und in den Denkweisen des Historischen Erfahrungsraumes[33] der frühen Neuzeit wurzelt, hoffe ich deutlich gemacht zu haben.

---

[32] Siehe auch F. Krafft, Wissenschaft und Weltbild (I), Die Wende von der Einheit zur Vielfalt. In: N. A. Luyten (Hrsg.), *Naturwissenschaft und Theologie (Schriften der Katholischen Akademie in Bayern,* Bd. 100), Düsseldorf 1981, 53−78 (mit zahlreichen Angaben zu weiterführender Literatur).

[33] Zu Begriff und Inhalt des Konzepts vom Historischen Erfahrungsraum siehe F. Krafft, Das Selbstverständnis der Physik im Wandel der Zeit. Vorlesungen zum Historischen Erfahrungsraum physikalischen Erkennens *(taschentext),* Weinheim 1982.

SCIENTIA NOVA ALS METHODOLOGISCHES INTEGRATIONS-PHÄNOMEN

Von ERHARD OESER

Es gibt wohl kaum einen Abschnitt in der Geschichte der Wissenschaft, in der das N e u e so geschätzt und hervorgehoben wurde wie in jener Periode, die wir den Beginn der Neuzeit nennen. Fast von jedem Titelblatt schreit uns der Anspruch des Neuen entgegen: A s t r o n o - mia nova heißt es bei Kepler, Nuova scienza bei Galilei. Ja die Begeisterung für das Neue überschlägt sich sogar. Nicht nur von der S c i e n t i a nova ist bei Galilei die Rede, sondern auch von einer S c i e n t i a novissima, einer ganz neuen Wissenschaft, wie er selbst mit großartigem Pathos sagt[1].

Bei aller historischen Distanz ist es auch heute nicht möglich, ganz ohne Pathos und Leidenschaft von dieser Zeit zu reden, die nicht nur die wissenschatlich-technische Zivilisation des Abendlandes hervorgebracht, sondern im Laufe von wenigen Jahrhunderten alle Kulturen dieser Erde überlagert hat. Zurückblickend sehen wir heute, daß der wissenschaftliche Universalismus – ein Ausdruck, der von NEEDHAM[2], dem großen Historiker der chinesischen Wissenschaft, stammt – auf der Durchschlagskraft der Methode der neuzeitlichen Naturwissenschaft beruht, wie sie zur Zeit Keplers, Galileis und Newtons in Europa entstand.

Deutlicher als in jeder Selbstdarstellung läßt sich dies aus den bewundernden Bemerkungen eines chinesischen Gelehrten aus der Übergangsphase Chinas in die moderne Zivilisation in den beiden ersten Jahrzehnten unseres Jahrhunderts erkennen. Yen Fu, eine der schillerndsten Persönlichkeiten aus dieser Zeit, gibt in seinem Logiklehrbuch folgende Charakteristik der axiomatisch deduktiven Methode der europäischen Naturwissenschaft:

---

[1] Galileo Galilei, *Unterredungen und mathematische Demonstrationen über zwei Wissenszweige, die Mechanik und die Fallgesetze betreffend*, hrsg. v. A. v. OETTINGEN, Darmstadt 1973, 140.

[2] JOSEPH NEDDHAM, *Wissenschaftlicher Universalismus*, Frankfurt/M, 1977.

> *Dieses deduktive Gesetz ist wahrlich all-umschließend. Durch das*
> *Erfassen des Einen hat man das Ganze im Griff . . . Deshalb ist die*
> *westliche Wissenschaft so genau, deshalb steigern sich ihre Entdeckun-*
> *gen von Tag zu Tag, deshalb nimmt die Bildung ihrer Völker ständig zu*
> *und deshalb ist ihr Wissen immer nützlich. Die klassische Bildung*
> *(unseres Landes) besaß zwar auch das Prinzip der Deduktion, doch die*
> *Deduktionen gingen von Theorien aus, die (nur) aus dem Kopf abgelei-*
> *tet waren . . .*[3]

Mit der letzten Bemerkung wird deutlich, daß auch in einer solchen externen Beobachtung durch einen Vertreter fremder Kulturen gerade die Verknüpfung von streng logischer Deduktion im Sinn mathematischer Berechenbarkeit und empirisch-experimenteller Vorgangsweise als die eigentliche Ursache dieses Siegeszuges der abendländischen Naturwissenschaft gilt.

Während man in China und in anderen Ländern aus dieser Situation einen zwingenden Handlungsimperativ für die Entwicklung der modernen Naturwissenschaft abgeleitet hat, beginnt man sich heute in Europa bereits vor den Konsequenzen des Erfolges zu fürchten. Das Gespenst der Antiscience-Bewegung beginnt sein Haupt zu erheben und eine steigende Tendenz zu fernöstlicher Mystik ist in extremer Weise bei all denjenigen festzustellen, die glauben, um der Humanität willen die Wissenschaft aufgeben zu müssen. Die folgenden Überlegungen sollen zeigen, daß eine solche Flucht in fremde Kulturen nicht nötig ist, wenn man sich nur auf die eigene Vergangenheit zurückbesinnt. Der harte methodologische Kern der Scientia nova ist zwar in der Verbindung von axiomatisch-deduktiver Theorie und experimenteller Erfahrung zu sehen, die Integrationsbasis, auf der dieser so erfolgreiche methodologische Mechanismus errichtet wurde, ist wesentlich breiter. Sie umfaßt gerade das, was uns heute scheinbar verloren gegangen ist: Die Integration von Humanismus und Naturwissenschaft.

Es sind daher zwei Integrationsebenen, von denen man ausgehen muß, wenn man dem komplexen Phänomen der Scientia nova gerecht werden will:

Die erste Ebene ist die synchrone Integration zweier Traditionen, die jeweils einen eigenen, selbständigen Ursprung hatten: die experimentelle Erfahrung und die wissenschaftliche Theorie. Wie bereits

---

[3] Yen Fu, Ming Hsüeh (Logik), zit. nach: T. Spengler, Die Entdeckung der chinesischen Wissenschafts- und Technikgeschichte, in: J. Needham a. a. O. S. 43.

LEONARDO OLSCHKI[4] vor mehr als 50 Jahren gezeigt hat, waren auch
die sozialen Träger der beiden Traditionen verschieden. Die experimentelle Handlung ist eine Tätigkeit, die von Handwerkern ausgeübt
wurde: von Mechanikern, Schiffsbauern und Architekten. Dieser Werk-
stättentradition stand bis in die Neuzeit die Tradition der Gelehrten
gegenüber, in der die Tätigkeit der Hand keine entscheidende Rolle im
Erkenntnisprozeß spielte. Beide Traditionen waren auch sprachlich
geschieden. Am deutlichsten erkennbar in Galileis *Discorsi*, die zum Teil
in Italienisch, der natürlichen Alltagssprache, zum Teil in Latein, der
traditionellen Wissenschaftssprache, abgefaßt waren. Wenn es um
empirisch-praktische Probleme geht, wird im Ton der Werkstätten und
Arsenale gesprochen, während die Theorie in der durch Definitionen
präzisierten lateinischen Gelehrtensprache abgehandelt wird. Diese
Aufteilung läßt sich auch später noch bei Newton erkennen, der die uni-
versale oder rationale Mechanik, in der es ausdrücklich nicht um die
K r ä f t e d e r H a n d , sondern um die K r ä f t e d e r N a t u r geht, in
Latein verfaßt, während er die mehr praktisch und experimentell orientierte Optik in der englischen Umgangssprache darstellt.

    D i e z w e i t e I n t e g r a t i o n s e b e n e liegt tiefer und wird des-
halb auch oft nicht verstanden oder nur trivial gedeutet; manchmal
sogar als paradox empfunden. Denn sie verbindet den Anspruch des
Neuen mit einem Rückgriff auf die Vergangenheit. Der Humanismus,
die philologisch-historische Gelehrsamkeit, und die neuzeitliche Naturwissenschaft verbinden sich so zur Grundidee der Renaissance, die ja in
der Entdeckung des Neuen die W i e d e r g e b u r t des Alten sieht. Man
wird der Bedeutung der Renaissance für die Entstehung der neuzeitlichen Naturwissenschaft nicht gerecht, wenn man darin nur eine Frage
der Bildung und Ästhetik oder gar nur ein berufssoziologisches Problem
sieht, wenn man etwa argumentiert, weil die Naturwissenschaftler zu
dieser Zeit noch keine eigene Berufssparte bildeten, waren deshalb die
meisten von ihnen Theologen oder Mediziner oder mußten Latein und
Griechisch unterrichten. Dadurch wird auch nicht erklärt, warum die so
zeitaufwendige Suche nach alten Dokumenten, ihre philologische Analyse und inhaltliche Interpretation noch lange über den kulturhistorisch
als „Renaissance" bezeichneten Zeitraum hinausging. Weit von der
üblichen Auffassung entfernt, daß sich die neuzeitliche Naturwissenschaft aus dieser anfänglichen Bindung an die klassische Antike sofort
wieder herauslöste, als die alten Texte eines Euklid, Ptolemäus, Aristo-

---

[4] LEONARDO OLSCHKI, *Galilei und seine Zeit*, Halle 1927.

teles, Hippokrates oder Galen in gereinigter Form vorlagen und verwertet werden konnten, zeigt sich vielmehr ein Hang, noch über die klassische Antike hinaus auf die verschollenen Kulturen der alten Babylonier und Ägypter zurückzugreifen. Und diese Tendenz wird immer stärker, je erfolgreicher die neuzeitliche Naturwissenschaft in der Entdeckung des Neuen voranschreitet. Das läßt sich an drei Beispielen demonstrieren: an Copernicus, an Kepler, und, was viel weniger bekannt ist, an Newton.

COPERNICUS, den man den großen Revolutionär nennt, hat bereits eine grundsätzliche Integration der alten Ideen des Ptolemäus und der gesamten griechischen Astronomie mit den eigenen Vorstellungen vollzogen und eine Kontinuität zwischen Vergangenheit und Gegenwart hergestellt. Seine heliozentrische Theorie hat er, wie sich nachweisen läßt, in einer schrittweisen Umkonstruktion aus der Epizykelhypothese der ptolemäischen Theorie gewonnen, wobei eine ganze Reihe von Zwischenhypothesen zwischen der reinen Geozentrik und der reinen Heliozentrik entstanden, die tatsächlich auch als historische Lehrmeinungen vor und sogar nach Copernicus, wie das geoheliozentrische Zwitterding des Tychonischen Systems zeigt, aufgetreten sind. Wobei allerdings dann der letzte kleine Schritt von diesen Mischsystemen zum rein heliozentrischen System zu jenen umfassenden Veränderungen führt, die man als kopernikanische Wende bezeichnet. Gerade aber dieser Schritt ist gekennzeichnet durch eine massive Berufung auf jenen Namen, der die ständig wiederkehrende Inkarnation des ägyptischen Gottes Thot bezeichnet: auf Hermes Trismegistos. *In der Mitte aber von allen steht die Sonne. Denn wer wollte diese Leuchte in diesem wunderschönen Tempel an einen anderen oder besseren Ort setzen als dorthin, von wo aus sie das Ganze zugleich beleuchten kann? Zumal einige sie nicht unpassend das Licht, andere die Seele, noch andere den Lenker der Welt nennen. Trismegistos bezeichnet sie als den sichtbaren Gott . . .*[5].

Deswegen machte auch Giordano Bruno das heliozentrische System zu einem Bestandteil des Hermetischen Systems und bis ins 18. Jahrhundert hielt sich die Meinung, daß, wie der französische Astronom Lalande sagt, *das ägyptische Weltsystem der Grund der herrlichen Vorstellung des Copernicus von der allgemeinen Ordnung der Himmelskörper war*[6].

[5] Nicolaus Copernicus, *Über die Kreisbewegungen der Weltkörper.* Erstes Buch, hrsg. u. eingel. v. G. KLAUS, Anm. v. A. BIRKENMAIER, Berlin 1959, 75.

[6] *Astronomisches Handbuch oder die Sternkunst in einem kurzen Lehrbegriff,* verfasset von Herrn de la Lande, Leipzig 1775, 218 f.

Ganz ähnlich verfährt KEPLER, der, wie er selbt sagt, in *Nach-ahmung der Alten* seine *Astronomia nova* konstruiert, wobei er insofern noch hinter Copernicus zurückgreift, als er statt der Epizykel, die Copernicus wieder notgedrungen in sein heliozentrisches System ein-führen mußte, auch die beiden anderen Hilfsmittel der Ptolemäischen Theorie, den Exzenter und Äquanten, benutzt. Die Belohnung für diese Fähigkeit, die neuen Ideen an die alten Konstruktionen zu knüpfen, ist bekannt. Denn es war nicht Copernicus, sondern Kepler, dem es gelang mit dem antiken Dogma von der gleichförmig-konstanten Kreisbewe-gung der Himmelsköper zu brechen. Auch er beruft sich am Höhepunkt seiner Entdeckungen, bei der Formulierung des dritten Planetengeset-zes in der Weltharmonik auf die ägyptische Astronomie, wenn er sagt: *Ich habe die goldenen Gefäße der Ägypter geraubt*[7].

Zum Unterschied von den beiden ersten Planetengesetzen, die Kepler aus den Hilfskonstruktionen der Ptolemäischen Theorie entwik-keln konnte, hat aber das dritte Keplergesetz keine interne Vor-geschichte. Es stellt den seltenen Fall einer totalen Neuentdeckung dar, die von Kepler, wie wir aus seiner ausführlichen Darstellung in der Weltharmonik wissen, nur durch einen ungeheuren Aufwand an Analo-giebildungen zu erreichen war. Trotzdem ist auch er der Meinung, daß seine Entdeckung nur die Wiederentdeckung einer im Dunkel der Ver-gangenheit verschollenen Wahrheit war.

Auch N e w t o n fühlte sich lediglich als Wiederentdecker uralter verschlüsselter Geheimnisse einer langen Tradition von Priestergelehr-ten. Ganz im Gegensatz zur Auffassung Goethes, der Newton wegen sei-ner Zerstörung der Farbenwelt als rationalistisches Ungeheuer ansah, ist der wahre Newton, wie bereits vor einiger Zeit Lord KEYNES fest-stellte, viel eher mit Faust zu vergleichen. Während Copernicus und Kepler sich nur mit Andeutungen begnügten, die spätere Interpreten dann ausschlachteten, findet man bei Newton ausführliche Begründun-gen für seinen Rückgriff auf die ältesten Zeiten der Menschheit. Er war ganz ausdrücklich der Meinung, daß nicht die Pythagoräer oder Ari-starch von Samos die ersten waren, die das heliozentrische System annahmen, sondern die alten Ägypter, obwohl er keine sicheren Beweise finden konnte und sich mit Vermutungen begnügen mußte: *Es ist aber wahrscheinlich, daß sich diese Meinung von den Ägyptern, den älte-sten Beobachtern der Gestirne, fortgepflanzt habe. Von ihnen und den*

---

[7] Johannes Kepler, *Weltharmonik*, übers. u. eingel. v. MAX CASPAR, München 1967, 280.

benachbarten Völkern scheint nämlich alle ältere und vernünftigere Philoso-
phie zu den Griechen, einem mehr für die freien Künste begabten als philoso-
phischen Volk, übergegangen zu sein[8].

Mit einer methodischen Akribie, die man bei keinem seiner Vorläufer findet, versucht er nicht nur die vergangenen Ideen und Erkenntnisse in seine eigene Zeit zu transferieren, sondern er versucht auch die
chronologische Distanz zu verringern. Viel zu wenig bekannt ist sein
geradezu genialer Einfall, die Regierungszeit der ägyptischen Pharaonen, die schon bei Herodot zusammen über 11.000 Jahre beträgt und
später bis zu den Tagen des Diodorus Siculus noch vervielfältigt wurde,
drastisch zu reduzieren. Newton ging davon aus, daß die ägyptischen
Priester aus Prestigegründen das Alter ihres Reiches dadurch erhöhten,
daß sie zwischen den Königen, die wirklich existiert haben, eine ganze
Reihe von erfundenen Königen einschalteten. Mit großer philologischer
Präzision weist er in seiner *Chronologie der alten Königreiche* nach, daß
durch bloße Abänderung und Variation eines einzigen Namens die
Regierungszeit eines Königs vervielfacht werden kann. Im Fall von
Cheops sind es z. B. zusätzlich 14 Variationen. Auf diese Weise kommt
Newton zu einer ungeheuren Verkürzung der Dynastien Manethos und
gleichzeitig zu einer Umstellung der Regierungszeiten der Pharaonen,
die dazu führt, daß er die Regierungszeit des Cheops und den Bau der
großen Pyramide mit dem Jahr 838 v. Chr. angibt und sie damit zeitlich
nach der Erbauung des Tempels Salomons im Jahre 1015 v. Chr.
ansetzt. Die Beschäftigung Newtons mit der Cheopspyramide, die ihn,
den Begründer der universalen physikalischen Grundlagentheorie,
gleichzeitig zum Ahnherrn der Pyramidenphantasten machte, ist ein
weiterer Beleg für den ungeheuren Ernst, mit dem die humanistisch und
philologisch orientierten Naturwissenschaftler der Neuzeit versuchten,
die Vergangenheit an die Gegenwart anzuschließen, um so zu einem
integrierten Wissen der gesamten Menschheit, der Lebenden wie der
Toten, zu kommen. Während sich die Ägyptologen bis in die zwanziger
Jahre unseres Jahrhunderts, als BORCHART sein berühmtes Pamphlet
„Gegen die Zahlenmystik an der großen Pyramide von Gizeh" schrieb, um
die Rekonstruktion des genauen Ausmaßes der altägyptischen Elle
stritten, hatte Newton es schon längst auf Grund der Vermessungen des
Oxforder Astronomen John Greaves bis auf Zehntel Millimeter genau

---

[8] Isaac Newton, *Opera quae extant omnia*, ed. S. HORSLEY, London 1779–
98, Bd. 3, 179.

festgelegt[9]. An diese rationale Rekonstruktion knüpft sich aber bei
Newton eine in ihrem Integrationsanspruch für uns nicht mehr nach-
vollziehbare Theorie, die sowohl Physik und Astronomie, wie Chronologie und Geschichte mit der Theologie verbindet. Diese Theorie besagt,
daß zwischen der Geschichte des physischen Universums und der
Geschichte der Menschheit eindeutige Entsprechungen vorhanden
sind, und zwar in der Weise, daß ein chronologisches Ereignis in der
politischen Geschichte der alten Welt übersetzt werden kann in ein
astronomisches Ereignis und umgekehrt. Oder mit Newtons eigenen
Worten ausgedrückt: *Ich habe die chronologischen Tafeln aufgestellt,
damit die Chronologie in Übereinstimmung gebracht werde mit dem Lauf
der Natur, mit der Astronomie, mit der heiligen Geschichte, mit Herodot,
dem Vater der Geschichte, und mit sich selbst*[10]. Die Geschichte des Him-
mels und die Geschichte der Erde sind zwei parallele Vorgänge. Wie die
Bildung der planetarischen Massen und Regulierung ihrer Bewegungen
einen zeitlichen Anfang hat, so hat auch die physische Welt ein Ende,
das in der Apokalypse prophezeit wird. Newtons *Mathematische Prinzipien der Naturphilosophie* beschreiben nichts anderes als jene zeitliche
Periode der physischen Welt zwischen den beiden absoluten Polen der
Schöpfung und Zerstörung. Der Tempel Salomons, dessen Wiederauf-
richtung im Buche Ezechiel prophezeit wird, ist für Newton wie für viele
Theologen und Wissenschaftler des 17. Jahrhunderts die physische
Verkörperung einer zukünftigen überirdischen Realität. Die für diesen
Bau verwendete Maßeinheit, die heilige Elle (sacer cubitus), bildet
daher auch den Schlüssel zu einer höheren Form der Erkenntnis, die
Newton dadurch zu erreichen versuchte, daß er eine Verbindung zwischen der sakralen Elle der Juden mit der profanen Elle der Ägypter
herzustellen versuchte[11]. Das Resultat war reine Spekulation. Aber auf
diese Weise ist auch bei Newton jene Grundvorstellung des 18. Jahrhunderts erkennbar, nach der die Juden als die Hüter der göttlichen Weisheit und Offenbarung angesehen wurden und die alten Ägypter als die
Hüter der weltlichen Weisheit.

Nach der Entzifferung der babylonischen Keilschrift und der ägyptischen Hieroglyphen wissen wir, daß die Vorstellung von einer

---

[9] Vgl. Erhard Oeser, *Wissenschaftstheorie als Rekonstruktion der Wissenschaftsgeschichte*, Wien-München 1979, Bd. 1, 43 ff.

[10] Isaac Newton, *Opuscula*. Colligit partimque Latine vertit ac recensuit
Joh. Castillioneus, Lausanne und Genf 1744, Bd. 3, 7 f.

[11] Vgl. Newton (Anm. 10) 493 ff.

hochentwickelten theoretischen Wissenschaft, die weit hinter die Griechen des klassischen Altertums zurück bis in die Anfänge der Menschheit reicht, nur ein Phantasieprodukt war. Die Entzifferung der alten
Texte der vorgriechischen Wissenschaft, insbesondere auch der
mathematischen Texte, zeigt uns zwar, wie Otto Neugebauer, van
der Waerden, Kurt Vogel u. a. durch Vergleiche nachgewiesen
haben, ein sehr exaktes empirisch-praktisches Wissen, aber kaum theoretische Entwürfe. Was aber war dann der bleibende Sinn dieser fast
verzweifelten Suche nach den Anfängen einer verschollenen Wissenschaft?

　Niemand kann uns darüber besser Auskunft geben als Giordano
Bruno, der Prototyp eines Renaissancegelehrten, der in Copernicus die
Morgenröte eines besseren Tages sah, die dem *Sonnenaufgang der wahren
alten Philosophie vorausgeht.* Der Sinn einer solchen Aussage ist nicht
die Berufung auf die Antike oder auf das Alter einer wissenschaftlichen
Ansicht schlechthin, sondern die Vorstellung einer zyklischen Entwick-
lungsstruktur der Wissenschaft, in der sich Erkenntnis und Irrtum wie
Tag und Nacht abwechseln. Das einzige, worauf der Renaissancege-
lehrte sein Augenmerk richten soll, ist dies, *ob wir selber uns im Tages-
lichte befinden, ob die Sonne der Wahrheit an unserem Horizonte steht oder
ob sie den Horizont unserer Gegenfüßler erhellt, ob wir uns in der Finsternis
befinden oder jene; kurz, wenn wir die antike Philosophie wieder erneuern
wollen, ob dies bedeutet, daß wir einen neuen Morgen heraufbrechen sehen
oder ob damit die Abenddämmerung hereinbricht, um dem Tage ein Ende zu
machen*[12]. Hinter dieser Vorstellung steht methodisch gesehen ein altes
Erklärungsschema. Es bedeutet, daß die verschiedenen Geschichtsge-
biete je nach ihrer eigenen Chronologie ihren bestimmten Erklärungswert haben. So ist die biographisch-anekdotische Geschichte, in der es
nur um Tage und Jahre bzw. Jahrzehnte geht, zwar die inhaltsreichste,
aber in ihrem Erklärungswert die schwächste. Das nächsthöhere Ge-
schichtsgebiet, die politisch-soziale Geschichte, die mit Zeiträumen
von Jahrzehnten und Jahrhunderten rechnet, liefert bereits eine bessere Erklärung, weil sie die Geschichte des menschlichen Individuums
in einen gesellschaftlichen Zusammenhang stellen kann. Noch umfas-
sender wird der Erklärungszusammenhang, wenn man zur kulturell-
anthropologischen Geschichte übergeht, wo es nicht mehr das Schicksal
von Völkern und Nationen, sondern um das Entstehen und Vergehen

---

[12] Giordano Bruno, *Das Aschermittwochmahl,* übers. v. L. Kuhlenbeck,
Leipzig 1904, 60.

ganzer Kulturen über Jahrtausende hinweg geht. Auf dieser Ebene tau-
chen die bekannten menschheitsgeschichtlichen Großtheorien auf, die
von der Zeitalterlehre der Antike bis zu den zyklischen Theorien eines
Oswald Spengler reichen, der diese Argumentationsweise durch seinen unverhohlenen Pessimismus in Mißkredit gebracht hat. Von Pessimismus und Untergangsstimmung war jedoch die Renaissance und die
neuzeitliche Naturwissenschaft weit entfernt. Ihre Vorstellung vom
Fortschritt der Menschheit war nicht die ewige Wiederkehr des Gleichen. Die zyklische Theorie erweitert sich hier zur Vorstellung eines
spiralenförmigen Aufstiegs, bei dem man zwar immer wieder zum
Anfang, aber auf einer höheren Ebene, zurückkehrt. Während man noch
bis ins 19. Jahrhundert hinein der Meinung war, daß sich diese langsam
drehende und scheinbar zum Teil wieder rückläufige Bewegung des wissenschaftlichen Fortschritts *stetig und gleichmäßig aufwärts hebt* (Büch-
ner), ist heutzutage klar geworden, daß das Entwicklungsgesetz der
Scientia nova, die auf der Integration von experimenteller Technik und
Theorienbildung beruht, in der ständigen Beschleunigung dieses Pro-
zesses besteht. Jede korrekte Messung dieses Phänomens, welche
Datenbasis und Kennziffern man auch immer zugrunde legen mag,
zeigt, daß unser Wissen exponentiell erfolgt, wie das Wachstum der
Weltbevölkerung, die Zahl der Fruchtfliegen in einer Flaschenkolonie,
oder das Wachstum des Eisenbahnnetzes zu Beginn der industriellen
Revolution[13].

Dieser Aufschaukelungsmechanismus, der die interne logische
Struktur der abendländischen neuzeitlichen Wissenschaft ausmacht,
hat uns mit seinen positiven und negativen Folgen in eine Situation
geführt, die durchaus mit jener Zeitenwende zu vergleichen ist, die mit
der Begründung der Scientia nova anzusetzen ist. Wegen der
Beschleunigung des Wissenschaftsprozesses scheint uns zwar diese
Zeit eines Johannes von Gmunden, Copernicus, Kepler und selbst die
Zeit von Newton weiter zurückzuliegen als es für Newton die Zeit der
alten Ägypter war; umso größer ist daher aber unsere Verpflichtung,
unsere eigene Vergangenheit zu verstehen, um die Zukunft besser
beherrschen zu können.

---

[13] Vgl. D. J. de Solla Price, *Little Science, Big Science*. Frankfurt 1974.

PERSONEN- UND ORTSREGISTER

Die Namen *Johannes von Gmunden, Johannes Kepler* sowie *Wien* wurden
nicht in das Register aufgenommen.